139 KAO YAN SHU XUE GAO FEN XI LIE
考研数学高分系列

概率论（修订版）
与数理统计

Probability and
Mathematical Statistics

杨　超　主编

0到139，你还需要它

复旦大学出版社

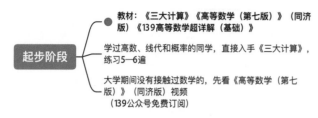

考研数学复习规划

起步阶段
- 教材：《三大计算》《高等数学（第七版）》（同济版）《139高等数学超详解（基础）》
- 学过高数、线代和概率的同学，直接入手《三大计算》，练习5—6遍
- 大学期间没有接触过数学的，先看《高等数学（第七版）》（同济版）视频（139公众号免费订阅）

基础阶段（持续到5月）
- 高等数学
  - 教材+视频课：《139高等数学超详解（基础）》+杨超高数基础课
  - 练习题：《考研数学必做习题库（高等数学篇）》A组+每日一题
- 线性代数
  - 教材+视频课：《139线性代数》+杨超线代基础课+线代12题
  - 练习题：《考研数学必做习题库（线性代数篇）》A组
- 概率论与数理统计
  - 教材+视频课：《139概率论与数理统计》+杨超概率论基础课
  - 练习题：《考研数学必做习题库（概率论与数理统计篇）》A组

强化阶段（6—8月）
- 1/3的人完成强化
  - 高等数学
    - 教材+视频课：《139高等数学超详解（强化）》+杨超高数强化课+每日一题
    - 练习题：《考研数学必做习题库（高等数学篇）》B组、二重积分打卡、不定积分41题、定积分41题、考前必做极限题
  - 线性代数
    - 教材+视频课：《139线性代数》+杨超线代强化课
    - 练习题：《考研数学必做习题库（线性代数篇）》B组+线代21题+线代41题+线代大作战
  - 概率论与数理统计
    - 教材+视频课：《139概率论与数理统计》+杨超概率论强化课
    - 练习题：《考研数学必做习题库（概率论与数理统计篇）》B组
- 2/3的人没有完成强化
  - 无需着急，基础一定打牢，数学切忌返工，继续做基础阶段的复习，需要注意在9月底前完成三本习题集

真题阶段（9—10月）
1. 2008—2011年的真题作为检测卷。第一次做历年真题时使用，这四年的试卷作为新手区的过渡检测卷
2. 2012—2017年的真题作为仿真模拟卷。做这些试卷时，要模拟全真考场进行演练
3. 2018—2023年的真题为最后的模拟卷。最后的模拟卷就是留到最后做

冲刺点题阶段（11—12月）
- 使用资料：《考前必做100题》和《冲刺139必胜5套卷》
- 注意：需要对所有知识点进行充分的再学习，对前期的习题与真题再次回顾与思考

0到139，你还需要它

前　言

传统概率论与数理统计考研辅导教材有"快餐式"的功利导向,而不追求烹制出像黄蓉给洪七公做的"二十四桥明月夜"那样从名字到内容都十分雍容典雅的佳肴,从而使这门科目的内容背后的背景趣味、美学被淡忘和忽略,多是千篇一律的概念定义罗列、重要结论呈现、典型例题讲解等. 以假设检验为例,在读者还不明白假设检验为何物时,就开始总结其步骤,接下来以表格总结单个和两个正态总体均值和方差的假设检验,导致读者要重新查找本科阶段用的教材,以让自己更好理解. 为了避免这种情况,本书在每个知识点用了大量文字语言告诉读者它从哪儿来,它的名字叫什么,为什么要叫这个名字,前后内容是怎样联系的.笔者在写完假设检验这部分内容后发了朋友圈,几分钟后,一个朋友留言:一个数学文盲竟看懂什么是假设检验了. 让我备感欣慰.

本书原稿为笔者手写版,耗时差不多一个月时间,每天至少三个小时,从右手食指的红肿到右后背的酸疼,这种滋味只有自己亲身经历才能感受. 只有这样,作为一名老师,才能更好地感受学生的不易,因为绝大部分学生要用一年或者更长的时间每天在图书馆或自习室不停地写、不停地算. 加油! 各位! 愿努力的人都能被世界温柔对待! 我还是课上那句话:尊重知识,尊重讲台,尊重每一个为了自己梦想而拼搏的考研学子!

接下来用这门课的知识去解读一些生活中的事情,希望读者能对这门课产生兴趣.

● 赌徒谬误

假如你和朋友玩炸金花或斗地主,一开始运气不太好,不停地输,这时候你是否有种感觉,暗示自己快赢了. 生活中很多人买股票、彩票都有同样的心理,这完全是一种错觉. 赌博完全是独立的随机事件,这意味着下一把的结果和以前所有的结果都没有任何联系,已经发生了的事情不会影响将来. 举个例子,当你把一枚硬币连抛了 5 次,5 次全为正面,到了第 6 次,你可能认为这次"正面"出现的概率更小了($<1/2$),反面出现的概率更大了($>1/2$). 也有人是逆向思维,认为既然 5 次都是正面,也可能继续是正面(称为热手谬误). 实际上这两种想法,都掉进了"赌徒谬误"的泥坑.

也就是说,这些人将前后互相独立的随机事件当成有关联而产生的.其实每次抛硬币的结果,并不影响下一次正反的概率.硬币没有记忆,不会因为前面 5 次被抛下时都是正面在上,就会加大(或减小)反面朝上的概率.也就是说,无论过去抛出的结果如何,每次都是第一次,正反出现的概率都是 1/2.一个人如果有了"赌徒谬误"的心态,会输得更惨.比如在某些赌局中(不是抛硬币),第一次下注 1 元,如输了则下注 2 元,再输则下注 4 元,依此类推,直到赢为止.很多人以为在连续输了多次之后,胜出的概率会非常大,所以愿意加倍又加倍下注,殊不知其实概率是不变的.赌徒或是因为不懂概率,或是因为人性的弱点,往往自觉或不自觉地陷入赌场设置的陷阱中.

赌徒谬误不仅见于赌徒,也经常反映在一般人的思维方式中.人们在预测未来时,往往倾向于把过去的历史作为判断的依据.中国人说"风水轮流转",这句话在很多时候反映了现实,但如果将这种习惯性的思维方法随意地应用到前后互相独立的随机事件上,便成为赌徒谬误.

● 误用大数定律

许多比赛竞技需要评委打分决定胜负,用平均分衡量选手的成绩有何依据?大数定律揭示了平均值的稳定性.由于理论上有平均值稳定性,所以评委打分的平均值应该接近选手的真实水平.理由是,每个评委的打分可能因为若干原因偏高或偏低,但当把所有打分平均起来,正负的偏差会抵消或补偿,最终反映出的是选手的客观水平.

以前面抛硬币为例,如果抛硬币的次数足够多,那么出现正面和反面的次数大致相等.但大数定律的工作机制不是和过去搞平衡,如果过去一段时间内发生的事情不均匀,人们就错误地认为未来的事情会尽量往"抹平"的方向走.但大数定律的真实含义为:抛很多次硬币,最终出现正面和反面的次数大致相等,以至于此前的一点点差异就会变得微不足道.有人喜欢买彩票,并且在每次填写彩票时,要选择以往中奖号码中出现少的数字,还振振有词地说这样做的依据是大数定律,某个数字过去出现得少,以后就会多呀!为什么呢?"要满足大数定律啊!"可见对大数定律误解之深.误解的背后,便是将大数定律应用于试验的小样本区间,将小样本中某事件的概率分布看成总体分布,以为少数样本与大样本区间具有同样的期望值,把无限的情况当成有限的情况来分析.

● 由正态分布分析为什么你总遇不到合适的人

正态分布是在自然界中广泛存在的一个概率分布模型,可以通俗地理解正态分布"两头小、中间大"的内涵.例如:大奸大恶的人少,大慈大悲的人也少;特别有钱的人(像马云)少,穷得饿肚子的人少;考研数学成绩过 147 分的人少,成绩为个位数的人少;等等.

现在以正态分布来分析择偶问题. 现如今"剩男""剩女"一堆, 我们将择偶的要求分成两部分: 其一为身高、体重、颜值等; 其二为财富、职业、兴趣等.

假如你只有一个满足正态分布的择偶标准(比如身高). 一般来说, 人们对于这类自然标准的选择会青睐中上水平, 既不能低于平均水平太多, 也不能太高. 假设中国成年男性身高 $X \sim N(170, 10^2)$(单位: cm), 即平均身高为 170 cm, 标准差为 10 cm, $P\{|X-\mu|<\sigma\} = 0.682\,6$, $P\{|X-\mu|<2\sigma\} = 0.954\,4$, $P\{|X-\mu|<3\sigma\} = 0.997\,4$(读者阅读第二部分正态分布内容可知).

如果你(假设为女性)的择偶要求较高, 意味着你对于身高的接受范围位于 $(\mu+\sigma, \mu+2\sigma)$ 即 $(170+10, 170+20)$ 的区间(如左图), 那么你遇到一个满足要求的人的概率约为 13.6%. 当然, 大部分人的择偶要求没有那么苛刻. 假设身高接受范围位于 $(\mu-\sigma, \mu+2\sigma)$ 的区间(如右图), 那么你遇到一个满足要求的人的概率约为 81.85%. 乍一看, 是不是感觉这个概率还蛮高的! 事实上, 这只是满足其中一个择偶标准! 你总不可能看到身高合适的就嫁了吧? 现在我们同时考虑两个择偶标准会如何呢? 比如身高和颜值, 假设两者都服从正态分布, 此时我们需要引入二元正态分布模型(本书中的第三章). 你有可能会问, 为什么从一个变量到两个变量就复杂了这么多呢? 不能把两个变量的概率直接相乘吗? 答案是: 在大多数情况下, 不能. 因为身高、颜值这两个变量并不是独立的, 存在某种相关性. 在这里, 我们运用后续内容和 MATLAB 求解可得如下结果: 如果两个标准要求都高, 即都要在区间 $(\mu+\sigma, \mu+2\sigma)$ 内, 遇到满足要求的人的概率最好情况为 11.92%, 最差情况为 1.85%. 更可怕的是——现在还只是讨论了两个择偶标准的情况. 显然, 绝大部分人不会只在乎两个标准吧? 如果有 n 个呢? ($n \geqslant 2$)

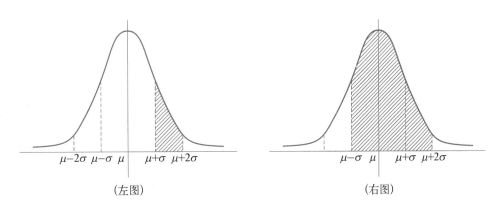

(左图)　　　　　　　　　　　　(右图)

好吧! 现假设 $n=5$, 在 5 个择偶标准中, 有 1 个标准是以严苛来要求的[即该变量要落在 $(\mu+\sigma, \mu+2\sigma)$ 内], 其余 4 个是宽松要求[即落在 $(\mu-\sigma, \mu+2\sigma)$ 内], 即在 4 宽 1 严的组合下, 遇到满足要求的人的概率是 0.061(6.1%). 这告诉我们什么呢? 想找到男朋友、女朋友, 就要少提要求、降低门槛, 不然你遇到满足条件的人完全就是一个小概率事件(一般概率低于5%的事件就算得上小概率事件了). 然而,怎么可能对另一半不提要求,放宽限制呢?宁缺毋滥! 所以,这成功地说明一个道理:你几乎不可能遇到合适的人!!! 那怎么办呢?好好考研吧! 先让自己变得更优秀,我们才可以有更多的要求,你说呢? 不管你前言部分能看懂多少,也不知道能不能对这门课产生一点兴趣,希望你能继续去阅读后续内容,相信大家在复习过程中会收获无限. 最后,衷心祝福大家学习愉快、考研成功!

2023.5

目　　录

概率论与数理统计近三年考点

	2021 年	2022 年	2023 年
第 8 题 (5 分)	随机事件与概率 (一, 三)	数字特征 (一, 三)	数字特征 (一, 三)
第 9 题 (5 分)	参数估计 (一) 统计量的数字特征 (三)	大数定律与中心极限定理 (一, 三)	三大分布 (一, 三)
第 10 题 (5 分)	假设检验 (一) 参数估计 (三)	数字特征 (一, 三)	参数估计 (一) 数字特征 (三)
第 16 题 (5 分)	数字特征 (一, 三)	随机事件与概率 (一, 三)	一维随机变量及其分布 (一) 数字特征 (三)
第 22 题 (12 分)	随机变量的概率密度与期望 (一, 三)	参数估计与数字特征 (一, 三)	数字特征及二维随机变量函数的分布 (一) 一维随机变量及数字特征 (三)

注：括号中"一""三"表示"数学一""数学三".

第一章 随机事件与概率

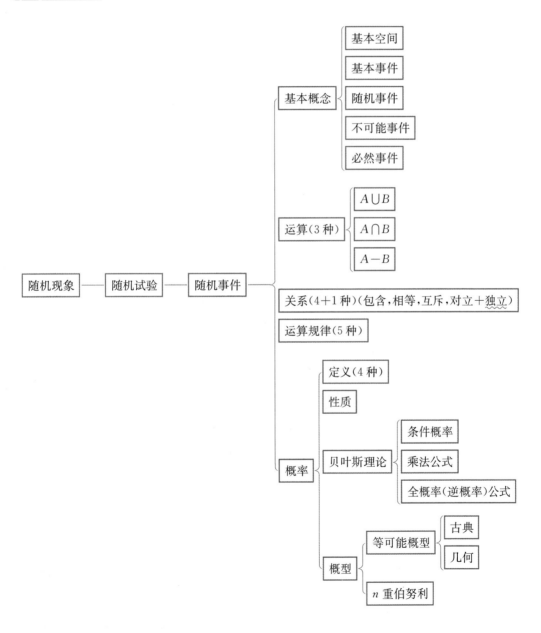

数 一 考 点	年份及分值分布
概率与条件概率的性质（8次）	1990；　1992，1994，1999，2000；　2014，2020；　2022 2分　　　　3分　　　　　　　4分　　　5分
古典、几何概型（3次）	1988；　1991；　2007 2分　　4分　　6分
条件、全概、逆概、加法、减法、乘法公式（13次）	1987；　1993，1996，1997，1998；　1989，2006，2012，2015， 　　　　　　　　　　　　　　　　2017，2018，2019； 2分　　　　　　3分　　　　　　　4分 2021 5分
独立性与独立重复试验（3次）	1987，1988；　2007 2分　　　　4分

数 三 考 点	年份及分值分布
概率与条件概率的性质（11次）	1987；　1990—1993；　2009，2014—2016，2019；　2021 2分　　3分　　　　　　4分　　　　　　　5分
古典、几何概型（5次）	1992；　1990，2007，2016；　1996 5分　　　4分　　　　　　6分
事件的关系与运算，全概、逆概公式（9次）	1994，1996，2000；　2012，2018，2020；　2022；　1987；　1988 3分　　　　　　4分　　　　　　5分　　8分　　9分
独立性与独立重复试验（4分）	1999；　1990；　2007；　1995 2分　　3分　　4分　　8分

【基 础 篇】

1.1　随机事件与运算

人们在实践活动中所遇到的现象一般可分为两类.

一类现象是：在一定条件下，必然会出现某种确定的结果. 例如，水在标准大气压下加热到 100℃时沸腾，同种电荷必然互斥，函数在间断点处不存在导数，等等.

另一类现象是：在一定条件下，既可以发生这样的结果，又可以发生那样的结果. 例如，抛一枚硬币，结果可能正面向上，也可能反面向上. 我们把这类现象称为随机现象，概率论以随机现象为研究对象，目的是以数学的方式去研究.

为了研究随机现象的统计规律性，我们把各种科学试验和对某一事物的观测称为试验. 如果试验具有下述特点：

（1）可重复性（repeatable）：相同条件下可以重复进行；

（2）多结果性（multi-potent）：结果不止一个，事先明确试验的所有可能结果；

（3）不可预测性（unpredictable）：进行一次试验之前不能确定哪一个结果会出现，则称这种试验为随机试验（random experiment），简称试验，通常用字母 E 或 E_1, E_2, …表示.

定义 1　样本空间（sample space）E 的所有可能基本结果组成的集合，记为 S，样本空间的元素，即 E 的每个结果，称为样本点.

定义 2　随机事件（random event）.

（1）样本空间 S 的子集；

（2）某些样本点构成的集合；

（3）在一次随机试验中，有可能发生，也有可能不发生的那么一件事.

[（1）（2）（3）都可以作为其定义]

定义 3　基本事件（elementary event）.

由一个样本点组成的单点集.

我们也把若干个基本事件复合而成的事件称为复合事件.

定义 4　必然事件和不可能事件（inevitability and impossibility）.

样本空间 S 包含所有样本点，它是 S 自身的子集，在每次试验中总是发生的，称为必然事件；空集 $\varnothing$ 不包含任何样本点，也是 S 的子集，在每次试验中都不发生.

以下是一些随机试验的例子.

E_1：抛一枚硬币,观察正反面出现的情况;

E_2：抛一枚骰子,观察出现的点数;

E_3：袋中有 3 个黑球,4 个白球,从中不放回取 2 个球,求白球个数;

E_4：某公交站台的候车人数;

E_5：在一批灯泡中任取一只,测试其使用寿命.

其样本空间分别为

$S_1 = \{$正面,反面$\}$;

$S_2 = \{1, 2, 3, 4, 5, 6\}$;

$S_3 = \{0, 1, 2\}$;

$S_4 = \{0, 1, 2, \cdots\}$;

$S_5 = \{t \mid t \geqslant 0\}$.

可以看到,样本空间的元素各种各样,有些能用数字表示,有些只能用文字叙述;有些元素的个数只有有限个,有些元素的个数有无限个,无限又包含可数无限和不可数无限等.

1.2　事件间的关系与运算

一个样本空间中,可以有很多的随机事件,概率论的任务之一,是研究随机事件发生的可能性的大小,通过对较简单事件的研究去掌握更复杂事件的规律,为此,需要研究事件间的关系与运算,以及运算所满足的一些规律. 由于事件是样本空间的子集,因此,首先要做的是事件关系与运算逻辑基础的建立——引入集合.

(三种运算、四种关系、五种运算规律)

1.2.1　运算

(1) 和事件[事件的并(和)](union).

表示"A 与 B 至少有一个发生"的事件,称为事件 A 与事件 B 的和事件,记作 $A \cup B$ 或 $A + B$,即由 A 与 B 中所有的样本点(相同的只计入一次)组成的集合.

例如在掷一枚骰子的试验中,如果记事件 $A = $"出现奇数点",$B = $"出现的点数大于 4",则 $A \cup B = \{1, 3, 5, 6\}$.

(2) 积事件(事件的交)(intersection).

表示"A 与 B 同时发生"的事件,称为事件 A 与事件 B 的积事件,记作 $A \cap B$ 或 AB,即由 A 与 B 中公共的样本点组成的集合. 例如在掷一枚骰子的试验中,如果记事件 $A = $"出现奇数点",$B = $"出现的点数大于 4",则 $AB = $"出现 5 点".

上述和事件与积事件均可推广到任意有限个事件或可列个事件的情况:n 个事件

$A_i(i=1, 2, \cdots, n)$ 的并 $A_1 \bigcup A_2 \bigcup \cdots \bigcup A_n$ 为一个新事件,记为 $\bigcup\limits_{i=1}^{n} A_i$,表示 $A_1, A_2, \cdots,$ A_n 中至少有一个发生;$\bigcup\limits_{i=1}^{\infty} A_i$ 表示 $A_1, A_2, \cdots$ 中至少有一个发生. n 个事件 $A_i(i=1, 2, \cdots,$ $n)$ 的交 $A_1 \bigcap A_2 \bigcap \cdots \bigcap A_n$ 为一个新事件,记为 $\bigcap\limits_{i=1}^{n} A_i$,表示 $A_1, A_2, \cdots, A_n$ 同时发生; $\bigcap\limits_{i=1}^{\infty} A_i$ 表示 $A_1, A_2, \cdots$ 同时发生.

(3) 差事件.

表示"A 发生而 B 不发生"的事件,称为事件 A 与事件 B 的差事件,记作 $A-B$. 显然有 $A-B=A\overline{B}$(A 发生而 B 不发生,其实就是 A 与 $\overline{B}$ 同时发生),即在事件 A 中且不在 B 中的样本点组成的集合.

1.2.2　关系

(1) 事件的包含(subset).

若"事件 A 发生必然导致事件 B 发生",即属于 A 的样本点都属于 B,则称 A 包含于 B,或称 B 包含 A,记作 $A \subset B$ 或 $B \supset A$.

对任何事件 A,显然 $A \subset \Omega$,又因为 $\varnothing \subset A$,于是 $\varnothing \subset A \subset \Omega$.

注　$A\varnothing=\varnothing$, $A\Omega=A$, $A \bigcup \varnothing=A$, $A \bigcup \Omega=\Omega$.

(2) 事件相等(equivalent).

若事件 A 与事件 B 满足 $A \subset B$ 且 $B \subset A$,即 A 与 B 包含相同的样本点,则称 A 与 B 相等,记作 $A=B$.

例如在掷一枚骰子的试验中,如果记事件 $A=$"出现的点数不小于 5", $B=$"出现的点数大于 4",则 $A=B$.

(3) 互斥事件/互不相容(incompatible-set).

若"事件 A 与事件 B 不能同时发生",即 $A \bigcap B=\varnothing$,称 A 与 B 互不相容或互斥.

(4) 对立事件/逆事件(complementary event).

若 B 表示"A 不发生"的事件,即 A 与 B 在每一次试验中有且只有一个必然发生,则称事件 A 与 B 互为对立事件或逆事件,记作 $B=\overline{A}$ 或 $A=\overline{B}$.

上述事件的运算和关系可以用集合论中的维恩(Venn)图直观地予以表示:

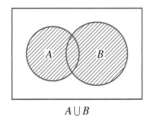
$A \bigcup B$

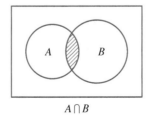
$A \bigcap B$

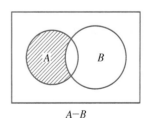
$A-B$

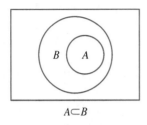 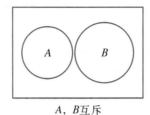 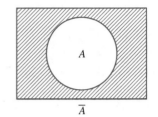

$A \subset B$ 　　　　　 A，B互斥 　　　　　 $\overline{A}$

1.2.3　运算规律

(1) 交换律：$A \bigcup B = B \bigcup A$，$AB = BA$.

(2) 结合律：$(A \bigcup B) \bigcup C = A \bigcup (B \bigcup C)$，$(AB)C = A(BC)$.

(3) 分配律：$A \bigcup (BC) = (A \bigcup B)(A \bigcup C)$，$A(B \bigcup C) = (AB) \bigcup (AC)$.

(4) 吸收律：$A \subset B \Rightarrow A \bigcup B = B$，$A \bigcap B = A$.

(5) 对偶律(De Morgan 定理)：$\overline{A \bigcup B} = \overline{A} \bigcap \overline{B}$，$\overline{A \bigcap B} = \overline{A} \bigcup \overline{B}$.

注　① 要注意随机事件运算规律与普通数学运算规律的不同.以分配律为例,小学数学没有加法对乘法的分配律,$a + b \times c \neq (a + b)(a + c)$,但随机事件满足 $A \bigcup BC = (A \bigcup B)(A \bigcup C)$,其原因在于$(A \bigcup B)(A \bigcup C) = (A + B)(A + C) = A + AC + AB + BC = A + BC = A \bigcup BC$(随机事件运算有吸收律).

② 对偶律的本质是为了实现交与并的转换,为了帮助自己记忆,可借助维恩图：例如随机事件 A 由样本点1，2组成,随机事件 B 由样本点2，3组成,而样本空间$\Omega = \{1, 2, 3, 4\}$,则

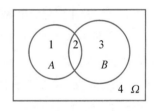

$$\overline{A \bigcup B} = \overline{\{1, 2, 3\}} = \{4\}, \overline{A} = \{3, 4\}, \overline{B} = \{1, 4\}, \overline{A}\,\overline{B} = \{4\},$$
故 $\overline{A \bigcup B} = \overline{A}\,\overline{B}$.

又因为 $AB = \{2\}$，$\overline{AB} = \{1, 3, 4\}$，$\overline{A} \bigcup \overline{B} = \{1, 3, 4\}$，故 $\overline{AB} = \overline{A} \bigcup \overline{B}$.

③ 一般地,对 n 个事件 A_1，A_2，$\cdots$，A_n 或者可列个事件 A_i,也有以下类似的结果:

$$\overline{\bigcup_{i=1}^{n} A_i} = \prod_{i=1}^{n} \overline{A_i}，\quad \overline{\prod_{i=1}^{n} A_i} = \bigcup_{i=1}^{n} \overline{A_i}，$$ 则有$\overline{A_1 + A_2 + A_3} = \overline{A_1}\,\overline{A_2}\,\overline{A_3}$，$\overline{A_1 A_2 A_3} = \overline{A_1} \bigcup \overline{A_2} \bigcup \overline{A_3}$.

④ 把运算、关系、运算规律综合在一起,有以下重要结论:

$A = A\Omega = A(B + \overline{B}) = AB + A\overline{B}$,而 AB 与 $A\overline{B}$ 互斥,因为 $ABA\overline{B} = ABB\overline{A} = A\varnothing A = \varnothing$,利用后面概率性质,得

$$P(A) = P(AB + A\overline{B}) = P(AB) + P(A\overline{B}),$$
$$B = B\Omega = B(A + \overline{A}) = BA + B\overline{A},$$
$$\overline{A} = \overline{A}\Omega = \overline{A}(B + \overline{B}) = \overline{A}B + \overline{A}\,\overline{B},$$
$$\overline{B} = \overline{B}\Omega = \overline{B}(A + \overline{A}) = \overline{B}A + \overline{B}\,\overline{A},$$
$$AB = AB\Omega = AB(C + \overline{C}) = ABC + AB\overline{C}, 等等.$$

⑤ 事件的运算顺序:对立优先,其次是交,最后是并和差.当然还要满足括号内的运算优先的约定.

【例题精讲】

例1 设 A,B,C 为三个事件,试用 A,B,C 的运算关系表示下列事件:

(1) A,B,C 至少有一个发生;　　　(2) A,B,C 都不发生;

(3) A,B 发生而 C 不发生;　　　(4) A,B,C 中恰有一个发生;

(5) A,B,C 中至多只有一个发生;　(6) A,B,C 中至多有两个发生;

(7) A,B,C 中恰有两个发生;　　　(8) A,B,C 中至少有两个发生.

解 (1) $A+B+C$. (2) $\overline{A}\,\overline{B}\,\overline{C}$. (3) $AB\overline{C}$.

(4) $A\overline{B}\,\overline{C}\cup\overline{A}B\overline{C}\cup\overline{A}\,\overline{B}C$.

(5) $\overline{A}\,\overline{B}\,\overline{C}\cup A\overline{B}\,\overline{C}\cup\overline{A}B\overline{C}\cup\overline{A}\,\overline{B}C(\overline{B}\,\overline{C}\cup\overline{A}\,\overline{C}\cup\overline{A}\,\overline{B})$,括号内的答案是经过事件运算的规律化简的.

(6) $\overline{A}\,\overline{B}\,\overline{C}+A\overline{B}\,\overline{C}+\overline{A}B\overline{C}+\overline{A}\,\overline{B}C+AB\overline{C}+A\overline{B}C+\overline{A}BC$ 或 $\overline{ABC}$.

(7) $AB\overline{C}+\overline{A}BC+A\overline{B}C$.

(8) $AB\overline{C}+A\overline{B}C+\overline{A}BC+ABC$,或写成:$AB$ 发生或 AC 发生或 BC 发生 $=AB+AC+BC$.

注 (1) 两事件的差可用对立事件来表示,例如:$A-B=A\overline{B}$,$A-BC=A\overline{BC}$;

(2) 容易犯的错误是:混淆 $\overline{AB}$,$\overline{A}\,\overline{B}$,事实上,$\overline{AB}=\overline{A}\cup\overline{B}\neq\overline{A}\cap\overline{B}=\overline{A}\,\overline{B}$.

例2 (1989 数三、四)以 A 表示事件"甲种产品畅销,乙种产品滞销",则其对立事件 $\overline{A}$ 是( ).

(A) 甲种产品滞销,乙种产品畅销

(B) 甲、乙两种产品均畅销

(C) 甲种产品滞销

(D) 甲种产品滞销或乙种产品畅销

解 记事件 $B=\{$甲种产品畅销$\}$,$C=\{$乙种产品滞销$\}$,则 $A=BC$,由此 $\overline{A}=\overline{BC}=\overline{B}\cup\overline{C}=\{$甲种产品滞销或乙种产品畅销$\}$,所以答案为(D).

例3 对任意两事件 A,B,与 $A+B=B$ 不等价的是( ).

(A) $A\subset B$　　　　　　　　　(B) $\overline{B}\subset\overline{A}$

(C) $A\overline{B}=\varnothing$　　　　　　　　(D) $\overline{A}B=\varnothing$

解 $A+B=B\Leftrightarrow A\subset B\Leftrightarrow\overline{A}\supset\overline{B}\Leftrightarrow A\overline{B}=\varnothing$. 由于 $A\overline{B}=A-B$,注意到 $A\subset B$,因此 $\overline{A}B=\varnothing$ 不一定成立. 选(D).

例4 设 A,B,C 为随机事件,证明下列各式:

(1) $(A-AB)\cup B=A\cup B$;

(2) $(A \bigcup B) - B = A - AB = A\overline{B}$；

(3) $(A \bigcup B) - AB = A\overline{B} \bigcup \overline{A}B$.

证　(1) $(A - AB) \bigcup B = (A\overline{AB}) \bigcup B = [A(\overline{A} \bigcup \overline{B})] \bigcup B = (A\overline{A} \bigcup A\overline{B}) \bigcup B = (A\overline{B}) \bigcup B = A \bigcup B$.

(2) $(A \bigcup B) - B = (A \bigcup B)\overline{B} = A\overline{B} \bigcup B\overline{B} = A\overline{B}$,

$A - AB = A\overline{AB} = A(\overline{A} \bigcup \overline{B}) = A\overline{A} \bigcup A\overline{B} = A\overline{B}$.

所以 $(A \bigcup B) - B = A - AB = A\overline{B}$.

(3) $(A \bigcup B) - AB = (A \bigcup B)\overline{AB} = (A \bigcup B)(\overline{A} \bigcup \overline{B}) = [(A \bigcup B)\overline{A}] \bigcup [(A \bigcup B)\overline{B}] = \overline{A}B \bigcup A\overline{B}$.

例 5　$\overline{\overline{A} \bigcap (B \bigcup \overline{C})} = (\quad)$.

(A) $A \bigcap (\overline{B} \bigcap C)$　　　　　　　　(B) $A \bigcap (B \bigcap C)$

(C) $(A \bigcup \overline{B}) \bigcap (A \bigcup C)$　　　　　(D) $(A \bigcup B) \bigcap (A \bigcup C)$

解　$\overline{\overline{A} \bigcap (B \bigcup \overline{C})} = A \bigcup \overline{(B \bigcup \overline{C})}$（对偶律）

$= A \bigcup (\overline{B} \bigcap C)$（对偶律）

$= (A \bigcup \overline{B}) \bigcap (A \bigcup C)$（分配律），故答案为(C).

1.3　概率论公理化体系

1.3.1　频率和概率

概率的古典而直观的来源是频率.

定义 1　频率. n 次随机试验中事件 A 发生的次数称为 A 发生的频数，记为 n_A；频数与试验总数 n 的比值称为 A 发生的频率，$f_n(A) = \dfrac{n_A}{n}$.

定义 2　概率的统计定义. 如果一个随机事件 A，在相同的条件下进行的 n 次独立重复试验中，随着试验次数的增加，事件 A 发生的频率稳定在某个常数附近，称此常数为事件 A 的概率，记为 $P(A)$.

定义 3　概率的公理化定义. 设某个随机试验的样本空间为 Ω，对此试验的任意事件 A，定义实值函数 $P(A)$，如果它满足下列三条公理，称为事件 A 发生的概率：

(1) 非负性：$P(A) \geqslant 0$；

(2) 规范性：$P(\Omega) = 1$；

(3) 可列可加性：若事件 A_1，A_2，$\cdots$，A_n，$\cdots$ 两两互斥，即 $A_i A_j = \varnothing (i, j = 1, 2, \cdots$

且 $i \neq j$),则 $P(\bigcup_{i=1}^{\infty} A_i) = \sum_{i=1}^{\infty} P(A_i)$.

注 该定义背后的背景：概率的统计定义、古典定义、几何定义都有各自的适用范围，但都有其局限. 随着概率论应用范围扩大，其逻辑体系需要进一步完善，要成为一门独立的数学学科，因此一个迫切的问题被提出来：究竟什么是概率？其数学本质到底是什么？我们不禁想起神学家圣奥古斯丁(Saint Augustinus)关于时间的那句至理名言："时间是什么？没人问我，我很清楚，一旦问起，我便茫然."1900 年德国数学家希尔伯特(Hilbert)在巴黎第二届国际数学家大会上提出了著名的 23 个问题，其中第 6 个问题就是要建立概率的公理化体系. 经多年钻研，莫斯科学派中概率论的领军人物，苏联数学家柯尔莫哥洛夫(Kolmogorov)于 1929 年提出了概率论的公理化体系，终于一统"概帮"之江湖.

1.3.2 概率的性质

性质 1 $P(\varnothing) = 0$.

性质 2 若 $A_1, A_2, \cdots, A_n$ 两两互斥，则 $P(\bigcup_{i=1}^{n} A_i) = \sum_{i=1}^{n} P(A_i)$.

当 A 与 B 互斥时，$P(A+B) = P(A) + P(B)$.

性质 3 (对立事件的概率)对任一事件 A，有 $P(\overline{A}) = 1 - P(A)$.

因为 $A\overline{A} = \varnothing$ 且 $A \bigcup \overline{A} = \Omega$，由性质 2 得 $P(A) + P(\overline{A}) = 1$，$P(\overline{A}) = 1 - P(A)$.

性质 4 [单调性(monotonic)]设 $A \subseteq B$，则 $P(A) \leqslant P(B)$，即事件大的概率不小，事件小的概率不大.

证 构造互斥事件 $B = A \bigcup (B - A)$(A 与 $B - A$ 互斥).

$$P(B) = P[A \bigcup (B-A)] = P[A + (B-A)] = P(A) + P(B-A)$$
$$\Rightarrow P(B-A) = P(B) - P(A) \geqslant 0 \Rightarrow P(B) \geqslant P(A).$$

性质 5 (减法公式)对任意两事件 A 与 B，有 $P(A-B) = P(A) - P(AB)$.

证 将 A 分解为两个互斥事件的并.

$A = (A-B) \bigcup AB$，

$P(A) = P(A-B) + P(AB)$.

故 $P(A-B) = P(A) - P(AB)$.

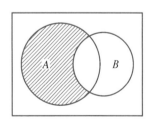

性质 6 (加法公式)

(1) 两个事件 A，B 求和.

$P(A+B) = P(A) + P(B) - P(AB)$.

证 因为 $A+B = A + (B-A) = A + B\overline{A}$ (A 与 $B\overline{A}$ 互斥)，所以

$P(A+B) = P(A) + P(B\overline{A})$.

又 $B\overline{A} + BA = B$ ($B\overline{A}$ 与 BA 互斥)，故

$$P(B\overline{A}) + P(BA) = P(B).$$

$$P(A+B) = P(A) + P(B) - P(AB).$$

或者：因为 $A+B = B + (A-B) = B + A\overline{B}$（$B$ 与 $A\overline{B}$ 互斥），所以

$$P(A+B) = P(B) + P(A\overline{B}).$$

又 $A\overline{B} + AB = A$（$A\overline{B}$ 与 AB 互斥），故

$$P(A\overline{B}) + P(AB) = P(A).$$

$$P(A+B) = P(B) + P(A) - P(AB).$$

再换第三个角度证明.

A：A 同学考上研；B：B 同学考上研，则 $A+B$ 代表 A，B 同学至少有一个考上研（等价为 A 考上，B 没考上；A 没考上，B 考上；A，B 都考上）. 那么

$$A + B = A\overline{B} + \overline{A}B + AB,$$

$$P(A+B) = P(A\overline{B}) + P(\overline{A}B) + P(AB) \ (A\overline{B}, \overline{A}B, AB \ 两两互斥).$$

再由 $P(A\overline{B}) = P(A) - P(AB)$，$P(\overline{A}B) = P(B) - P(AB)$，代入得

$$P(A+B) = P(A) + P(B) - P(AB).$$

第四种证明方法：利用对立事件和对偶律.

$$P(A+B) = 1 - P(\overline{A+B}) = 1 - P(\overline{A}\ \overline{B}).$$

而

$$P(\overline{A}\ \overline{B}) = P(\overline{A}) - P(\overline{A}B), \ P(\overline{A}B) = P(B) - P(AB), \ P(\overline{A}) = 1 - P(A),$$

从而

$$P(A+B) = 1 - [P(\overline{A}) - P(\overline{A}B)] = 1 - \{[1 - P(A)] - [P(B) - P(AB)]\}$$
$$= P(A) + P(B) - P(AB).$$

(2) 三个事件的加法公式.

$$P(A+B+C) = P(A) + P(B) + P(C) - P(AB) - P(AC) - P(BC) + P(ABC).$$

把 $A+B$ 看作一个整体，仿照两个事件求和公式推导.

【例题精讲】

例 1 （1991 数四）设 A，B 是两个随机事件，$P(A) = 0.7$，$P(A-B) = 0.3$，则 $P(\overline{AB}) = $ _____ .

解　$P(A-B) = P(A) - P(AB) = 0.3 \Rightarrow P(AB) = 0.7 - 0.3 = 0.4.$

$$P(\overline{AB}) = 1 - P(AB) = 1 - 0.4 = 0.6.$$

例 2 （1992 数一）对于事件 A，B，C，已知 $P(A)=P(B)=P(C)=\dfrac{1}{4}$，$P(AB)=0$，$P(AC)=P(BC)=\dfrac{1}{16}$，则 A，B，C 全不发生的概率为＿＿＿＿．

解　$ABC \subset AB$，$P(AB)=0 \Rightarrow P(ABC)=0$. 所求概率

$$P(\overline{A}\,\overline{B}\,\overline{C})=P(\overline{A \bigcup B \bigcup C})=1-P(A \bigcup B \bigcup C)$$

$$=1-[P(A)+P(B)+P(C)-P(AB)-P(AC)$$

$$-P(BC)+P(ABC)]$$

$$=1-\left(\frac{1}{4}+\frac{1}{4}+\frac{1}{4}-0-\frac{1}{16}-\frac{1}{16}+0\right)=\frac{3}{8}.$$

例 3　（1992 数三、四）设事件 A 与 B 同时发生时，事件 C 必发生，则下列结论正确的是（　　）．

(A) $P(C) \leqslant P(A)+P(B)-1$　　　　(B) $P(C) \geqslant P(A)+P(B)-1$

(C) $P(C)=P(AB)$　　　　(D) $P(C)=P(A+B)$

解　由题可知 $AB \subset C$，故由单调性可知 $P(C) \geqslant P(AB)$. 而 $P(AB)=P(A)+P(B)-P(A+B)$，且 $P(A+B) \leqslant 1$，即 $-P(A+B) \geqslant -1$.

因此 $P(C) \geqslant P(AB) \geqslant P(A)+P(B)-1$，故答案为(B)．

例 4　设 $B \subset A$，$C \subset A$，$P(A)=0.8$，$P(\overline{B} \bigcup \overline{C})=0.6$，求 $P(A\overline{BC})$．

解　因为 $B \subset A$，$C \subset A$，所以 $BC \subset A$，于是 $P(A\overline{BC})=P(A-BC)=P(A)-P(BC)$，又因 $P(\overline{BC})=P(\overline{B} \bigcup \overline{C})=0.6$，故 $P(BC)=1-P(\overline{BC})=1-0.6=0.4$，从而 $P(A\overline{BC})=P(A)-P(BC)=0.8-0.4=0.4$．

1.4　三　大　概　型

1.4.1　古典概型（等可能概型）

定义 1　古典概型（classical probability）．

有限 n 次随机试验中每种试验结果发生的可能性在客观上是相等的，则此种试验称为等可能概型；因为这是概率论公理化体系确立前最早的研究对象，故称为古典概型．

特点如下：

(1) 有限性：基本事件有限．

(2) 均等性：每种基本事件发生的可能性相等．

定义 2　古典概率．

古典概型的样本空间 $\Omega = \{\omega_1, \omega_2, \cdots, \omega_N\}$，若事件 A 包含了 M 个样本点，即 $A = \{\omega_{i_1}, \omega_{i_2}, \cdots, \omega_{i_M}\}$，则 A 的概率为

$$P(A) = \frac{M}{N} = \frac{A \text{ 包含样本点的个数}}{\Omega \text{ 中的样本点的总数}}.$$

古典概型有以下三类基本问题：

摸球问题、投球问题和随机取数问题.

（Ⅰ）摸球问题是指从 n 个可分辨的球中，按照不同的要求，摸出 m 个球，计算事件概率的一类问题.

（Ⅱ）投球问题是指将 n 个球按照不同的要求，投入 m 个可分辨的盒中，计算事件概率的一类问题.

（Ⅲ）随机取数问题是指从 n 个不同的数中，按照不同的要求，取出 m 个数，计算事件概率的一类问题.

【例题精讲】

例 1 袋中装有 α 个白球和 β 个黑球，现采用以下三种方式从中任取 $a + b$ 个球（$a \leqslant \alpha$，$b \leqslant \beta$），试求所取出球恰有 a 个白球和 b 个黑球的概率.

（1）从袋中一次性抽取；

（2）无放回抽取，每次取一个，取后不放回；

（3）有放回抽取，每次取一个，取后放回.

解 设 $B = $ "取出 $a + b$ 个球恰有 a 个白球和 b 个黑球".

（1）样本点总数 $C_{\alpha+\beta}^{a+b}$，B 包含样本点数 $C_\alpha^a C_\beta^b$，故

$$P(B) = \frac{C_\alpha^a C_\beta^b}{C_{\alpha+\beta}^{a+b}}.$$

（2）样本点总数为 $A_{\alpha+\beta}^{a+b}$，B 包含样本点数 $C_\alpha^a C_\beta^b (a+b)!$，故

$$P(B) = \frac{C_\alpha^a C_\beta^b (a+b)!}{A_{\alpha+\beta}^{a+b}} = \frac{C_\alpha^a C_\beta^b}{C_{\alpha+\beta}^{a+b}}.$$

（3）取后放回，抽到的白球数 $X \sim B\left(a+b, \dfrac{\alpha}{\alpha+\beta}\right)$，所以

$$P(B) = C_{a+b}^a \left(\frac{\alpha}{\alpha+\beta}\right)^a \left(\frac{\beta}{\alpha+\beta}\right)^b.$$

例 2 从 5 双不同的鞋子中任取 4 只，求取得 4 只鞋子中至少有 2 只配成一双的概率.

解法 1 $A = $ "任取 4 只中至少有 2 只配成一双".

将 10 只鞋编号,其中第 1 双 1,2 号,第 2 双 3,4 号……第 5 双 9,10 号. 从中任取 4 只,有 C_{10}^4 种不同取法,取得 4 只鞋子至少有 2 只配成一双,即恰有 2 只配成一双或 4 只配成两双有 $C_5^1 C_4^2 C_2^1 C_2^1 + C_5^2$ 种取法,所以 $P(A) = \dfrac{C_5^1 C_4^2 C_2^1 C_2^1 + C_5^2}{C_{10}^4} = \dfrac{13}{21}$.

解法 2　$P(A) = 1 - P(\overline{A}) = 1 - \dfrac{C_5^4 (C_2^1)^4}{C_{10}^4} = \dfrac{13}{21}$.

例 3　设有 n 个可辨的球以等可能落入 m 个有编号盒子中 $(m \geqslant n)$,求以下事件的概率.

(1) $A=$"某指定的 n 个盒子各有一个球".

解　每一个球都可以被放入 m 盒子中的任一个,所以 n 个球在 m 个盒中的分布相当于从 m 个元素中取 n 个进行有重复的排列,故共有 m^n 种可能,因而样本空间有 m^n 个基本事件.

$A=$"某指定的 n 个盒子各有一个球",相当于 n 个球在指定的 n 个盒子中的全排列,总数为 $n!$,因而 $P(A) = \dfrac{n!}{m^n}$.

(2) $B=$"恰有 n 个盒子各有一个球".

解　从 m 个盒子任意选出 n 个来,这种选法有 C_m^n 种,每个盒子放一个球选法有 $n!$ 种,因而 $P(B) = \dfrac{C_m^n n!}{m^n}$.

(3) $C=$"某指定盒子中有 t $(t \leqslant n)$ 个球".

解　先从 n 个球中任意选 t 个球放入指定的盒中,放法有 C_n^t 种,剩下的 $n-t$ 个球放入余下的 $m-1$ 个盒中,放法有 $(m-1)^{n-t}$ 种,$P(C) = \dfrac{C_n^t (m-1)^{n-t}}{m^n}$.

例 4　3 个研究生在毕业答辩时有 3 张考签,每个人随机抽 1 张答辩,答辩完放回,求至少有 1 张考签未被抽到的概率.

解法 1　设 A_i:第 i 张考签未被抽到$(i=1,2,3)$. A_i 即每次都未抽到第 i 张考签,由于抽后放回,故每次抽取的结果相互独立,而每次第 i 张考签未被抽到的概率均为 $\dfrac{2}{3}$,所以

$$P(A_i) = \left(\frac{2}{3} \right)^3.$$

$A_i A_j (i \neq j; i, j=1, 2, 3)$ 是指每次抽到的是非第 i、非第 j 张考签,即每次抽到另一张考签,而每次取到另一张考签的概率为 $\dfrac{1}{3}$,所以

$$P(A_i A_j) = \left(\frac{1}{3} \right)^3.$$

$A_i A_j A_k (i, j, k$ 均可在 $1, 2, 3$ 中取值,但互不相等)是 3 张考签都未被抽到,这是不可能的,故 $P(A_1 A_2 A_3) = 0$,从而

$$P(A_1 \bigcup A_2 \bigcup A_3)$$
$$= P(A_1) + P(A_2) + P(A_3) - P(A_1 A_2) - P(A_2 A_3) - P(A_1 A_3) + P(A_1 A_2 A_3)$$
$$= 3 \times \left(\frac{2}{3}\right)^3 - 3 \times \left(\frac{1}{3}\right)^3 + 0 = \frac{7}{9}$$

为所求概率.

解法 2 设 A:至少有 1 张考签未被抽到,则 $\overline{A}$ 表示 3 张考签都被抽到,其包含的抽法有 A_3^3 种,而抽法的总数为从 3 个元素中抽出 3 个的可以重复的排列的种数 3^3,所以

$$P(\overline{A}) = \frac{A_3^3}{3^3} = \frac{2}{9}, \quad P(A) = 1 - P(\overline{A}) = 1 - \frac{2}{9} = \frac{7}{9}.$$

例 5 假定每个人的生日在一年 365 天中的每一天的可能性是均等的,设某班上有 n 个人 $(n \leqslant 365)$,问此 n 个人中"至少有两个人生日在同一天"的概率为多少?

解 题中出现"至少",故可以考虑对立思维.

设 $A =$ "n 个人中至少有两个人生日在同一天",则 $\overline{A} =$ "n 个人的生日全不相同",

$$P(\overline{A}) = \frac{A_{365}^n}{365^n} = \frac{C_{365}^n n!}{365^n} = \frac{365!}{365^n (365 - n)!}.$$

从而 $P(A) = 1 - P(\overline{A}) = 1 - \frac{365!}{365^n (365 - n)!}$.

n	10	20	23	30	40	50	100
$P(A)$	0.12	0.41	0.51	0.71	0.89	0.97	0.999 999 7

从表中可以看出,当 $n = 50$ 时,竟达到了 97%,这说明在一个 50 人的班上,有两人在同一天出生的可能性很大. 因此,在研究随机现象时,直觉有时并不可靠.

注 本例如果把 365 天看成盒子,人看成球可研究生日问题;此外,把房间看成盒子,人看成球可研究住房分配问题;把信筒看成盒子,信看成球可研究投信问题;等等.

例 6 在 0 至 9 这十个整数中任取四个,能排成一个四位偶数的概率是多少?

解 在 0 至 9 这十个整数中,任取四个的排列总数为 A_{10}^4,排成一个四位偶数,首先从 $0, 2, 4, 6, 8$ 这五个偶数中取一个排在个位,其余三位从剩下的九个数中取三个进行排列. 这包含了千位是 0 的情况,应排除,而千位是 0、个位是偶数的排法有 $C_4^1 A_8^2$ 种,故所求概率为 $P = \dfrac{5 A_9^3 - 4 A_8^2}{A_{10}^4} = \dfrac{41}{90}$.

1.4.2　几何概型

在古典概型中,样本点个数必须是有限个,这显然极大地束缚了概率的应用范围.

例如纪实报告《为了六十一个阶级弟兄》里讲的,向山西平陆空投药品,假定划了一片面积为 S 的大平原为空投区域,药箱保证落到区域 S 内. 又任意给定大区域 S 内的一片小区域面积为 $S_0 < S$,假定投在大区域 S 内的任何点都是等可能的,则落在 S_0 内的概率是 $P = \dfrac{S_0}{S}$. 显然 Ω 内有无数个点,即样本点数为无穷大,因此无法使用古典概型的计数原则,不过已知药箱落在 Ω 内任何一点的可能性都相同,这意味着药箱落入区域 $A \subset \Omega$ 的可能性与 A 的面积成正比,而与 A 的形状和位置无关.

定义 1　几何概率(geometric probability).

设一个随机试验的样本空间可以表示成一个几何区域 Ω,且随机事件 A 可以表示成 Ω 的一个子区域,假定 Ω 的几何度量(一维为长度,二维为面积,三维为体积)为 S_Ω,并且 Ω 内每一点发生随机事件 A 的可能性是相同的,则 A 发生的概率为

$$P(A) = \frac{\text{区域 } A \text{ 的几何度量}}{\text{区域 } \Omega \text{ 的几何度量}} = \frac{S_A}{S_\Omega}.$$

注　几何概型中若所考虑的问题只有一个因素在变,则取一维几何量——长度作为几何测度;若所考虑的问题只有两个因素在变,则取二维几何量——面积作为几何测度;若所考虑的问题有三个因素在变,则取三维几何量——体积作为几何测度.

【例题精讲】

例 1　约会问题. A 同学要和 B 同学见面,时间约定在 6—7 点间,先到者等候 15 分钟,对方不来即可离去,求两人能见面的概率.

解　设 x,y 分别表示 A 和 B 到达约会地点的时间(以分钟为单位),两人能够见面的主要条件是时间差不大于 15 分钟,即 $|x - y| \leqslant 15$. 建立坐标系,可知样本空间 S 是正方形区域,会面时间区域是介于直线 $\begin{cases} l_1: x - y = 15 \\ l_2: y - x = 15 \end{cases}$ 之间的带形区域 S_0,由几何概型的定义,有 $P = \dfrac{S_0}{S} = \dfrac{60^2 - 45^2}{60^2} = \dfrac{7}{16}$.

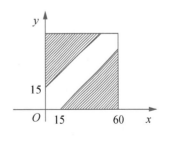

例 2　(1991 数一)随机地向半圆 $0 < y < \sqrt{2ax - x^2}$ $(a > 0)$ 内掷一点,点落在半圆内任何区域的概率与该区域的面积成正比,则原点与该点的连线与 x 轴的夹角小于 $\dfrac{\pi}{4}$ 的概

率为_____.

解 这是一个几何概率问题,样本空间是一个半圆,面积为

$\frac{1}{2}\pi a^2$,记事件 $A=\{$原点到该点的连线与 x 轴的夹角小于 $\frac{\pi}{4}\}$,

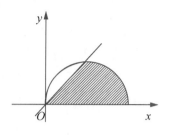

事件 A 所占的面积为 $\frac{1}{4}\pi a^2 + \frac{1}{2}a^2$,故

$$P=\frac{\frac{1}{4}\pi a^2 + \frac{1}{2}a^2}{\frac{1}{2}\pi a^2}=\frac{1}{2}+\frac{1}{\pi}.$$

1.4.3 伯努利概型

定义 1 伯努利概型.

n 次随机试验,如果每次试验结果有限且各次结果相互独立,则称为 n 重独立试验概型.

n 次随机试验如果满足:试验结果只有两种,即 A 发生或其对立事件 $\overline{A}$ 发生,并且 A 及 $\overline{A}$ 发生的概率固定不变,即 $P(A)=p$,$P(\overline{A})=q=1-p$,则称此 n 次独立试验为 n 重伯努利概型(n-order Bernoulli probability).

注 多次抛掷同一枚硬币就是典型的伯努利试验,因为每次抛掷结果只有两种,或正或反,$P($正面向上$)=\frac{1}{2}$,$P($反面向上$)=\frac{1}{2}$. 那么掷骰子呢?结果是 6 种,但如果规定掷出某个点数(比如"6"点)为赢而其余点数皆输,则多次投骰子也是典型的伯努利试验. 好人与坏人,男人与女人,下雨或不下雨,中奖或不中奖,发生或不发生,击中与未击中,通过与未通过……显然生活中这种"非黑即白"的二分法处处皆是,故应用广泛.

定理 1 伯努利概率. 在 n 重伯努利概型中 A 发生的概率为 p,对立事件的概率 $q=1-p$ $(0<p,q<1)$,则在 n 重试验中事件 A 发生 k 次的概率为 $P_n(k)=C_n^k p^k q^{n-k}$ $(k=0,$ $1,\cdots,n)$. 显然这与牛顿二项展开式 $(a+b)^n=\sum_{k=0}^{n}C_n^k a^k b^{n-k}$ 结构相似,因此我们也把伯努利概型叫作二项概型.

例 1 某射手向同一目标射击 5 次,每次击中的概率为 0.7,试求他 5 次射击中恰好击中 2 次的概率.

解 5 次射击就构成了一个 5 重伯努利试验,B_i 表示"第 i 次击中目标"$(i=1,2,\cdots,$ $5)$,C 表示"5 次射击中恰好击中 2 次",则

$$C=B_1 B_2 \overline{B_3}\,\overline{B_4}\,\overline{B_5}+B_1\overline{B_2}B_3\overline{B_4}\,\overline{B_5}+\cdots+\overline{B_1}\,\overline{B_2}\,\overline{B_3}B_4 B_5.$$

由排列组合知识可知 C 中共有 C_5^2 项,并且两两互斥,每一项发生的概率都是 $p^2(1-p)^3$,这里 $p=0.7$,由加法定理,$P(C)=C_5^2 p^2(1-p)^3=C_5^2 0.7^2(1-0.7)^3$.

注　本例在求解过程中推导了伯努利概率公式,读者以后做题没有必要这么复杂,直接代入公式即可.

例 2　(2007 数一、三、四)某人向同一目标重复独立射击,每次射击命中目标的概率为 p($0<p<1$),则此人第 4 次射击恰好第 2 次命中目标的概率为(　　).

(A) $3p(1-p)^2$ 　　　　　　　　　　(B) $6p(1-p)^2$

(C) $3p^2(1-p)^2$ 　　　　　　　　　(D) $6p^2(1-p)^2$

解　由题意可知:第 4 次命中目标,且前面 3 次中恰好有 1 次命中目标,故概率为 $C_3^1 p(1-p)^2 \cdot p=3p^2(1-p)^2$. 选(C).

1.5　贝叶斯理论

1.5.1　条件概率

俄罗斯左轮手枪问题:

一把左轮手枪可以装六发子弹,两个赌徒约定在手枪里放了两发子弹(设子弹在弹膛里是挨着的),并把子弹轮盘随机地转了一下,其中一个赌徒先朝自己开了一枪,幸运的是,当然也可以说不幸的是,他还活着. 接着轮到另一个赌徒,问他接过枪该直接朝自己开枪,还是先随机地转一下轮盘再朝自己开枪呢? 这个问题曾经是华尔街一家金融公司招聘职员的面试题目.

条件概率的概念:

在实际生活中,有时还须考虑在已知一个事件 B 发生的条件下,另外一个事件 A 发生的概率,此概率称为条件概率,记作 $P(A|B)$.

如何严格地定义并计算条件概率呢? 下面的例子会对我们有所启发.

引例　从整数 1～200 中随机地取出的数是偶数(即事件 B 已发生),问这个数能被 3 整除(事件 A 发生)的概率是多少?

解　原问题的样本空间为 $\Omega=\{1,2,\cdots,200\}$,现在 B 已发生,显然样本空间就"缩小"为 $\Omega_B=\{2,4,\cdots,200\}$,其中能被 3 整除的数减少到 33 个,即事件 AB 中包含的基本事件数也从 A 中的 66 个减少到 AB 中的 33 个,因此,

$$P(A\mid B)=\frac{33}{100}=\frac{\dfrac{33}{200}}{\dfrac{100}{200}}$$

$$=\frac{P(AB)}{P(B)}=0.33.$$

定义 1 设 A 与 B 是两个随机事件,若 $P(B)>0$,则称 $P(A\mid B)=\dfrac{P(AB)}{P(B)}$ 为事件 B 已经发生的条件下,事件 A 发生的条件概率.

注 条件概率也满足概率公理化定义中的三条公理.

(1) 非负性:$0\leqslant P(A\mid B)\leqslant 1$;

(2) 规范性:$P(\Omega\mid B)=1$;

(3) 可列可加性:对两两互不相容事件 A_1,A_2,$\cdots$,A_n,有

$$P\left(\sum_{n=1}^{\infty}A_n\mid B\right)=\sum_{n=1}^{\infty}P(A_n\mid B).$$

因此可以由以上基本性质推出:

(1) $P(\varnothing\mid B)=0$;

(2) $P(A\mid B)=1-(\overline{A}\mid B)$;

(3) $P[(A_1+A_2)\mid B]=P(A_1\mid B)+P(A_2\mid B)-P(A_1A_2\mid B)$.

下面我们来回答一开始提出的问题.

引入符号:$A_i=$"第 i 个赌徒未射中自己",$i=1,2$.

(1) 如果第二个赌徒接过枪后先随机地转动轮盘再朝自己开枪,则他未射中自己的概率为 $P(A_2)=P(A_1)=\dfrac{4}{6}=\dfrac{2}{3}$.

(2) 如果第二个赌徒接过枪后直接朝自己射击,则他未射中自己的概率为 $P(A_2\mid A_1)=\dfrac{3}{4}$.

因此,应选择接过枪直接朝自己开枪.

【例题精讲】

例 1 一批产品 100 件,有正品 90 件,次品 10 件,其中甲车间生产的为 70 件,有 66 件正品;乙车间生产的为 30 件. 现从该批产品中任取一件,并设 A 表示"取到甲车间的产品",B 表示"取到正品",求 $P(B\mid A)$,$P(B\mid\overline{A})$,$P(A\mid B)$,$P(A\mid\overline{B})$,$P(AB)$.

解 $P(B\mid A)=\dfrac{66}{70}$,$P(B\mid\overline{A})=\dfrac{24}{30}$,$P(A\mid B)=\dfrac{66}{90}$,$P(A\mid\overline{B})=\dfrac{4}{10}$,$P(AB)=\dfrac{66}{100}$.

注 此题非常简单,却可以帮助我们理解条件概率的概念,初学者往往容易把 $P(A\mid B)$ 与 $P(AB)$ 混淆起来.

例 2 甲、乙两人独立地对同一目标射击一次,其命中率分别为 0.6 和 0.5,现已知目标

被击中,则它是甲中的概率为_____.

解　A＝"甲中",B＝"乙中",C＝"目标被击中".

$$P(A \mid C) = \frac{P(AC)}{P(C)} = \frac{P(A)}{P(A+B)}$$

$$= \frac{P(A)}{P(A)+P(B)-P(AB)}$$

$$= \frac{0.6}{0.6+0.5-0.6 \times 0.5} = 0.75.$$

例 3　假设事件 A,B 满足 $P(B \mid A)=1$,则(　　).

(A) A 是必然事件　　　　　　　　(B) $P(B \mid \overline{A})=0$

(C) $A \supset B$　　　　　　　　　　(D) $P(AB)=P(A)$

解　$1=P(B \mid A)=\dfrac{P(AB)}{P(A)} \Rightarrow P(AB)=P(A)$,选(D).

例 4　设 A,B 是任意两事件,且 $A \subset B$,$P(B)>0$,则下列选项必然成立的是
(　　).

(A) $P(A)<P(A \mid B)$　　　　　　(B) $P(A) \leqslant P(A \mid B)$

(C) $P(A)>P(A \mid B)$　　　　　　(D) $P(A) \geqslant P(A \mid B)$

解　$P(A \mid B)=\dfrac{P(AB)}{P(B)}=\dfrac{P(A)}{P(B)} \Rightarrow P(A)=P(B)P(A \mid B)$.

又 $0<P(B) \leqslant 1 \Rightarrow P(A) \leqslant P(A \mid B)$,所以,选(B).

1.5.2　乘法公式

根据条件概率的定义,得 $P(AB)=P(B)P(A \mid B)$.

显然,若 $P(A)>0$,则也有 $P(AB)=P(A)P(B \mid A)$.

定理 1　设 A_1,A_2,A_3 是三个事件,且 $P(A_1A_2)>0$,则

$$P(A_1A_2A_3)=P(A_1)P(A_2 \mid A_1)P(A_3 \mid A_1A_2).$$

推广为:A_1,A_2,A_3,$\cdots$,A_n 是 n 个事件,且 $P(A_1A_2 \cdots A_{n-1})>0$,则

$$P(A_1A_2 \cdots A_n)=P(A_1)P(A_2 \mid A_1)P(A_3 \mid A_1A_2) \cdots P(A_n \mid A_1A_2 \cdots A_{n-1}).$$

证　由于 $A_1 \supset A_1A_2 \supset A_1A_2A_3 \supset \cdots \supset A_1A_2 \cdots A_{n-1}$,根据概率的单调性有

$$P(A_1) \geqslant P(A_1A_2) \geqslant P(A_1A_2A_3) \geqslant \cdots \geqslant P(A_1A_2 \cdots A_{n-1})>0,$$

$$P(A_1) \frac{P(A_1A_2)}{P(A_1)} \frac{P(A_1A_2A_3)}{P(A_1A_2)} \cdots \frac{P(A_1A_2 \cdots A_{n-1}A_n)}{P(A_1A_2 \cdots A_{n-1})} = P(A_1A_2 \cdots A_n).$$

【例题精讲】

例 1 (抽签公平性)盒中有 n 支签,其中有一支长签,其余为短签,现在有 n 个人依次各取一签,证明每个人抽得长签的概率都是 $\dfrac{1}{n}$.

证 引入符号:$A_i =$"第 i 个人抽到长签",$i\,(1 \leqslant i \leqslant n)$ 表示抽签的次序,则

$$P(A_1) = \frac{1}{n},$$

$$P(A_2) = P(\overline{A}_1 A_2) = P(\overline{A}_1)P(A_2 \mid \overline{A}_1) = \frac{n-1}{n} \cdot \frac{1}{n-1} = \frac{1}{n},$$

$$P(A_3) = P(\overline{A}_1 \overline{A}_2 A_3) = P(\overline{A}_1)P(\overline{A}_2 \mid \overline{A}_1)P(A_3 \mid \overline{A}_1 \overline{A}_2)$$

$$= \frac{n-1}{n} \cdot \frac{n-2}{n-1} \cdot \frac{1}{n-2} = \frac{1}{n},$$

......

$$P(A_n) = P(\overline{A}_1 \overline{A}_2 \cdots \overline{A}_{n-1} A_n) = P(\overline{A}_1)P(\overline{A}_2 \mid \overline{A}_1)\cdots P(A_n \mid \overline{A}_1 \cdots \overline{A}_{n-1})$$

$$= \frac{n-1}{n} \cdot \frac{n-2}{n-1} \cdot \frac{n-3}{n-2} \cdot \cdots \cdot \frac{1}{2} \cdot 1 = \frac{1}{n}.$$

所以,抽签次序与结果无关.

注 就是因为抽签与次序无关,因此购买彩票、北京购车摇号等随机事件,会出现"后来居上"的现象,后边参与的人反而先中签了,与公认的"先来后到""先到先得"的社会公序相违背.表面上看,这种随机方案似乎是很公平的,中签的人是运气好,而事实上欠缺了对具体人群的人性化考虑和合理化分析.

例 2 (1997 数一)袋中有 50 个乒乓球,其中 20 个黄球,30 个白球.今有两人依次随机地从袋中各取一球,取后不放回,则第二个人取得黄球的概率是_____.

解 本题符合抽签不分先后原理,即第二个人取得黄球的概率与第一个人取得黄球的概率是相等的,故答案为 $\dfrac{2}{5}$.

1.5.3 全概率公式和贝叶斯公式

在面对复杂问题时,我们经常采用宏观—中观—微观的思维方式来进行处理.现实生活中这种思维方式比比皆是,例如行政上的国—省—市,大学的校—院—系.在线性代数中,则有矩阵—向量—数.实际生活中的事件往往比较复杂,要计算事件 B 的概率,经常先研究 B 在不同情形下的概率,然后再计算它的概率.用数学符号表示,就是将样本空间 Ω 划分为 n 个两两互斥的事件(称为 Ω 的一个分割),要求它们不重不漏.

$$\Omega = A_1 + A_2 + \cdots + A_n, A_i A_j = \varnothing, i, j = 1, 2, \cdots, n, i \neq j,$$

因此 $B = B\Omega = B(A_1 + A_2 + \cdots + A_n) = A_1 B + A_2 B + \cdots + A_n B$.

且 $A_1 B, A_2 B, \cdots, A_n B$ 两两互斥,由乘法公式,可得

$$P(B) = P(A_1 B) + P(A_2 B) + \cdots + P(A_n B)$$
$$= P(A_1) P(B \mid A_1) + P(A_2) P(B \mid A_2) + \cdots + P(A_n) P(B \mid A_n).$$

定理 1 全概率公式(the law of total probability).

设 $A_1, A_2, \cdots, A_n$ 为 Ω 的一个分割,且有 $P(A_i) > 0$, $i = 1, 2, \cdots, n$,则对任意事件 B,有 $P(B) = \sum\limits_{i=1}^{n} P(A_i) P(B \mid A_i)$.

注 (1) 公式的结构:由两组概率可计算出事件 B 发生的概率.

先验概率 $\{P(A_i)\}_{i=1}^{n}$;

条件概率 $\{P(B \mid A_i)\}_{i=1}^{n}$.

(2) 公式的含义: $P(B)$ 是 $\{P(B \mid A_i)\}_{i=1}^{n}$ 的加权平均值.

(3) 公式的意义:在各种可能原因下, B 发生的概率.

(4) 公式的核心:样本空间的划分.

定理 2 (贝叶斯公式)设 $A_1, A_2, \cdots, A_n$ 为 Ω 的一个分割,且有 $P(A_i) > 0$, $i = 1, 2, \cdots, n$,则对任意满足 $P(B) > 0$ 的事件 B,有

$$P(A_k \mid B) = \frac{P(A_k) P(B \mid A_k)}{\sum\limits_{i=1}^{n} P(A_i) P(B \mid A_i)}, k = 1, 2, \cdots, n.$$

注 贝叶斯公式又称逆概公式,如果将 B 理解为事件的"结果",那么 $A_1, A_2, \cdots, A_n$ 是导致 B 发生的原因, $P(A_i)$ 是根据以往经验(或条件)来假定或计算的,称为先验概率,这样全概公式就是"由因导果".而通过贝叶斯公式求出的是在事件 B 已经发生的条件下事件 A_i 的概率 $P(A_i \mid B)$,称之为后验概率.实际中,常用后验概率来对 A_i 的概率进行修正,因此贝叶斯公式为利用搜集到的信息对原有判断进行修正提供了有效手段.毫不夸张地说,封杀这个公式,AI 智商将为零.

[赘言] 贝叶斯公式出现在英国牧师贝叶斯的一篇论文中,这篇遗文是"科学史上最著名的论文之一",它的思想极大地影响了之后拉普拉斯概率论的发展,对 20 世纪乃至 21 世纪统计学的意义尤为深远和广泛.

【例题精讲】

例 1 某工厂共有三条流水线生产同一种产品,各条生产线的产量占总产量的百分比分别是 25%, 35% 和 40%,以往资料显示各条生产线的不合格品率依次为 0.04, 0.03, 0.02,

现从该厂的产品中任取一件,问抽到不合格品的概率为多少?

解 令 A_i 表示"抽到的产品是第 i 条生产线生产的"($i=1, 2, 3$),$\Omega=A_1+A_2+A_3$,由题可知 $P(A_1)=0.25$,$P(A_2)=0.35$,$P(A_3)=0.40$.

设 B 表示"任取一件,抽到的是不合格品",则

$$P(B \mid A_1)=0.04, \quad P(B \mid A_2)=0.03, \quad P(B \mid A_3)=0.02.$$
$$\begin{aligned} P(B) &= P(A_1)P(B \mid A_1)+P(A_2)P(B \mid A_2)+P(A_3)P(B \mid A_3) \\ &= 0.028\,5. \end{aligned}$$

例2 设 10 件产品中有 3 件不合格品,从中不放回地取两次,每次一件,求取出的第二件为不合格品的概率.

解 设 $A=$"第一次取得不合格品",$B=$"第二次取得不合格品",显然 B 与 A 是否发生有关,因此取分割 $\Omega=A+\overline{A}$,从而由全概公式得

$$P(B)=P(A)P(B \mid A)+P(\overline{A})P(B \mid \overline{A})=\frac{3}{10}\times\frac{2}{9}+\frac{7}{10}\times\frac{3}{9}=\frac{3}{10}.$$

例3 从 1, 2, 3, 4 中任取一个数,记为 X,再从 1, $\cdots$, X 中任取一个数,记为 Y,则 $P\{Y=2\}=$ _____.

解
$$\begin{aligned} P\{Y=2\} &= P\{X=1\}P\{Y=2 \mid X=1\}+P\{X=2\}P\{Y=2 \mid X=2\}+ \\ &\quad P\{X=3\}P\{Y=2 \mid X=3\}+P\{X=4\}P\{Y=2 \mid X=4\} \\ &= \frac{1}{4}\times 0+\frac{1}{4}\times\frac{1}{2}+\frac{1}{4}\times\frac{1}{3}+\frac{1}{4}\times\frac{1}{4}=\frac{13}{48}. \end{aligned}$$

例4 三个箱子,第一个箱子里有 4 个黑球 1 个白球,第二个箱子里有 3 个黑球 3 个白球,第三个箱子里有 3 个黑球 5 个白球. 随机地取一个箱子,再从这个箱子取出一个球为白色的概率为多少? 已知取出的一个球为白球,此球属于第二个箱子的概率为多少?

解 设 $A_i=$"在第 i 箱取球",$i=1, 2, 3$,$B=$"取出的一球为白球",则

$$P(B)=\sum_{i=1}^{3}P(A_i)P(B \mid A_i)=\frac{1}{3}\times\frac{1}{5}+\frac{1}{3}\times\frac{3}{6}+\frac{1}{3}\times\frac{5}{8}=\frac{53}{120},$$

$$P(A_2 \mid B)=\frac{P(A_2)P(B \mid A_2)}{P(B)}=\frac{\dfrac{1}{3}\times\dfrac{3}{6}}{\dfrac{53}{120}}=\frac{20}{53}.$$

例5 一项化验有 95% 的把握将患某疾病的人鉴别出来,但健康人也有 1% 的可能出现假阳性. 若此病的发病率为 0.5%,则当某人化验阳性时,他确实患病的概率有多大?

解 设 $A=$"患病",$B=$"化验阳性",则

$$P(B)=P(B \mid A)P(A)+P(B \mid \overline{A})P(\overline{A})=0.95\times 0.005+0.01\times 0.995,$$

$$P(A \mid B) = \frac{P(AB)}{P(B)} = \frac{P(B \mid A)P(A)}{P(B)} = \frac{95}{294} \approx 0.323.$$

例6 某高校某系一年级一、二、三班学生人数分别为 16 人、25 人和 25 人,其中参加义务献血的人数分别为 12 人、15 人和 20 人,从这三个班中随机地抽取一个班,再从该班学生中任取 2 人.(1) 求第一次抽到的是已献血的学生的概率;(2) 如果第二次抽到的是未参加献血的学生,求第一次抽到的是已献血的学生概率.

解 设 A_i＝"抽取的学生是 i 班的",$i = 1, 2, 3$;B_j＝"第 j 次抽到未献血的学生",$j = 1, 2$,则

$$P(A_i) = \frac{1}{3}, \ i = 1, 2, 3,$$

$$P(B_1 \mid A_1) = \frac{1}{4}, \ P(B_1 \mid A_2) = \frac{2}{5}, \ P(B_1 \mid A_3) = \frac{1}{5}.$$

(1) $P(\overline{B}_1) = \sum_{i=1}^{3} P(A_i)P(\overline{B}_1 \mid A_i) = \frac{1}{3}\left(\frac{3}{4} + \frac{3}{5} + \frac{4}{5}\right) = \frac{43}{60}.$

(2) $P(\overline{B}_1 B_2 \mid A_1) = \frac{12}{16} \times \frac{4}{15} = \frac{1}{5}$, $P(\overline{B}_1 B_2 \mid A_2) = \frac{15}{25} \times \frac{10}{24} = \frac{1}{4}$, $P(\overline{B}_1 B_2 \mid A_3) = \frac{20}{25} \times$

$\frac{5}{24} = \frac{1}{6}.$

$P(B_2) = \sum_{i=1}^{3} P(A_i)P(B_2 \mid A_i) = \frac{1}{3}\left(\frac{1}{4} + \frac{2}{5} + \frac{1}{5}\right)$, 其中 $P(B_2 \mid A_1) = \frac{1}{4}$, $P(B_2 \mid$

$A_2) = \frac{2}{5}$, $P(B_2 \mid A_3) = \frac{1}{5}.$

$P(\overline{B}_1 B_2) = \sum_{i=1}^{3} P(A_i)P(\overline{B}_1 B_2 \mid A_i) = \frac{1}{3}\left(\frac{1}{5} + \frac{1}{4} + \frac{1}{6}\right)$, 故 $P(\overline{B}_1 \mid B_2) = \frac{P(\overline{B}_1 B_2)}{P(B_2)} =$

$\frac{37}{51}.$

1.6 随机事件的独立性

在实际生活中,我们常常注意到事件之间的联系.例如,"公司偷税漏税"和"公司股票股价下跌"是有联系的.又如,"今年是偶数年(2020,2022,2024 等)"和"考研数学难"这两个事件,可以认为是互不相关的,因为偶数年和考研题难两者并没有什么联系.

"两个事件互不影响"抽象为数学模型,就得到"独立事件"的数学概念,但要注意两者之

间的差别. 前一句话是日常用语,是不准确的,如果用它来代替"独立事件"的概念就会产生错误. 例如,抛一枚硬币,"出现正面"与"出现反面"属于独立事件吗? 初学者一般都会认为是的,学完本节内容后就会理解.

引例 分别抛两枚硬币,以 A 表示事件"硬币甲出现正面",B 表示事件"硬币乙出现正面",计算 $P(A)$,$P(B)$,$P(AB)$,$P(A \mid B)$.

解 这是一个古典概型,样本空间为 $\Omega = \{(正,正),(正,反),(反,正),(反,反)\}$.

$A = \{(正,正),(正,反)\}$,$B = \{(正,正),(反,正)\}$,$AB = \{(正,正)\}$.

因此 $P(A) = P(B) = \dfrac{1}{2}$,$P(AB) = \dfrac{1}{4}$,$P(A \mid B) = \dfrac{1}{2}$.

在这里我们可以看到 $P(A \mid B) = P(A)$,也即 $P(AB) = P(A)P(B)$. 事实上,分别抛两枚硬币,硬币乙出现正面与否与硬币甲出现正面与否互不影响. 这种互不影响称为独立性.

定义 1 设 A,B 是两事件,若 A,B 满足 $P(AB) = P(A)P(B)$,则称 A,B 相互独立,简称为 A 与 B 独立(independence).

有关独立的重要结论.

$$(1)\ P(AB) = P(A)P(B) \Leftrightarrow P(B \mid A) = P(B) = P(B \mid \overline{A}) \qquad ①$$

$$\Leftrightarrow P(A \mid B) = P(A) = P(A \mid \overline{B}) \qquad ②$$

$$\Leftrightarrow P(B \mid \overline{A}) + P(\overline{B} \mid A) = 1 \qquad ③$$

$$\Leftrightarrow P(A \mid B) + P(\overline{A} \mid \overline{B}) = 1. \qquad ④$$

注 ⅰ)①②就是独立的定义.

$P(B \mid A) = P(B) = P(B \mid \overline{A})$ 用文字语言来表达为 A 发生条件下 B 发生的概率等于 B 的概率,同时等于 A 不发生条件下 B 发生的概率. 换句话说 A 发生还是不发生对 B 无影响,这就是独立的定义.

ⅱ) 若 $P(AB) = P(A)P(B)$,不妨设 $P(A) > 0$,则 [两边同除以 $P(A)$] $\dfrac{P(AB)}{P(A)} = P(B)$,而 $\dfrac{P(AB)}{P(A)} = P(B \mid A)$,故 $P(B \mid A) = P(B)$,而 $P(B \mid A) = 1 - P(\overline{B} \mid A)$,从而

$$\boxed{P(B \mid \overline{A})} = P(B) = P(B \mid A) = \boxed{1 - P(\overline{B} \mid A)},$$

得

$$P(B \mid \overline{A}) + P(\overline{B} \mid A) = 1.$$

(用文字简记为分子、分母同时取逆,和为 1)

(2) A,B;A,$\overline{B}$;$\overline{A}$,B;$\overline{A}$,$\overline{B}$ 中,其中任一对事件相互独立,则其余三对事件分别相互独立.

证 设 A,B 独立,即 $P(AB) = P(A)P(B)$,从而

$$P(A\overline{B}) = P(A - AB) = P(A) - P(AB)$$
$$= P(A) - P(A)P(B) = P(A)[1 - P(B)]$$
$$= P(A)P(\overline{B}),$$

所以 A 与 $\overline{B}$ 相互独立. 类似地,可以证明 $\overline{A}$ 与 B, $\overline{A}$ 与 $\overline{B}$ 也独立.

(3) 若 $P(A) = 0$,则 A 与任何事件 B 都独立.

证 由 $P(A) = 0$ 及 $0 \leqslant P(AB) \leqslant P(A) = 0$,知 $P(AB) = 0$,故

$$P(AB) = P(A)P(B).$$

(4) 若 $P(A) = 1$,则任何事件 B 都与 A 独立.

证 因 $P(A) = 1$,故 $P(\overline{A}) = 0$,由结论(3)可知,$\overline{A}$ 与 B 独立.

由结论(2)得,A 与 B 独立.

(5) 独立与互斥的关系.

ⅰ) 如右图,A, B 互斥,$AB = \varnothing$.

不妨设 $P(A) = 0.3$, $P(B) = 0.1$,

$$P(AB) = 0 \neq P(A)P(B) = 0.03,$$

从而 A, B 互斥,但 A, B 不独立.

ⅱ) 若 A, B 独立,即 $P(AB) = P(A)P(B)$.

不妨设 $P(AB) = 0.2$, $P(A) = 0.4$, $P(B) = 0.5$.

因为 $P(AB) = 0.2 \neq 0$,所以 $AB \neq \varnothing$,即 AB 不互斥.

故在一般情况下,独立与互斥无关系.

A, B 如果既互斥又独立 $\Leftrightarrow P(A) = 0$ 或 $P(B) = 0$.

定义 2 设 A, B, C 为三个事件,若它们满足

$$P(ABC) = P(A)P(B)P(C) \qquad ①$$

及

$$\left. \begin{array}{l} P(AB) = P(A)P(B) \\ P(BC) = P(B)P(C) \\ P(AC) = P(A)P(C) \end{array} \right\}, \qquad ②$$

则称 A, B, C 相互独立. 若只有②中三式成立,称 A, B, C 两两独立.

注 (1) 从定义易看出,A, B, C 相互独立必两两独立,反之未必成立. 如下例:袋中有编号为 1, 2, 3, 4 的四个同样的球,随机地从袋中取一个球,设 A 表示事件"取到 1 号或 2 号球",B 表示事件"取到 1 号或 3 号球",C 表示事件"取到 1 号或 4 号球",则 $A = \{1, 2\}$,

$B=\{1,3\}$，$C=\{1,4\}$，因此 $AB=AC=BC=ABC=\{1\}$，故 $P(A)=P(B)=P(C)=\dfrac{1}{2}$，

$P(AB)=P(AC)=P(BC)=P(ABC)=\dfrac{1}{4}$. 显然

$$P(AB)=P(A)P(B)=\dfrac{1}{4},$$

$$P(BC)=P(B)P(C)=\dfrac{1}{4},$$

$$P(AC)=P(A)P(C)=\dfrac{1}{4},$$

但

$$P(ABC)=\dfrac{1}{4}\neq\dfrac{1}{8}=P(A)P(B)P(C).$$

(2) ①式成立不一定有②式成立. 如试验同(1)，设 $A=\{1,2\}$，$B=\{3,4\}$，$C=\varnothing$，显然 $P(ABC)=P(A)P(B)P(C)=0$，但 $P(AB)=P(\varnothing)=0\neq\dfrac{1}{4}=P(A)P(B)$.

综上，两组公式不能相互推出.

关于三个事件的独立性，有如下性质.

定理 1 (1) 若 A，B，C 相互独立，则将其中任意多个事件换成它们的逆事件后所得的事件仍相互独立.

(2) 若 A，B，C 相互独立，则 A 与 BC，A 与 $B\cup C$，A 与 $B-C$ 也分别相互独立.

证 (1)的证明类似独立重要结论(2)中的证明.

(2) $P[A(BC)]=P(ABC)=P(A)P(B)P(C)=P(A)P(BC)$.

$$\begin{aligned}
P[A(B\cup C)]&=P(AB\cup AC)=P(AB)+P(AC)-P(ABC)\\
&=P(A)P(B)+P(A)P(C)-P(A)P(B)P(C)\\
&=P(A)[P(B)+P(C)-P(B)P(C)]\\
&=P(A)[P(B)+P(C)-P(BC)]\\
&=P(A)P(B\cup C).
\end{aligned}$$

$$\begin{aligned}
P[A(B-C)]&=P(AB\overline{C})=P(A)P(B)P(\overline{C})\\
&=P(A)P(B\overline{C})=P(A)P(B-C).
\end{aligned}$$

注 我们可以将上述结论推广到 A_1，A_2，$\cdots$，A_n 共 n 个事件. 若 A_1，A_2，A_3，A_4 相互独立，则 A_1A_2 与 A_3A_4，$A_1\cup A_2$ 与 A_3A_4，$A_1\cup A_2$ 与 $A_3\cup A_4$，A_1A_2 与 A_3-A_4 等事件也分别相互独立.

下面讲解独立性与概率的计算.

在有些实际问题中,定义常常不是来判断独立性的,而是利用独立性来计算乘积事件的概率.

设 $A_1, A_2, \cdots, A_n$ 相互独立,则

$$P(\bigcup_{i=1}^{n} A_i) = 1 - \prod_{i=1}^{n} [1 - P(A_i)].$$

证　因为 $A_1, A_2, \cdots, A_n$ 相互独立,则有

$$P(A_1 A_2 \cdots A_n) = P(A_1) P(A_2) \cdots P(A_n),$$

$$\begin{aligned}
P(A_1 \bigcup A_2 \bigcup \cdots \bigcup A_n) &= 1 - P(\overline{A_1 \bigcup A_2 \bigcup \cdots \bigcup A_n}) \\
&= 1 - P(\overline{A_1} \overline{A_2} \cdots \overline{A_n}) \\
&= 1 - P(\overline{A_1}) P(\overline{A_2}) \cdots P(\overline{A_n}) \\
&= 1 - [1 - P(A_1)][1 - P(A_2)] \cdots [1 - P(A_n)].
\end{aligned}$$

【例题精讲】

例1　(1998 数一)设 A, B 是两个随机事件,且 $0 < P(A) < 1$, $P(B) > 0$, $P(B \mid A) = P(B \mid \overline{A})$,则必有(　　).

(A) $P(AB) = P(A)P(B)$ 　　　　　　　(B) $P(A \mid B) \neq P(\overline{A} \mid B)$

(C) $P(A \mid B) = P(\overline{A} \mid B)$ 　　　　　　(D) $P(AB) \neq P(A)P(B)$

解　由独立结论第(1)点,可知 A, B 独立,故选(A). 或

$$\begin{aligned}
P(B \mid A) = P(B \mid \overline{A}) &\Leftrightarrow \frac{P(AB)}{P(A)} = \frac{P(\overline{A}B)}{P(\overline{A})} \\
&\Leftrightarrow P(AB)P(\overline{A}) = P(\overline{A}B)P(A) \\
&\Leftrightarrow P(AB)[1 - P(A)] = [P(B) - P(AB)]P(A) \\
&\Leftrightarrow P(AB) = P(A)P(B).
\end{aligned}$$

例2　(1994 数三、四)设 $0 < P(A) < 1$, $0 < P(B) < 1$,且 $P(A \mid B) + P(\overline{A} \mid \overline{B}) = 1$,则下列选项成立的是(　　).

(A) A, B 互不相容 　　　　　　　　　(B) A, B 相互对立

(C) A, B 互不独立 　　　　　　　　　(D) A, B 相互独立

解　由独立性质第(1)点(分子分母同时取逆和为1),可知 A, B 独立.

例3　(1988 数三、四)设 $P(A) = 0.4$, $P(A \bigcup B) = 0.7$,那么

(1) 若 A, B 互不相容,则 $P(B) = $＿＿＿＿;

(2) 若 A, B 相互独立,则 $P(B) = $＿＿＿＿.

解　(1) A, B 互不相容,即 $AB = \varnothing$,由

$$0.7 = P(A \bigcup B) = P(A) + P(B) \Rightarrow P(B) = 0.3.$$

(2) A, B 独立,即 $P(AB)=P(A)P(B)\Rightarrow P(\overline{A}B)=P(\overline{A})P(B)$.

$$0.7=P(A\bigcup B)=P(A\bigcup \overline{A}B)=P(A)+P(\overline{A}B)$$
$$=P(A)+P(\overline{A})P(B)=0.4+0.6P(B)\Rightarrow P(B)=0.5.$$

例 4 一盒中装有 4 张卡片,每张卡片上标有一组字母,这 4 组字母是:XXY,XYX,YXX,YYY.现从盒中任取一张卡片,用 A_i 表示事件"取到的卡片上的字母第 i 位是 X"($i=1$, 2, 3).证明 A_1, A_2, A_3 两两独立,但 A_1, A_2, A_3 不相互独立.

证 由 4 张卡片上的字母 X 在第 1 位的有 2 张知 $P(A_1)=\dfrac{1}{2}$.同理

$$P(A_2)=P(A_3)=\frac{1}{2},\ P(A_1A_2)=P(A_1A_3)=P(A_2A_3)=\frac{1}{4},$$

所以

$$P(A_1A_2)=P(A_1)P(A_2),\ P(A_1A_3)=P(A_1)P(A_3),$$
$$P(A_2A_3)=P(A_2)P(A_3),$$

故 A_1, A_2, A_3 两两独立.但

$$P(A_1A_2A_3)=0,\ P(A_1)P(A_2)P(A_3)=\frac{1}{8}\neq 0,$$

所以 A_1, A_2, A_3 不相互独立.

例 5 设 A, B, C 两两独立,且 A, B 互不相容.证明:$A\bigcup B$ 与 C 相互独立.

证 即证 $P[(A\bigcup B)\bigcap C]=P(A\bigcup B)P(C)$.

左边 $=P[(A\bigcup B)\bigcap C]=P(AC\bigcup BC)=P(AC)+P(BC)-P(ACBC)$.

因为 A,B,C 两两独立,且 A,B 互不相容,所以

左边 $=P(A)P(C)+P(B)P(C)-0$
　　 $=[P(A)+P(B)-P(AB)]P(C)$
　　 $=P(A\bigcup B)P(C)=$ 右边.

故 $A\bigcup B$ 与 C 相互独立.

例 6 (1998 数四)设 A, B, C 是三个相互独立的事件,且 $P(A)>0$, $0<P(C)<1$,则在下列给定的事件中,不相互独立的是(　　).

(A) $\overline{A\bigcup B}$ 与 C 　　　　　　(B) $\overline{AC}$ 与 $\overline{C}$

(C) $\overline{A-B}$ 与 $\overline{C}$ 　　　　　　(D) $\overline{AB}$ 与 $\overline{C}$

解 由定理 1 中的(2)可知(A)(C)(D)都相互独立.

对于(B),$P(\overline{AC}\bigcap\overline{C})=P(\overline{AC\bigcup C})=1-P(AC\bigcup C)=1-P(C)=P(\overline{C})$.

再由 $P(\overline{AC})=1-P(AC)=1-P(A)P(C)<1$,则 $P(\overline{AC}\bigcap\overline{C})=P(\overline{C})\neq$

$P(\overline{AC})P(\overline{C})$，故 $\overline{AC}$ 与 $\overline{C}$ 不独立.

【强　化　篇】

【公式总结】

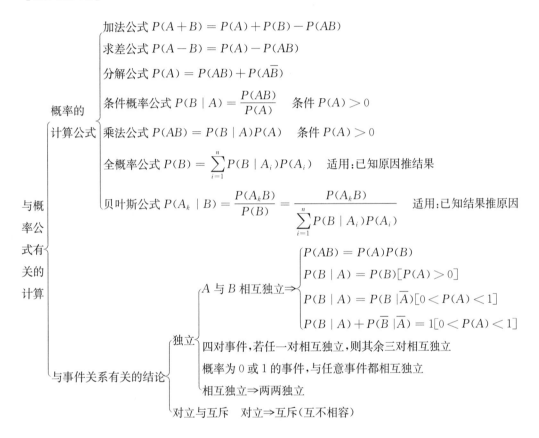

与概率公式有关的计算

概率的计算公式

加法公式 $P(A+B)=P(A)+P(B)-P(AB)$

求差公式 $P(A-B)=P(A)-P(AB)$

分解公式 $P(A)=P(AB)+P(A\overline{B})$

条件概率公式 $P(B\mid A)=\dfrac{P(AB)}{P(A)}$　　条件 $P(A)>0$

乘法公式 $P(AB)=P(B\mid A)P(A)$　　条件 $P(A)>0$

全概率公式 $P(B)=\sum\limits_{i=1}^{n}P(B\mid A_i)P(A_i)$　　适用:已知原因推结果

贝叶斯公式 $P(A_k\mid B)=\dfrac{P(A_kB)}{P(B)}=\dfrac{P(A_kB)}{\sum\limits_{i=1}^{n}P(B\mid A_i)P(A_i)}$　　适用:已知结果推原因

与事件关系有关的结论

独立

A 与 B 相互独立 $\Rightarrow$

$\begin{cases}P(AB)=P(A)P(B)\\ P(B\mid A)=P(B)[P(A)>0]\\ P(B\mid A)=P(B\mid\overline{A})[0<P(A)<1]\\ P(B\mid A)+P(\overline{B}\mid\overline{A})=1[0<P(A)<1]\end{cases}$

四对事件,若任一对相互独立,则其余三对相互独立

概率为 0 或 1 的事件,与任意事件都相互独立

相互独立 $\Rightarrow$ 两两独立

对立与互斥　对立 $\Rightarrow$ 互斥(互不相容)

1.7　典型题型一　事件间的关系、运算及概率的性质

例1　证明 $\overline{(A-B)\bigcup(B-A)}=AB\bigcup\overline{A}\,\overline{B}$.

证　$\overline{(A-B)\bigcup(B-A)}=\overline{(A-B)}\ \overline{(B-A)}$（对偶律）

$=\overline{A\overline{B}}\ \overline{B\overline{A}}$（减法公式）

$=(\overline{A}\bigcup B)(\overline{B}\bigcup A)$（对偶律）

$=\overline{A}\,\overline{B}\bigcup\overline{A}A\bigcup B\overline{B}\bigcup AB$（分配律）

$=AB\bigcup\overline{A}\,\overline{B}$（吸收律）.

例2 设随机事件 A，B 满足 $AB = \overline{A}\,\overline{B}$，则下列选项中正确的是（　　）.

(A) $A \bigcup B = \varnothing$ (B) $A \bigcup B = \Omega$

(C) $A \bigcup B = A$ (D) $A \bigcup B = B$

解 由于 $AB = \overline{A}\,\overline{B}$，因 $AB \bigcup A\overline{B} = A$，$\overline{A}\,\overline{B} \bigcup \overline{A}B = \overline{B}$，故 $AB \bigcup A\overline{B} = \overline{A}\,\overline{B} \bigcup A\overline{B} \Rightarrow A = \overline{B} \Rightarrow A$ 与 B 对立 $\Rightarrow A \bigcup B = \Omega$，选(B).

例3 （2015 数一、三）若 A，B 为任意两个随机事件，则（　　）.

(A) $P(AB) \leqslant P(A) \cdot P(B)$

(B) $P(AB) \geqslant P(A) \cdot P(B)$

(C) $P(AB) \leqslant \dfrac{P(A)+P(B)}{2}$

(D) $P(AB) \geqslant \dfrac{P(A)+P(B)}{2}$

解 由 $AB \subset A$，$AB \subset B \Rightarrow P(AB) \leqslant P(A)$，$P(AB) \leqslant P(B)$.

则 $P(AB) \leqslant \dfrac{P(A)+P(B)}{2}$，故答案为(C).

例4 已知 $P(A) = 0.8$，$P(A-B) = 0.3$，则 $P(\overline{AB}) = \underline{\qquad\qquad}$.

解 由

$$P(A-B) = P(A) - P(AB),$$

$$P(AB) = P(A) - P(A-B) = 0.8 - 0.3 = 0.5,$$

知

$$P(\overline{AB}) = 1 - P(AB) = 1 - 0.5 = 0.5.$$

例5 （2020 数一、三）已知事件 A，B，C 满足 $P(A) = P(B) = P(C) = \dfrac{1}{4}$，$P(AB) = 0$，$P(AC) = P(BC) = \dfrac{1}{12}$，则 A，B，C 恰好有一个发生的概率为（　　）.

(A) $\dfrac{3}{4}$ (B) $\dfrac{2}{3}$ (C) $\dfrac{1}{2}$ (D) $\dfrac{5}{12}$

解 由 $P(AB) = 0$ 可知 $P(ABC) = 0$.

A，B，C 恰好有一个发生的概率为

$$P(A\overline{B}\,\overline{C}) + P(\overline{A}B\overline{C}) + P(\overline{A}\,\overline{B}C),$$

$$P(A\overline{B}\,\overline{C}) = P(A\overline{B}) - P(A\overline{B}C) = P(A) - P(AB) - [P(AC) - P(ABC)]$$

$$= \frac{1}{4} - \frac{1}{12} = \frac{1}{6},$$

$$P(\overline{A}B\overline{C}) = P(B\overline{C}) - P(AB\overline{C}) = P(B) - P(BC) - [P(AB) - P(ABC)]$$

$$= \frac{1}{4} - \frac{1}{12} = \frac{1}{6},$$

$$P(\overline{A}\,\overline{B}C) = P(\overline{B}C) - P(A\overline{B}C) = P(C) - P(BC) - [P(AC) - P(ABC)]$$

$$= \frac{1}{4} - \frac{1}{12} - \frac{1}{12} = \frac{1}{12},$$

故所求概率为 $\frac{1}{6} + \frac{1}{6} + \frac{1}{12} = \frac{5}{12}$. 选(D).

1.8 典型题型二 三大概型

例 1 将 N 个球随机地放入 n 个盒子中($n > N$),求:

(1) 每个盒子最多有一个球的概率;

(2) 某指定的盒子中恰有 m($m < N$)个球的概率.

解 这显然也是等可能问题.

先求 N 个球随机地放入 n 个盒子的方法总数. 因为每个球都可以放入 n 个盒子中的任何一个,有 n 种不同的放法,所以 N 个球放入 n 个盒子共有 $\underbrace{n \times n \times \cdots \times n}_{N\text{个}} = n^N$ 种不同的放法.

(1) 事件 $A = \{$每个盒子最多有一个球$\}$ 的放法. 第一个球可以放入 n 个盒子之一,有 n 种放法;第二个球只能放入余下的 $n-1$ 个盒子之一,有 $n-1$ 种放法……第 N 个球只能放入余下的 $n-N+1$ 个盒子之一,有 $n-N+1$ 种放法;所以共有 $n(n-1)\cdots(n-N+1)$ 种不同的放法. 故得事件 A 的概率为

$$P(A) = \frac{n(n-1)\cdots(n-N+1)}{n^N}.$$

(2) 事件 $B = \{$某指定的盒子中恰有 m 个球$\}$ 的放法. 先从 N 个球中任选 m 个分配到指定的某个盒子中,共有 C_N^m 种选法;再将剩下的 $N-m$ 个球任意分配到剩下的 $n-1$ 个盒子中,共有 $(n-1)^{N-m}$ 种放法. 所以,得事件 B 的概率为

$$P(B) = \frac{\mathrm{C}_N^m (n-1)^{N-m}}{n^N}.$$

例 2 (1990 数三、四)从 0,1,2,$\cdots$,9 这十个数字中任意选出三个不同的数字,求下列事件的概率:

(1) $A_1 = \{$三个数字中不含 0 和 $5\}$;

(2) $A_2 = \{$三个数字中不含 0 或 $5\}$;

(3) $A_3 = \{$三个数字中含 0 但不含 5$\}$.

解 (1) $P(A_1) = \dfrac{C_8^3}{C_{10}^3} = \dfrac{7}{15}$.

(2) $P(A_2) = 1 - P(\overline{A_2}) = 1 - P($三个数字中含 0 且含 5$) = 1 - \dfrac{1 \times 1 \times C_8^1}{C_{10}^3} = \dfrac{14}{15}$.

(3) $P(A_3) = \dfrac{1 \times C_8^2}{C_{10}^3} = \dfrac{7}{30}$.

例 3 有 5 个不同的球,每个都以等可能落入 10 个盒子的某一个中.求:

(1) 指定的盒子中各有一球的概率;

(2) 有一个盒子中恰有 3 个球的概率.

解 设 A 表示"指定的盒子中各有一球",B 表示"有一个盒子中恰有 3 个球".

(1) 事件 A 包含的基本事件的个数为 $5!$,这是因为在指定 5 个盒子中各有一球的分配方法相当于 5 个球的一个全排列.基本事件的总数为 10^5(未限制每个盒子中最多装几个),所以

$$P(A) = \frac{5!}{10^5} = 0.001\ 2.$$

(2) 首先,有 3 个球的盒子是从 10 个盒子中任取的,一共有 C_{10}^1 种不同的取法;接着在 5 个球中任取 3 个放到此盒子中,一共有 C_5^3 种取法;最后余下的 2 个球可以任意放到余下的 9 个盒子中,共有 9^2 种方法.故有一个盒子中恰有 3 个球,一共有 $C_{10}^1 \cdot C_5^3 \cdot 9^2$ 种方法.所以

$$P(B) = \frac{C_{10}^1 C_5^3 9^2}{10^5} = 0.081.$$

例 4 (2016 数三)设袋中有红、白、黑球各 1 个,从中有放回地取球,每次取 1 个,直到三种颜色的球都取到时停止,则取球次数恰好为 4 的概率为 _____.

解 设 A 表示事件"直到三种颜色的球都取到时停止,取球次数恰好为 4",由题设知从袋中有放回地取 4 次球,共有 3^4 个基本结果.事件 A 包含的基本结果数为 $3 \times 3 \times 2$,所以 $P(A) = \dfrac{3 \times 3 \times 2}{3^4} = \dfrac{2}{9}$.

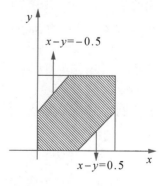

例 5 (2007 数一、三、四)在 $[0, 1]$ 中随机地取两个数,则两数之差的绝对值小于 0.5 的概率为 _____.

解 以 x, y 分别表示所取数,则样本空间为 $\Omega = \{(x, y) \mid 0 < x, y < 1\}$,这是一个几何概率问题.

记事件 $A = \{$所取两数之差的绝对值小于 $0.5\}$,则 $A = \{(x, y) \mid |x - y| < 0.5, 0 < x, y < 1\}$.

利用对立事件求概率,

$$P(A)=1-\frac{2\times\frac{1}{2}\times\left(\frac{1}{2}\right)^2}{1^2}=\frac{3}{4}.$$

例 6　在长为 l 的线段上任取两个点,将其分成三段,求它们可以构成一个三角形的概率.

解　设线段被分成的三段长分别为 x,y,$l-(x+y)$,则有

$$0<x<l,0<y<l,0<x+y<l(即 0<l-x-y<l).$$

这相当于平面直角坐标系中的点 (x,y) 落于直角三角形 AOB 中,所以所有基本事件可用该三角形的面积表示:

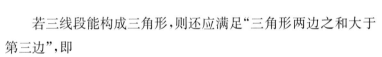

$$S_{\triangle AOB}=\frac{1}{2}l^2.$$

若三线段能构成三角形,则还应满足"三角形两边之和大于第三边",即

$$\begin{cases}x+y>l-x-y,\\x+(l-x-y)>y,\\y+(l-x-y)>x,\end{cases}$$

解得 $\frac{l}{2}<x+y<l$ 且 $0<x$,$y<\frac{l}{2}$,满足这些不等式即点 (x,y) 落在图中直角三角形 CDE 内. 三线段构成三角形的基本事件可用 $\triangle CDE$ 的面积表示:

$$S_{\triangle CDE}=\frac{1}{2}\left(\frac{l}{2}\right)^2=\frac{l^2}{8}.$$

设 G 表示三线段能构成三角形,用几何概率公式得

$$P(G)=\frac{S_{\triangle CDE}}{S_{\triangle AOB}}=\frac{\frac{l^2}{8}}{\frac{l^2}{2}}=\frac{1}{4}.$$

例 7　三次独立试验中 A 发生的概率不变,若 A 至少发生一次的概率为 $\frac{19}{27}$,则一次试验中 A 发生的概率为_____.

解　设一次试验中 A 发生的概率为 p,$B=\{$三次试验中 A 至少发生一次$\}$,则 $P(B)=\frac{19}{27}$,又 $P(B)=1-P(\overline{B})=1-(1-p)^3$,所以有 $1-(1-p)^3=\frac{19}{27}$,解得 $p=\frac{1}{3}$,即一次试

验中 A 发生的概率为 $\dfrac{1}{3}$.

1.9 典型题型三 条件概率公式与乘法公式

例 1 （2012 数一、三）设 A，B，C 为随机事件，A 与 C 不相容，$P(AB)=\dfrac{1}{2}$，$P(C)=\dfrac{1}{3}$，则 $P(AB\mid\overline{C})=$_____.

解 $P(AB\mid\overline{C})=\dfrac{P(AB\overline{C})}{P(\overline{C})}=\dfrac{P(AB)-P(ABC)}{1-P(C)}=\dfrac{P(AB)}{1-P(C)}=\dfrac{3}{4}$.

例 2 （2018 数一）已知事件 A，B 相互独立，事件 A，C 相互独立，$BC=\varnothing$，$P(A)=P(B)=\dfrac{1}{2}$，$P(AC\mid AB\bigcup C)=\dfrac{1}{4}$，则 $P(C)=$_____.

解 $P(AC\mid AB\bigcup C)=\dfrac{P[AC\bigcap(AB\bigcup C)]}{P(AB\bigcup C)}=\dfrac{P[(AC\bigcap AB)\bigcup(AC\bigcap C)]}{P(AB)+P(C)-P(ABC)}$

$$=\dfrac{P(A)P(C)}{P(A)P(B)+P(C)}=\dfrac{\dfrac{1}{2}P(C)}{\dfrac{1}{4}+P(C)}=\dfrac{1}{4},$$

可得 $P(C)=\dfrac{1}{4}$.

例 3 已知 $0<P(B)<1$，且 $P[(A_1\bigcup A_2)\mid B]=P(A_1\mid B)+P(A_2\mid B)$，则下列选项成立的是（ ）.

(A) $P[(A_1\bigcup A_2)\mid\overline{B}]=P(A_1\mid\overline{B})+P(A_2\mid\overline{B})$

(B) $P(A_1B\bigcup A_2B)=P(A_1B)+P(A_2B)$

(C) $P(A_1\bigcup A_2)=P(A_1\mid B)+P(A_2\mid B)$

(D) $P(B)=P(A_1)P(A_1\mid B)+P(A_2)P(A_2\mid B)$

解 因为 $P[(A_1\bigcup A_2)\mid B]=\dfrac{P(A_1B\bigcup A_2B)}{P(B)}$,

$$P(A_1\mid B)+P(A_2\mid B)=\dfrac{P(A_1B)+P(A_2B)}{P(B)},$$

$$P[(A_1\bigcup A_2)\mid B]=P(A_1\mid B)+P(A_2\mid B),$$

又 $0<P(B)<1$，所以 $P(A_1B\bigcup A_2B)=P(A_1B)+P(A_2B)$，选(B).

例 4 （2017 数一）已知 $0<P(A)<1$，$0<P(B)<1$，则 $P(A\mid B)>P(A\mid\overline{B})$ 的充要条

件是( ).

(A) $P(B|A) > P(B|\overline{A})$ (B) $P(B|A) < P(B|\overline{A})$

(C) $P(\overline{B}|A) > P(B|A)$ (D) $P(\overline{B}|A) < P(B|\overline{A})$

解 由 $P(A \mid B) > P(A \mid \overline{B})$ 可得 $\dfrac{P(AB)}{P(B)} > \dfrac{P(A) - P(AB)}{1 - P(A)}$，即 $P(AB)[1 - P(B)] > P(B)[P(A) - P(AB)]$，故有 $P(AB) > P(A)P(B)$. 选项(A)，由 $P(B \mid A) > P(B \mid \overline{A})$ 可得 $\dfrac{P(AB)}{P(A)} > \dfrac{P(B) - P(AB)}{1 - P(A)}$，即 $P(AB)[1 - P(A)] > P(A)[P(B) - P(AB)]$，有 $P(AB) > P(A)P(B)$，可知选项(A) 为 $P(A \mid B) > P(A \mid \overline{B})$ 的充要条件.

例5 设 A, B 是两个随机事件，且 $P(A) = \dfrac{1}{4}$，$P(B \mid A) = \dfrac{1}{3}$，$P(A \mid B) = \dfrac{1}{2}$，则 $P(\overline{A}\,\overline{B}) = $ _____.

解 根据乘法公式

$$P(AB) = P(A)P(B \mid A) = \frac{1}{4} \times \frac{1}{3} = \frac{1}{12}, \quad P(B) = \frac{P(AB)}{P(A \mid B)} = \frac{\frac{1}{12}}{\frac{1}{2}} = \frac{1}{6}.$$

再应用减法公式

$$P(\overline{A}B) = P(B) - P(AB) = \frac{1}{6} - \frac{1}{12} = \frac{1}{12},$$

$$P(\overline{A}\,\overline{B}) = P(\overline{A}) - P(\overline{A}B) = \frac{3}{4} - \frac{1}{12} = \frac{2}{3}.$$

或应用加法公式

$$P(A \cup B) = P(A) + P(B) - P(AB) = \frac{1}{4} + \frac{1}{6} - \frac{1}{12} = \frac{1}{3},$$

$$P(\overline{A}\,\overline{B}) = P(\overline{A \cup B}) = 1 - P(A \cup B) = \frac{2}{3}.$$

1.10 典型题型四 全概率公式与贝叶斯公式

例1 (1996)设工厂甲和乙的产品次品率分别为 1% 和 2%，现有一堆产品，甲厂生产的占 60%，乙厂生产的占 40%，随机抽取一件，发现是次品，则该次品来自甲厂的概率是 _____.

解 记 A 为产品来自甲厂，则 $\overline{A}$ 为产品来自乙厂，记 B 为抽到的产品为次品，则

$$P(A) = 0.6, \ P(B \mid A) = 0.01, \ P(B \mid \overline{A}) = 0.02,$$

$$P(A \mid B) = \frac{P(A)P(B \mid A)}{P(A)P(B \mid A) + P(\overline{A})P(B \mid \overline{A})}$$

$$= \frac{0.6 \times 0.01}{0.6 \times 0.01 + 0.4 \times 0.02} = \frac{3}{7}.$$

例 2 (1988)玻璃杯成箱出售,每箱 20 只. 假设各箱含 0,1,2 只残次品的概率相应为 0.8,0.1,0.1,一顾客欲购买一箱玻璃杯,在购买时,售货员随机取一箱,而顾客随机地观察 4 只,若无残次品,则买下该箱,否则退回. 试求:

(1) 顾客买下该箱的概率 p;(2) 在顾客买下的一箱中,确实没有残次品的概率 q.

解 记 $A = \{$顾客买下该箱$\}$,$B_i = \{$箱中恰好有 i 件残次品$\}$,则

$$P(B_0) = 0.8, \ P(B_1) = 0.1, \ P(B_2) = 0.1, \ P(A \mid B_0) = 1, \ P(A \mid B_1) = \frac{C_{19}^4}{C_{20}^4} = \frac{4}{5},$$

$$P(A \mid B_2) = \frac{C_{18}^4}{C_{20}^4} = \frac{12}{19}.$$

(1) 由全概率公式,

$$p = P(B_0)P(A \mid B_0) + P(B_1)P(A \mid B_1) + P(B_2)P(A \mid B_2) \approx 0.94;$$

(2) 由贝叶斯公式,

$$q = P(B_0 \mid A) = \frac{P(B_0 A)}{P(A)} = \frac{P(B_0)P(A \mid B_0)}{P(A)} \approx 0.85.$$

例 3 设有来自三个地区的各 10 名、15 名和 25 名考生的报名表,其中女生的报名表分别为 3 份、7 份和 5 份,随机地取一个地区的报名表并从报名表中先后抽出两份.

(1) 求先抽到的一份是女生表的概率 p;

(2) 已知后抽到的一份是男生表,求先抽到的一份是女生表的概率 q.

解 设 H_i:抽到的报名表是第 i 个考区的$(i = 1, 2, 3)$,A_j:第 j 次抽到的报名表是男生表$(j = 1, 2)$,则

$$P(H_1) = P(H_2) = P(H_3) = \frac{1}{3},$$

$$P(A_1 \mid H_1) = \frac{7}{10}, \ P(A_1 \mid H_2) = \frac{8}{15}, \ P(A_1 \mid H_3) = \frac{20}{25},$$

所以

$$P(\overline{A}_1 \mid H_1) = \frac{3}{10}, \ P(\overline{A}_1 \mid H_2) = \frac{7}{15}, \ P(\overline{A}_1 \mid H_3) = \frac{5}{25}.$$

（1）由全概率公式：

$$p = P(\overline{A}_1) = \sum_{i=1}^{3} P(\overline{A}_1 \mid H_i)P(H_i) = \left(\frac{3}{10} + \frac{7}{15} + \frac{5}{25}\right)\frac{1}{3} = \frac{29}{90}.$$

（2）　　　　$P(A_2 \mid H_1) = \frac{7}{10}, \ P(A_2 \mid H_2) = \frac{8}{15}, \ P(A_2 \mid H_3) = \frac{20}{25},$

$$P(\overline{A}_1 A_2 \mid H_1) = \frac{3}{10} \cdot \frac{7}{9} = \frac{7}{30}, P(\overline{A}_1 A_2 \mid H_2) = \frac{7}{15} \cdot \frac{8}{14} = \frac{8}{30},$$

$$P(\overline{A}_1 A_2 \mid H_3) = \frac{5}{25} \cdot \frac{20}{24} = \frac{5}{30}.$$

由全概率公式：

$$P(A_2) = \sum_{i=1}^{3} P(A_2 \mid H_i)P(H_i) = \left(\frac{7}{10} + \frac{8}{15} + \frac{20}{25}\right)\frac{1}{3} = \frac{61}{90},$$

$$P(\overline{A}_1 A_2) = \sum_{i=1}^{3} P(\overline{A}_1 A_2 \mid H_i)P(H_i) = \left(\frac{7}{30} + \frac{8}{30} + \frac{5}{30}\right)\frac{1}{3} = \frac{2}{9},$$

所以

$$q = P(\overline{A}_1 \mid A_2) = \frac{P(\overline{A}_1 A_2)}{P(A_2)} = \frac{\dfrac{2}{9}}{\dfrac{61}{90}} = \frac{20}{61}.$$

1.11　典型题型五　独立性

例 1　设两个相互独立的事件 A 和 B 都不发生的概率为 $\frac{1}{9}$，A 发生 B 不发生的概率与 B 发生 A 不发生的概率相等，则 $P(A) = $ _____．

解　由题设，有 $P(\overline{A}\,\overline{B}) = \frac{1}{9}$，$P(A\overline{B}) = P(\overline{A}B)$. 因为 A 与 B 相互独立，所以 A 与 $\overline{B}$，$\overline{A}$ 与 B 也相互独立，于是由 $P(A\overline{B}) = P(\overline{A}B)$，有 $P(A)P(\overline{B}) = P(\overline{A})P(B)$，即有 $P(A)[1 - P(B)] = [1 - P(A)]P(B)$，可得 $P(A) = P(B)$，从而 $P(\overline{A}\,\overline{B}) = P(\overline{A})P(\overline{B}) = [1 - P(A)]^2 = \frac{1}{9}$，解得 $P(A) = \frac{2}{3}$.

例 2　（2003 数四）对于任意两事件 A 和 B，有（　　）．

（A）若 $AB \neq \varnothing$，则 A，B 一定独立

（B）若 $AB \neq \varnothing$，则 A，B 有可能独立

(C) 若 $AB = \varnothing$,则 A,B 一定独立

(D) 若 $AB = \varnothing$,则 A,B 一定不独立

解 在前面有关独立的重要结论中,解释了独立与互斥是两个不同的概念,故(A)(C)(D)均不一定成立,答案为(B).

例如,在 $[0,1]$ 中随机取一个数,记 $A = \{$所取数大于 $0.5\}$,$D = \{$所取数为 0.4 或 $0.8\}$,A,D 不是互不相容的,但 A,D 是相互独立的.

例 3 对任意两事件 A 和 B,已知 $0 < P(A) < 1$,则( ).

(A) 若 $A \subset B$,则 A,B 一定不独立

(B) 若 $B \subset A$,则 A,B 一定不独立

(C) 若 $AB = \varnothing$,则 A,B 一定不独立

(D) 若 $A = \overline{B}$,则 A,B 一定不独立

解 我们接下来讨论不独立满足的条件.

① 若 $0 < P(A) < 1$,$0 < P(B) < 1$,$AB = \varnothing$,即 $P(AB) = 0$,此时 $P(AB) \neq P(A)P(B)$,故 A,B 不独立.

简述为"开区间 + 互斥" = 不独立.

② 若 $0 < P(A) < 1$,$0 < P(B) < 1$,$A \subset B$,即 $AB = A$,$P(AB) - P(A)P(B) = P(A) - P(A)P(B) = P(A)[1 - P(B)] = P(A)P(\overline{B}) \neq 0$,故 A,B 不独立.

简述为"开区间 + 包含" = 不独立.

由以上结论可得本题答案为(D),因 $0 < P(A) < 1$,$A = \overline{B}$,故 $0 < P(B) < 1$,A,B 为对立关系,从而 A,B 为互斥关系,满足"开区间 + 互斥" = 不独立.

例 4 下列命题不正确的是( ).

(A) 若 $P(A) = 0$,则事件 A 与任意事件 B 独立

(B) 常数与任何随机变量独立

(C) 若 $P(A) = 1$,则事件 A 与任意事件 B 独立

(D) 若 $P(A + B) = P(A) + P(B)$,则事件 A,B 互不相容

解 若 $P(A) = 0$,因为 $AB \subset A$,所以 $P(AB) = 0$,于是 $P(AB) = P(A)P(B)$,即 A,B 独立;常数与任何随机变量独立;若 $P(A) = 1$,则 $P(\overline{A}) = 0$,$\overline{A}$,B 独立,则 A,B 也独立;因为 $P(A + B) = P(A) + P(B)$,得 $P(AB) = 0$,但 AB 不一定是不可能事件,故选(D).

例 5 设 A,B,C 是三个相互独立的随机事件,且 $0 < P(C) < 1$,则下列给定的四对事件中可能不相互独立的是( ).

(A) $\overline{A \bigcup B}$ 与 C (B) $\overline{AC}$ 与 $\overline{C}$ (C) $\overline{A - B}$ 与 $\overline{C}$ (D) $\overline{AB}$ 与 $\overline{C}$

解 相互独立的随机事件 A_1,A_2,$\cdots$,A_n 中任何一部分事件,包括它们的和、差、积、逆等运算的结果必与其他一部分事件或它们的运算结果都是相互独立的,所以(A)(C)(D)三对事件必相互独立.

当 $P(C)<1$，$P(AC)>0$ 时，如果 $\overline{AC}$ 与 $\overline{C}$ 独立，即 AC 与 C 也独立，则有 $P(AC\bigcap C)=P(AC)P(C)$，也就是说

$$P(AC)=P(AC\bigcap C)=P(AC)P(C).$$

因为 $P(AC)>0$，等式两边同除以 $P(AC)\Rightarrow P(C)=1$，与题目已知条件矛盾，所以 $\overline{AC}$ 与 $\overline{C}$ 不独立. 选 (B).

例 6　(2000 数四)设 A，B，C 为三个两两独立的事件，则 A，B，C 相互独立的充分必要条件为(　　).

(A) A 与 BC 独立　　　　　　　(B) AB 与 $A\bigcup C$ 独立

(C) AB 与 AC 独立　　　　　　(D) $A\bigcup B$ 与 $A\bigcup C$ 独立

解　当 A 与 BC 独立时，$P(ABC)=P(A)P(BC)=P(A)P(B)P(C)$. 又由已知 A，B，C 两两独立，故 A，B，C 相互独立.

例 7　(2003 数三)将一枚均匀对称硬币独立地掷两次，引进事件 $A_1=\{$第一次出现正面$\}$，$A_2=\{$第二次出现正面$\}$，$A_3=\{$正、反面各出现一次$\}$，$A_4=\{$正面出现两次$\}$，则事件(　　).

(A) A_1，A_2，A_3 相互独立　　　　(B) A_2，A_3，A_4 相互独立

(C) A_1，A_2，A_3 两两独立　　　　(D) A_2，A_3，A_4 两两独立

解　由于 $A_1A_2A_3=\varnothing$，$A_2A_3A_4=\varnothing$，$A_3A_4=\varnothing$，且 $P(A_i)\neq 0$，$i=1$，2，3，4，则

$$P(A_1A_2A_3)\neq P(A_1)P(A_2)P(A_3),$$

$$P(A_2A_3A_4)\neq P(A_2)P(A_3)P(A_4),\quad P(A_3A_4)\neq P(A_3)P(A_4),$$

所以 (A)(B)(D) 均不成立. 故答案为 (C).

第二章　一维随机变量及其概率分布

知识结构

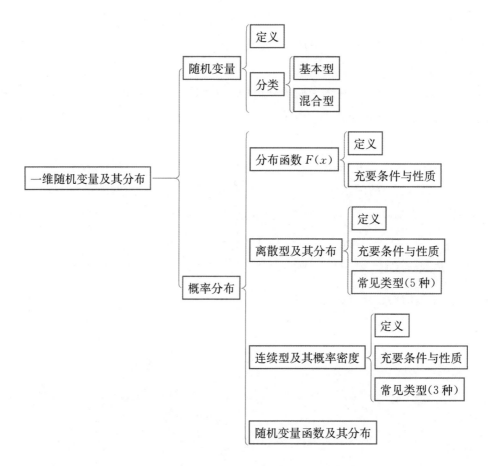

数 一 考 点	年份及分值分布
分布函数性质(6次)	1990; 1991, 2002; 2010, 2011; 2020 2分 3分 4分 5分
常见分布计算概率(0-1、二项、几何、泊松、均匀、指数、正态分布)(14次)	1988, 1999, 2002, 2004, 2006, 2008, 2015; 2014; 2013 1989; 2012; 2010, 2016, 2019; 2分 3分 4分 6分 7分 8分
一维离散型随机变量(不包括常见分布)(2次)	1992; 1996 3分 6分
一维连续型随机变量(不包括常见分布)(6次)	1988, 2006; 2018, 2019; 2013; 2021 2分 4分 11分 12分

数 三 考 点	年份及分值分布
分布函数性质(10次)	1989, 1991, 1993, 1998; 1987, 2010, 2011, 2019; 2020; 1997 3分 4分 5分 7分
常见分布计算概率(0-1、二项、几何、泊松、均匀、指数、正态分布)(8次)	1999; 2004, 2006, 2010, 2013; 1990, 1992; 1993 3分 4分 7分 8分
一维离散型随机变量(不包括常见分布)(3次)	1994; 1991, 1995 3分 5分
一维连续型随机变量(不包括常见分布)(6次)	2018, 2019; 1988; 1994; 2021; 2003 4分 6分 8分 12分 13分

【基础篇】

2.1 随机变量及其分布函数

定义 1 设 Ω 为随机试验 E 的样本空间,若对 Ω 中的每个样本点 ω,都有唯一的实数 $X(\omega)$ 与之对应,则称 $X(\omega)$ 为定义在 Ω 上的随机变量.一般用大写的英文字母 X,Y,Z 等表示随机变量,其取值用小写字母 x,y,z 等表示.

引入随机变量的作用:

(1) 量化随机事件,使随机事件在表达形式上简洁多了.通过第一章学习,我们知道样本点本身分为数量型和非数量型,尤其对于非数量型,设计随机变量就显得很有必要.例如观察婴儿的性别,样本空间含两个样本点 $\Omega = \{\omega_1, \omega_2\}$,$\omega_1$ 表示生男,ω_2 表示生女,于是我们可以定义 $X = \begin{cases} 1, & \omega_1 \text{ 发生}, \\ 0, & \omega_2 \text{ 发生}, \end{cases}$ 此时 X 就是随机变量,且 $P\{X=1\}=P(\{\omega_1\})$,$P\{X=0\}=P(\{\omega_2\})$.再比如,一只箱子中有黄球 5 个,白球 4 个,现从中任取 4 个球.若用 X 表示"取到的黄球数",则 X 是随机变量,它可能的取值为 0,1,2,3,4,利用随机变量,可以表示出我们感兴趣的任何事件."$X=0$"表示取到 0 个黄球,意味着取到 4 个白球;"$X \leqslant 3$"表示"至少取到 1 个白球";"$X<0$"表示"取到的黄球数小于 0",这显然是一个不可能事件;"$X<5$"表示"取到的黄球数小于 5",它显然是一个必然事件.

(2) 随机变量建立了随机现象与实数之间的桥梁,从而可以利用更多的数学工具(特别是微积分)来处理随机现象.变是数学的灵魂.19 世纪初,概率的开拓者们想到将高等数学中的变量思想引入其中,据江湖传言"始作俑者"为棣莫弗(de Moivre)长老,因为他在专著《机会论》(1718 年)中用到了微积分,以致晚年有人向牛顿请教问题时,牛顿总是说:"Go to Mr de Moivre, he knows these things better than I do."大约一百年后的 1812 年,拉普拉斯在《分析概率论》中更是将这种思想发展到极致.

随机变量与函数的区别:

(1) 定义域不同.随机变量定义在样本空间上,样本空间的元素不一定是实数.

(2) 不可预测性.随机变量按照一定的概率取不同的值,在试验前只知道它可能取值的范围,而不能预知它取什么值.

定义 2 设 X 为随机变量,x 是任意实数,称 $F(x)=P\{X \leqslant x\}$ 为 X 的分布函数.

注 (1) 有了分布函数定义,其余事件可以通过 $X \leqslant x$ 来转化,例如"$x_1 < X \leqslant x_2$"=

"$X \leqslant x_2$"$-$"$X \leqslant x_1$"等.

（2）如果把 X 看作数轴上的"随机点"的坐标,那么,分布函数 $F(x)$ 的函数值就表示 X 落在以 x 为右端点的区间 $(-\infty, x]$ 内的概率.分布函数这种既是普通函数又是概率的双重属性使我们能方便地用数学分析的理论和方法来研究概率问题.

性质（充分必要条件）：

（1）$0 \leqslant F(x) \leqslant 1$.

（2）单调不减. 当 $x_2 > x_1$ 时, $F(x_2) \geqslant F(x_1)$.

（3）规范性. $F(-\infty) = 0$, $F(+\infty) = 1$.

（4）右连续性.

由 X 所产生的一切随机事件的概率,都可以用分布函数来计算.

（1）$P\{X > x_0\} = 1 - P\{X \leqslant x_0\} = 1 - F(x_0)$.

（2）$P\{X < x_0\} = F(x_0 - 0)$.

（3）$P\{X = x_0\} = P\{X \leqslant x_0\} - P\{X < x_0\} = F(x_0) - F(x_0 - 0)$.

（4）$P\{x_1 < X \leqslant x_2\} = P\{X \leqslant x_2\} - P\{X \leqslant x_1\} = F(x_2) - F(x_1)$.

（5）$P\{x_1 \leqslant X \leqslant x_2\} = P\{X \leqslant x_2\} - P\{X < x_1\} = F(x_2) - F(x_1 - 0)$.

（6）$P\{x_1 < X < x_2\} = P\{X < x_2\} - P\{X \leqslant x_1\} = F(x_2 - 0) - F(x_1)$.

（7）$P\{x_1 \leqslant X < x_2\} = P\{X < x_2\} - P\{X < x_1\} = F(x_2 - 0) - F(x_1 - 0)$.

（8）$P\{X \geqslant x_0\} = 1 - P\{X < x_0\} = 1 - F(x_0 - 0)$.

其中 $F(x_0 - 0)$, $F(x_1 - 0)$, $F(x_2 - 0)$ 分别代表 $F(x)$ 在 x_0, x_1, x_2 的左极限.

【例题精讲】

例1 （2010 数一、三）设 X 的分布函数为

$$F(x) = \begin{cases} 0, & x < 0, \\ \dfrac{1}{2}, & 0 \leqslant x < 1, \\ 1 - \mathrm{e}^{-x}, & x \geqslant 1, \end{cases}$$

则 $P\{X = 1\} = ($ ）.

(A) 0   (B) $\dfrac{1}{2}$

(C) $\dfrac{1}{2} - \mathrm{e}^{-1}$ (D) $1 - \mathrm{e}^{-1}$

解 $P\{X = 1\} = P\{X \leqslant 1\} - P\{X < 1\} = F(1) - F(1 - 0) = 1 - \mathrm{e}^{-1} - \dfrac{1}{2} = \dfrac{1}{2} - \mathrm{e}^{-1}$.

答案为(C).

例2 设 X 的分布函数 $F(x) = \begin{cases} 0, & x < 0, \\ x + 0.3, & 0 \leqslant x < 0.5, \\ 1, & x \geqslant 0.5, \end{cases}$ 计算：

(1) $P\{X = 0\}$；(2) $P\{X = 0.4\}$；(3) $P\{X \geqslant 0.4\}$；(4) $P\{0 < X \leqslant 0.7\}$；(5) $P\{0 \leqslant X \leqslant 0.7\}$.

解 (1) $P\{X = 0\} = F(0) - F(0 - 0) = 0 + 0.3 - 0 = 0.3$.

(2) $P\{X = 0.4\} = F(0.4) - F(0.4 - 0) = 0.4 + 0.3 - 0.4 - 0.3 = 0$.

(3) $P\{X \geqslant 0.4\} = 1 - P\{X < 0.4\} = 1 - F(0.4 - 0) = 1 - 0.4 - 0.3 = 0.3$.

(4) $P\{0 < X \leqslant 0.7\} = F(0.7) - F(0) = 1 - 0 - 0.3 = 0.7$.

(5) $P\{0 \leqslant X \leqslant 0.7\} = F(0.7) - F(0 - 0) = 1 - 0 = 1$.

注 ① X 取固定值的概率可以为零也可以不为零.

② 两个不同事件 $X = 0$ 与 $X \geqslant 0.4$ 的概率可以相等.

③ X 落在长度相等的区间上的概率可以不等.

例3 已知 $F(x)$ 是分布函数,下列函数

(1) $aF(x)(a > 0, a \neq 1)$； (2) $F(x) + F(-x)$；

(3) $F(x) - F(-x)$； (4) $F(x)F(-x)$

不能作为分布函数的个数是( ).

(A) 1 (B) 2 (C) 3 (D) 4

解 根据分布函数的性质,有 $\lim\limits_{x \to -\infty} F(x) = 0, \lim\limits_{x \to +\infty} F(x) = 1$.

对于(1), $\lim\limits_{x \to +\infty} aF(x) = a \neq 1$,不能构成分布函数；

对于(2), $\lim\limits_{x \to -\infty} [F(x) + F(-x)] = 0 + 1 \neq 0$,不能构成分布函数；

对于(3), $\lim\limits_{x \to -\infty} [F(x) - F(-x)] = 0 - 1 \neq 0$,不能构成分布函数；

对于(4), $\lim\limits_{x \to +\infty} F(x)F(-x) = 0$,不能构成分布函数.

选(D).

例4 抛掷均匀硬币,令随机变量 $X = \begin{cases} 0, & \text{反面朝上}, \\ 1, & \text{正面朝上}, \end{cases}$ 求 X 的分布函数.

解 由分布定义, $F(x) = P(X \leqslant x)$.

① 当 $x < 0$ 时, $F(x) = P\{\varnothing\} = 0$.

② 当 $0 \leqslant x < 1$ 时, $F(x) = P\{X \leqslant x\} = P\{X = 0\} = \dfrac{1}{2}$.

③ 当 $1 \leqslant x$ 时, $F(x) = P\{X \leqslant x\} = P\{X = 0\} + P\{X = 1\} = 1$.

综上所述，$F(x) = \begin{cases} 0, & x < 0, \\ \dfrac{1}{2}, & 0 \leqslant x < 1, \\ 1, & x \geqslant 1. \end{cases}$

例 5　有半径为 r 的圆靶，设打中以 x 为半径的同心圆靶 S 上的概率与此圆盘面积 $S(x) = \pi x^2$ 成正比，且每射必中，令 X 为弹着点 P 与圆心 O 的距离函数，则 X 为随机变量，求 X 的分布函数.

解　$F(x) = P\{X \leqslant x\}$，对 x 分情况讨论.

① $x < 0$，$F(x) = P\{X \leqslant x\} = P\{\varnothing\} = 0$.

② $0 \leqslant x \leqslant r$，$P\{0 \leqslant X \leqslant x\} = c\pi x^2 = kx^2$，其中 $k = c\pi > 0$.

由分布函数规范性，$P\{X \leqslant r\} = kr^2 = 1$，$k = \dfrac{1}{r^2}$ $(r > 1)$，

故 $F(x) = \dfrac{x^2}{r^2}$.

③ $x > r$，$F(x) = 1$，故

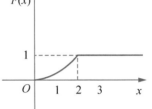

$$F(x) = P\{X \leqslant x\} = \begin{cases} 0, & x < 0, \\ \dfrac{x^2}{r^2}, & 0 \leqslant x < r, \\ 1, & x \geqslant r. \end{cases}$$

例如，当 $r = 2$ 时，$F(x) = \begin{cases} 0, & x < 0, \\ \dfrac{x^2}{4}, & 0 \leqslant x < 2, \\ 1, & x \geqslant 2. \end{cases}$

2.2　离散型随机变量

定义 1　离散型随机变量（discrete random variable）.

X 只可能取有限个或可列无限个值.

通俗地说，离散型随机变量的取值可以掰着指头数，数到某个数 n 就没有了，就是有限多个，$X = 1, 2, 3, \cdots, n$.

若可以无限数下去，称为"可数无限"或"可列无限".

例如一个人投三分球成功前的次数，这不确定，且可认为无限多，其取值 $X = k = 1, 2, 3, \cdots, \infty$.

定义 2　离散型随机变量分布律.

X 取一切可能值的概率,即事件 $\{X=x_k\}$ 的概率为

$$p_k=P\{X=x_k\},\ k=1,\ 2,\ 3,\ \cdots,$$

则称 $p_k(k=1,\ 2,\ 3,\ \cdots)$ 为 X 的分布律(distribution).

由于样本点 $x_k(k=1,\ 2,\ 3,\ \cdots)$ 构成完备的样本空间,故由概率的古典定义,$p_k(k=1,$ $2,\ 3,\ \cdots)$ 满足非负性和正规性:

(1) $p_k\geqslant 0$;(2) $\sum\limits_{k=1}^{\infty}p_k=1$.

为了直观,常把概率分布写成表格形式:

X	x_1	x_2	$\cdots$	x_n	$\cdots$
p_k	p_1	p_2	$\cdots$	p_n	$\cdots$

借助矩阵工具,上述概率分布又可写成

$$X\sim\begin{pmatrix}x_1 & x_2 & \cdots & x_n & \cdots\\ p_1 & p_2 & \cdots & p_n & \cdots\end{pmatrix}.$$

离散型随机变量的分布函数

$$F(x)=P\{X\leqslant x\}=P\{\bigcup_{x_k\leqslant x}\{X=x_k\}\}=\sum_{x_k\leqslant x}P\{X=x_k\}.$$

即 $F(x)=\sum\limits_{x_k\leqslant x}p_k$,其求和是对所有满足不等式 $x_k\leqslant x$ 的指标 k 进行的.

【例题精讲】

例 1　口袋里有 5 只球,编号为 1,2,3,4,5. 伸手一把摸出 3 只球,记球的最大编号为 X,求 X 的分布律和分布函数.

解　X 取值为 3,4,5.

$$P\{X=3\}=\frac{C_2^2}{C_5^3}=\frac{1}{10}=0.1,$$

$$P\{X=4\}=\frac{C_3^2}{C_5^3}=\frac{3}{10}=0.3,$$

$$P\{X=5\}=\frac{C_4^2}{C_5^3}=\frac{6}{10}=0.6.$$

故分布律为

X	3	4	5
p_k	0.1	0.3	0.6

分布函数为

$$F(x) = P\{X \leqslant x\} = \sum_{x_k \leqslant x} p_k$$

$$= \begin{cases} 0, & x < 3, \\ 0.1, & 3 \leqslant x < 4, \\ 0.4, & 4 \leqslant x < 5, \\ 1, & x \geqslant 5. \end{cases}$$

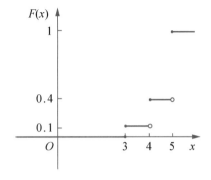

$F(x)$ 是一个右连续、单调递增的阶梯函数. 每个点 x_k 是 $F(x)$ 的第一类间断点, 在点 x_k 处的跳跃度为 p_k.

2.3 常见离散型随机变量

2.3.1 两点分布

定义 1 X 只能取两个数值 0 和 1, 又称 0 - 1 分布.

记其分布律为 $P\{X=1\}=p$, $P\{X=0\}=q=1-p$, $0<p<1$, 或等价写成 $p_k=P\{X=k\}=p^k q^{1-k}$, $k=0, 1$, $0<p<1$.

所谓"成者为王,败者为寇""不是鱼死,就是网破"都是这种对立的两点分布的模型描述.

2.3.2 二项分布

定义 1 若 X 的分布律为 $P\{X=k\}=\mathrm{C}_n^k p^k (1-p)^{n-k}$, $k=0, 1, \cdots, n$, $0<p<1$, 则称 X 服从参数为 n, p 的二项分布(binomial distribution)或伯努利分布. 记为 $X \sim B(n, p)$.

背景: n 重伯努利试验.

可以验证, p_k 满足以下性质:

(1) 非负性. $p_k = \mathrm{C}_n^k p^k (1-p)^{n-k} \geqslant 0$.

(2) 正规性. $\displaystyle\sum_{k=0}^{n} p_k = \sum_{k=0}^{n} \mathrm{C}_n^k p^k q^{n-k} = (p+q)^n = 1$.

注 ① $C_n^k p^k q^{n-k}$ 正好是二项式 $(p+q)^n$ 展开式的一般项,这正是二项分布名称的由来.

② 当 $n=1$ 时,二项分布为 0-1 分布,故当 X 服从 0-1 分布时,常记为 $X \sim B(1, p)$.

③ 二项分布可应用于试验可重复独立进行 n 次,且每次试验只有两个结果的场合. 比如:投了 50 个三分球,则投中的次数 $X \sim B(50, p)$,p 为进球率;抽捡 100 台手机,其中合格台数 $Y \sim B(100, p)$,p 为合格率.

二项分布的分布律 $X \sim B(n, p)$ 具有如下性质:

(1) 对固定的 n 和 p,随着 k 的增大,$P\{X=k\}$ 先上升到最大值而后下降;

(2) 对同样的 p,随着 n 的增大,图形趋于对称.

记 $b(k; n, p) = C_n^k p^k (1-p)^{n-k}$,对于 $0 < p < 1$,有

$$\frac{b(k; n, p)}{b(k-1; n, p)} = 1 + \frac{(n+1)p-k}{kq}.$$

因此,当 $k < (n+1)p$ 时,$b(k; n, p) > b(k-1; n, p)$;

当 $k = (n+1)p$ 时,$b(k; n, p) = b(k-1; n, p)$;

当 $k > (n+1)p$ 时,$b(k; n, p) < b(k-1; n, p)$.

因为 $(n+1)p$ 不一定是整数,而 k 只取整数,所以取 $m = [(n+1)p]$[不超过 $(n+1)p$ 的最大整数],$b(m; n, p)$ 称为二项分布的中心项,m 称为最有可能成功的次数.

下面考察二项分布的取值情况. 设 $X \sim B\left(8, \dfrac{1}{3}\right)$,其分布列为

$$\begin{pmatrix} 0 & 1 & 2 & 3 & 4 & 5 & 6 & 7 & 8 \\ 0.039 & 0.156 & 0.273 & 0.273 & 0.179 & 0.068 & 0.017 & 0.002\,4 & 0 \end{pmatrix},$$

可见 $k=2$ 或 3 时,取得最大概率.

【例题精讲】

例 1 屠屠投篮. 屠屠老师初学投篮(三分),每次投篮命中率仅为 $p=0.02$(投 100 次,2 次投中),不服输的屠屠有一次连投 400 个,求至少投中 2 次的概率.

解 令投中次数为 X,则 $X \sim B(400, 0.02)$,其分布律为

$$P\{X=k\} = C_{400}^k (0.02)^k (0.98)^{n-k}, \ k=0, 1, \cdots, 400,$$

$$P\{X \geqslant 2\} = 1 - P\{X=0\} - P\{X=1\} \approx 0.997\,2.$$

由于每次命中率极低,命中是小概率事件,但只要重复次数多,投中几乎是必然事件,因此不能忽视小概率事件. 日常生活中常说"不怕一万,就怕万一",就是这个道理(故事结局:屠屠也成为考研界的库里).

[赘言] 对考研的同学来说,此例也说明"勤能补拙". 人经过足够多的努力,任何小概率

事件有可能成为必然事件,所谓"滴水穿石""只要功夫深,铁杵磨成针"都是这个道理. 勤加练习,考研数学也没问题的,加油!!!

例 2　一射手对同一目标独立地进行 4 次射击,若至少命中一次的概率为 $\dfrac{80}{81}$,则该射手的命中率为_____.

解　以 X 表示 4 次射击中命中目标的次数,则 $X \sim B(4, p)$. 由 $\dfrac{80}{81} = P\{X \geqslant 1\} = 1 - P\{X=0\} = 1 - \mathrm{C}_4^0 p^0 (1-p)^4 \Rightarrow p = \dfrac{2}{3}$.

定理 1　二项分布的泊松逼近定理.

设 $\lambda > 0$ 是一个常数,n 是正整数,若 $np = \lambda$,则

$$\lim_{n \to \infty} \mathrm{C}_n^k p^k (1-p)^{n-k} = \dfrac{\lambda^k}{k!} \mathrm{e}^{-\lambda}.$$

例 3　一本 500 页的书共有 500 个错字,每个错字等可能地出现在每一页上,试求在给定的一页上至少有 3 个错字的概率.

分析:考察每一个错字是否出现在给定的一页为一次试验,则试验只有两个结果,该错字出现或不出现,二者必居其一. 令 $A =$ "该错字出现在给定的一页",$P(A) = \dfrac{1}{500}$. 每一个错字是否出现在给定的一页为一次伯努利试验,现全书共有 500 个错字,考察 500 个错字是否出现在给定的一页就是 500 次独立重复的试验.

解　设给定的一页上错字个数为 X,$X \sim B\left(500, \dfrac{1}{500}\right)$,$np = 1 = \lambda$,

$$P\{X \geqslant 3\} = 1 - \sum_{k=0}^{2} \mathrm{C}_{500}^k \left(\dfrac{1}{500}\right)^k \left(\dfrac{499}{500}\right)^{500-k} \approx 1 - \sum_{k=0}^{2} \dfrac{\mathrm{e}^{-1}}{k} \approx 0.080\,3.$$

2.3.3　泊松分布

定义 1　若 X 的分布律为 $P\{X=k\} = \dfrac{\lambda^k}{k!} \mathrm{e}^{-\lambda}$,$k = 0, 1, 2, \cdots$,则称 X 服从参数为 λ 的泊松分布,记为 $X \sim p(\lambda)$.

由函数的幂级数展开公式 $\mathrm{e}^x = \sum_{k=0}^{\infty} \dfrac{x^k}{k!}$,不难验证其规范性:

$$\sum_{k=0}^{\infty} \dfrac{\lambda^k}{k!} \mathrm{e}^{-\lambda} = \mathrm{e}^{-\lambda} \mathrm{e}^{\lambda} = 1.$$

日常生活中,大量事件是有固定频率的:

- 某医院平均每小时出生 3 个婴儿.
- 你妈妈平均每天去超市 3 次.
- 单位时间内来到某公用设施前(如候车处、收银台、挂号处等)要求提供服务的人数.
- 某交通路口,单位时间内(一周、一月或一年)发生事故的次数.

它们的特点就是,我们可以预估这些事件的总数,但是没法知道具体的发生时间. 已知平均每小时出生 3 个婴儿,请问下一个小时会出生几个? 有可能一下子出生 5 个,也有可能一个都不出生. 这是我们没法知道的. 泊松分布就是描述某段时间内,事件具体发生的概率.

计算公式为 $P\{N(t)=n\}=\dfrac{(\lambda t)^{n}\mathrm{e}^{-\lambda t}}{n!}$. P 表示概率,N 表示某种函数关系,t 表示时间,n 表示数量,λ 表示事件的频率(学到数字特征时我们将会知道,λ 为服从泊松分布的期望). 接下来两个小时,一个婴儿都不出生的概率是 0.25%,基本不可能发生 ($P\{N(2)=0\}=\dfrac{(3\times 2)^{0}\mathrm{e}^{-3\times 2}}{0!}\approx 0.0025$);接下来一个小时,至少出生两个婴儿的概率是 80% ($P\{N(1)\geqslant 2\}=1-P\{N(1)=1\}-P\{N(1)=0\}=1-\dfrac{(3\times 1)^{1}\mathrm{e}^{-3\times 1}}{1!}-\dfrac{(3\times 1)^{0}\mathrm{e}^{-3\times 1}}{0!}=1-3\mathrm{e}^{-3}-\mathrm{e}^{-3}=1-4\mathrm{e}^{-3}\approx 0.8009$).

再比如,你妈妈平均每天去超市 3 次,并不代表每天一定要去超市 3 次. 去超市的次数 X 就服从泊松分布 $p(3)$,X 可以取 0,1,2,3,$\cdots$,故明天去超市 0 次的概率 $P\{X=0\}=\dfrac{3^{0}}{0!}\mathrm{e}^{-3}\approx 0.0498$.

去超市 1 次的概率 $P\{X=1\}=\dfrac{3^{1}}{1!}\mathrm{e}^{-3}\approx 0.1494$.

去超市 2 次的概率 $P\{X=2\}=\dfrac{3^{2}}{2!}\mathrm{e}^{-3}\approx 0.224$.

去超市 3 次的概率 $P\{X=3\}=\dfrac{3^{3}}{3!}\mathrm{e}^{-3}\approx 0.224$.

去超市 4 次的概率 $P\{X=4\}=\dfrac{3^{4}}{4!}\mathrm{e}^{-3}\approx 0.168$.

重要结论:泊松分布的图形特点.

(1) 当 λ 较小时,泊松分布呈偏态分布;随着 λ 增大,迅速接近正态分布;当 $\lambda \geqslant 20$ 时,可以认为近似正态分布.

(2) $P\{X=k\}$ 在 $X=\lambda$ 处取得最大值.

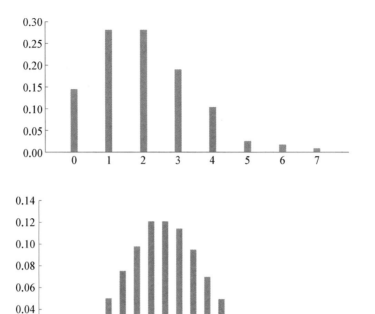

【例题精讲】

例1　110 报警. 公安局 110 报警中心在长为 t 的时间区间内收到的呼叫次数 X 服从参数为 $\dfrac{t}{2}$ 的泊松分布, 只与时间间隔有关, 与时间端点无关.

(1) 求某日午时 12 点至下午 3 点没有接警的概率;

(2) 求某日午时 12 点至下午 5 点至少接警一次的概率.

解　(1) 午时 12 点至下午 3 点, 时间区间 $t=3$, 收到呼叫次数 X 服从泊松分布,

$$X \sim p\left(\frac{3}{2}\right), \ P\{X=0\} = \frac{\left(\frac{3}{2}\right)^{0} \mathrm{e}^{-\frac{3}{2}}}{0!} = \mathrm{e}^{-\frac{3}{2}} \approx 0.223.$$

(2) 午时 12 点至下午 5 点, 时间区间 $t=5$, $X \sim p\left(\dfrac{5}{2}\right)$,

$$P\{X \geqslant 1\} = 1 - P\{X=0\} = 1 - \mathrm{e}^{-\frac{5}{2}}.$$

例2　母鸡下蛋. 母鸡在时间 $[t_0, t_0+t]$ 的下蛋个数服从参数为 λt 的泊松分布:

$X \sim p(\lambda t): P\{X=k\} = \dfrac{(\lambda t)^{k} \mathrm{e}^{-\lambda t}}{k!}$. 求两次下蛋之间的"等待时间" Y 的分布函数.

解 取 $t_0=0$，考虑 $[0,t]$，显然 $P\{Y<t\}=0$（间隔小于给定等待时间不下蛋），当 $t>0$ 时，错过了下蛋时刻，到了下一等待时间段内鸡也不下蛋，故事件

$$P\{Y>t\}=P\{X=0\}=\frac{(\lambda t)^0}{0!}\mathrm{e}^{-\lambda t}=\mathrm{e}^{-\lambda t},$$

故

$$P\{Y\leqslant t\}=1-P\{Y>t\}=1-\mathrm{e}^{-\lambda t}.$$

所以 $F(t)=1-\mathrm{e}^{-\lambda t}$，$t>0$.

综上 $F(t)=\begin{cases}1-\mathrm{e}^{-\lambda t}, & t>0,\\ 0, & t\leqslant 0,\end{cases}$ 服从参数为 λ 的指数分布.

注 从本例可知，下蛋个数服从泊松分布，两个鸡蛋之间的时间间隔属于指数分布.

2.3.4 几何分布

定义 1 几何分布（geometric distribution）.

独立重复试验，每次成功的概率为 p，失败的概率为 $q=1-p(0<p<1)$，将试验进行到出现一次成功为止，设 X 为试验次数，则其分布律为

$$P\{X=k\}=(1-p)^{k-1}p,\ k=1,2,3,\cdots.$$

称此随机变量服从参数为 p 的几何分布，记为 $X\sim G(p)$.

【例题精讲】

例 1 对某目标进行射击，直至击中，如果每次射击的命中率为 p，求射击次数 X 的分布律.

解 先看 X 的可能取值. 若第一枪击中，那么次数为 1；

若第一枪未击中而第二枪击中，则次数为 2；

……

各次的射击是独立进行的，因此，前 $k-1$ 次未命中，第 k 次命中目标的概率为 $q^{k-1}p$，从而 X 的概率分布律为

$$p_k=P\{X=k\}=q^{k-1}p,\ k=1,2,\cdots.$$

再检查一下 p_k 是不是满足 $p_k\geqslant 0$，$\sum_{k=1}^{\infty}p_k=1$.

$$\sum_{k=1}^{\infty}p_k=\sum_{k=1}^{\infty}pq^{k-1}=p\sum_{k=1}^{\infty}q^{k-1}=p\cdot\frac{1}{1-q}=p\cdot\frac{1}{p}=1.$$

除此之外,服从几何分布的例子有:

(1) 连续地抛掷一枚均匀硬币,首次出现正面时的抛掷次数 $X \sim G\left(\dfrac{1}{2}\right)$;

(2) 一批产品不合格率为 1%,则有放回连续抽样中首次抽到不合格品的抽查次数 $X \sim G(0.01)$.

命题 1 几何分布具有"无记忆性""无后效性",即对任意非负整数 m 与 n,有

$$P\{X > m+n \mid X > m\} = P\{X > n\}.$$

事实上,$P\{X > n\} = \sum\limits_{k=n+1}^{\infty} (1-p)^{k-1} p = \dfrac{p(1-p)^n}{1-(1-p)} = (1-p)^n.$

$$P\{X > m+n \mid X > m\} = \frac{P\{X > m+n, X > m\}}{P\{X > m\}} = \frac{P\{X > m+n\}}{P\{X > m\}}$$

$$= \frac{(1-p)^{m+n}}{(1-p)^m} = (1-p)^n = P\{X > n\}.$$

结论表明:在前 m 次试验未成功的条件下,在接下去的 n 次试验中仍未成功的概率只与 n 有关,而与以前的 m 次试验无关,似乎忘记了前 m 次试验的结果,即几何分布的无记忆性.

当然,也可写为 $P\{X = n+k \mid X > n\} = P\{X = k\}$,$n \geqslant 1$,$k = 1, 2, \cdots$.

事实上,$P\{X = n+k \mid X > n\} = \dfrac{P\{X = n+k, X > n\}}{P\{X > n\}} = \dfrac{P\{X = n+k\}}{P\{X > n\}}$

$$= \frac{pq^{n+k-1}}{(1-p)^n} = \frac{pq^{n+k-1}}{q^n} = pq^{k-1} = P\{X = k\}.$$

同样表明,在前 n 次试验中未出现成功的条件下,再经过 k 次试验(在第 $n+k$ 次试验)首次出现成功的条件概率,等于首次试验成功时,恰需要进行 k 次试验的无条件概率.换言之,若已经进行了 n 次试验而未出现成功,那么需要再做 k 次试验.而首次成功的条件概率不依赖以前的试验,形象地说,就是把过去的经历完全忘记了,试验就像重新开始进行一样.

2.3.5 超几何分布

定义 1 若 X 的概率分布为

$$P\{X = k\} = \frac{C_M^k C_{N-M}^{n-k}}{C_N^n} \quad (k = 0, 1, 2, \cdots, l; l = \min\{M, n\}),$$

其中 N, M, n 均为自然数,且 $M < N$,$n < N$,称 X 服从超几何分布,记为 $X \sim H(n, M, N)$.

背景：不放回抽样试验.

【例题精讲】

例 1 已知一批产品共 N 件，其中 M 件是次品，从中任取 n 件，试求这 n 件产品中所含次品件数 X 的分布律.

解 X 可能取值为 $0, 1, \cdots, \min\{M, n\}$.

$$P\{X=k\} = \frac{C_M^k C_{N-M}^{n-k}}{C_N^n}.$$

注 "任取 n 件"既可理解为"不放回地一次取一件，连续取 n 件"，也可理解为"一把抓取 n 件". 如果是有放回地抽取，就变成了 n 重伯努利试验，这时概率分布就是二项分布. 因为每次抽取时，取到次品的概率都一样，均为 $\dfrac{M}{N}$，因此

$$P\{X=k\} = C_n^k \left(\frac{M}{N}\right)^k \left(\frac{N-M}{N}\right)^{n-k}.$$

我们可以证明：对于固定的 n，当 $N \to \infty$，$\dfrac{M}{N} \to p$ 时，有

$$\frac{C_M^k C_{N-M}^{n-k}}{C_N^n} \to C_n^k \left(\frac{M}{N}\right)^k \left(\frac{N-M}{N}\right)^{n-k} = C_n^k p^k (1-p)^{n-k}.$$

因此，在实际应用中，当 N 很大，而 n 又相对较小时（一般只要 $\dfrac{n}{N} \leqslant 0.1$），可以用二项分布近似代替超几何分布. 由于泊松分布又是二项分布的极限分布，于是有超几何分布→二项分布→泊松分布.

2.4 连续型随机变量

2.4.1 概念

定义 1 设 $F(x)$ 为随机变量 X 的分布函数，若存在非负可积函数 $f(x)$，使得对于任意实数 x，有 $F(x) = \displaystyle\int_{-\infty}^{x} f(t)\mathrm{d}t$，则称 X 为连续型随机变量（continuous random variable, C. R. V），称 $f(x)$ 为 X 的概率密度函数，简称概率密度（probability density）.

其名称源自类比：线密度关于长度的积分是质量 $m = \displaystyle\int f(x)\mathrm{d}x$，而概率密度关于长度

的积分是分布. 将分布喻为有质量的点, 是很自然的.

2.4.2 性质

$f(x)$ 具有以下性质.

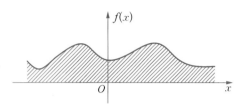

(1) 非负性: $f(x) \geqslant 0$, 由定义即知.

(2) 规范性: $\displaystyle\int_{-\infty}^{+\infty} f(x)\mathrm{d}x = 1$, 即 $f(x)$ 在定义区间上的积分为 1.

$$\int_{-\infty}^{+\infty} f(x)\mathrm{d}x = F(x)\Big|_{-\infty}^{+\infty} = F(+\infty) - F(-\infty) = 1 - 0 = 1.$$

(3) 由高数知识我们知道, $F(x)$ 一定是连续函数, 因此, $P\{X=x_0\} = F(x_0) - F(x_0 - 0) = 0$, 即连续型随机变量取任何值的概率均为 0, 这是连续型随机变量的重要特征. 也正是如此, 对任意的 $x_1, x_2 \in \mathbf{R}(x_1 < x_2)$ 有 $P\{x_1 < X \leqslant x_2\} = P\{x_1 \leqslant X < x_2\} = P\{x_1 < X < x_2\} = P\{x_1 \leqslant X \leqslant x_2\} = F(x_2) - F(x_1) = \displaystyle\int_{x_1}^{x_2} f(x)\mathrm{d}x$, 故在计算连续型随机变量落在某区间的概率时, 可不必区分端点的情况. 通俗地说, 一点之差不算差. 而离散型随机变量计算要"点点不漏".

(4) $P\{x_1 < X \leqslant x_2\} = \displaystyle\int_{x_1}^{x_2} f(x)\mathrm{d}x$ 的几何意义为: X 落在 (x_1, x_2) 内的概率等于图中曲边梯形的面积.

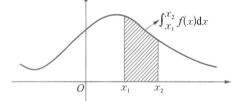

(5) 在 $F(x)$ 的可导点 x 处, 有 $F'(x) = f(x)$, 为我们揭示了密度函数的概率含义.

由导数定义, 有

$$f(x) = F'(x) = \lim_{\Delta x \to 0} \frac{F(x + \Delta x) - F(x)}{\Delta x} = \lim_{\Delta x \to 0} \frac{P\{x < X \leqslant x + \Delta x\}}{\Delta x},$$

于是, 当 Δx 充分小时, $P\{x < X \leqslant x + \Delta x\} \approx f(x) \cdot \Delta x$, 可见, $f(x)$ 并非 X 取值 x 的概率, 但它的大小却决定了 X 落在区间 $(x, x + \Delta x)$ 内的概率大小, 它反映了 X 在点 x 附近所分布的概率的"疏密"程度. 因此, 用 $f(x)$ 描述它的分布比分布函数更为直观且"细致".

【例题精讲】

例 1 设随机变量 X 的密度函数为 $f(x) = \begin{cases} 1+x, & -1 \leqslant x < 0, \\ 1-x, & 0 \leqslant x \leqslant 1, \\ 0, & \text{其他}, \end{cases}$ 则

$$P\left\{-2 \leqslant X \leqslant \frac{1}{2}\right\} = \underline{\qquad}.$$

解 $P\left\{-2 \leqslant X \leqslant \frac{1}{2}\right\} = \int_{-1}^{0}(1+x)\mathrm{d}x + \int_{0}^{\frac{1}{2}}(1-x)\mathrm{d}x = \frac{7}{8}.$

例 2 $f(x) = \begin{cases} x, & 0 \leqslant x < 1, \\ 2-x, & 1 \leqslant x < 2, \\ 0, & \text{其他}, \end{cases}$ 求 $F(x).$

解 此类问题主要在于"分区间讨论".

① 当 $x \in [0, 1)$ 时,有 $F(x) = \int_{-\infty}^{x} f(t)\mathrm{d}t = \int_{0}^{x} t\mathrm{d}t = \frac{1}{2}x^2.$

② 当 $x \in [1, 2)$ 时,有 $F(x) = \int_{0}^{1} t\mathrm{d}t + \int_{1}^{x}(2-t)\mathrm{d}t$

$$= \frac{1}{2} + \left(2t - \frac{1}{2}t^2\right)\Big|_{1}^{x}$$

$$= \frac{1}{2} + 2x - \frac{1}{2}x^2 - 2 + \frac{1}{2}$$

$$= 2x - \frac{1}{2}x^2 - 1.$$

③ 当 $x \geqslant 2$ 时,有 $F(x) = \int_{0}^{1} t\mathrm{d}t + \int_{1}^{2}(2-t)\mathrm{d}t = 1.$

④ 当 $x < 0$ 时,有 $F(x) = 0.$

故 $$F(x) = \begin{cases} 0, & x < 0, \\ \dfrac{1}{2}x^2, & 0 \leqslant x < 1, \\ 2x - \dfrac{1}{2}x^2 - 1, & 1 \leqslant x < 2, \\ 1, & x \geqslant 2. \end{cases}$$

例 3 $f(x) = \begin{cases} cx, & 0 \leqslant x < 3, \\ 2 - \dfrac{x}{2}, & 3 \leqslant x \leqslant 4, \\ 0, & \text{其他}. \end{cases}$

(1) 求系数 c;(2) 求 X 的分布函数;(3) 求 $P\{2 < X \leqslant 3.5\}.$

解 (1) $\int_{0}^{3} cx\mathrm{d}x + \int_{3}^{4}\left(2 - \dfrac{x}{2}\right)\mathrm{d}x = 1 \Rightarrow c = \dfrac{1}{6}.$

$$f(x) = \begin{cases} \dfrac{x}{6}, & 0 \leqslant x < 3, \\ 2 - \dfrac{x}{2}, & 3 \leqslant x \leqslant 4, \\ 0, & \text{其他.} \end{cases}$$

(2) 当 $x < 0$ 时,$F(x) = 0$.

当 $0 \leqslant x < 3$ 时,$F(x) = \int_0^x ct\,\mathrm{d}t = \int_0^x \dfrac{1}{6}t\,\mathrm{d}t = \dfrac{1}{12}x^2$.

当 $3 \leqslant x < 4$ 时,$F(x) = \int_0^3 \dfrac{t}{6}\,\mathrm{d}t + \int_3^x \left(2 - \dfrac{t}{2}\right)\mathrm{d}t = -\dfrac{x^2}{4} + 2x - 3$.

当 $x \geqslant 4$ 时,$F(x) = 1$.

(3) $P\{2 < X \leqslant 3.5\} = F(3.5) - F(2) = \dfrac{29}{48}$.

2.5 几种重要的连续型分布

2.5.1 均匀分布

定义 1 若 X 在 (a, b) 内具有密度函数

$$f(x) = \begin{cases} \dfrac{1}{b-a}, & a < x < b, \\ 0, & \text{其他,} \end{cases}$$

则称 X 在 (a, b) 内服从均匀分布(unified distribution),记为 $X \sim U(a, b)$.

关于 $f(x)$:

(1) 非负性:$f(x) \geqslant 0$,显然;

(2) 规范性:$\displaystyle\int_{-\infty}^{+\infty} f(x)\,\mathrm{d}x = \int_a^b \dfrac{1}{b-a}\,\mathrm{d}x = 1$.

性质:X 落在区间任一子集的概率只与区间的长度有关,与位置无关. 若 $a < c < x < d < b$,$a < e < x < f < b$,令 $t = d - c = f - e$,那么 $\displaystyle\int_c^d \dfrac{1}{b-a}\,\mathrm{d}x = \int_e^f \dfrac{1}{b-a}\,\mathrm{d}x = \dfrac{t}{b-a}$.

下面讨论分布函数:

当 $x < a$ 时,$F(x) = 0$.

当 $a \leqslant x < b$ 时,$F(x) = \displaystyle\int_a^x \dfrac{1}{b-a}\,\mathrm{d}x = \dfrac{x-a}{b-a}$.

当 $x \geqslant b$ 时,$F(x) = 1$.

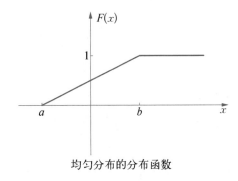

均匀分布的分布函数

【例题精讲】

例 1   设随机变量 $K \sim U(0,5)$,求方程 $4x^2 + 4Kx + K + 2 = 0$ 有根的概率.

解   由已知可得 $f_K(x) = \begin{cases} \dfrac{1}{5}, & x \in (0,5), \\ 0, & \text{其他.} \end{cases}$

$P\{\text{方程有解}\} = P\{\Delta \geqslant 0\} = P\{16K^2 - 4 \times 4(K + 2) \geqslant 0\}$

$= P\{K \leqslant -1\} + P\{K \geqslant 2\} = 0 + \displaystyle\int_2^5 \dfrac{1}{5} \mathrm{d}x = \dfrac{3}{5}.$

例 2   某公共汽车站从上午 7 时起,每 15 分钟来一辆班车,即 7:00,7:15,7:30,7:45 等时刻有班车到达此站,如果乘客到达此站时间 X 是 7:00 到 7:30 之间的均匀随机变量,求:

(1) 候车时间少于 5 分钟的概率;

(2) 候车时间超过 10 分钟的概率.

解   设以 7:00 为起点 0,以分钟为单位,$X \sim U(0,30)$,

$$f(x) = \begin{cases} \dfrac{1}{30}, & 0 < x < 30, \\ 0, & \text{其他.} \end{cases}$$

(1) 为使候车时间少于 5 分钟,到达车站时间 X 必须在 7:10 到 7:15 之间,或在 7:25 到 7:30 之间,故所求概率为 $P\{10 < X < 15\} + P\{25 < X < 30\} = \displaystyle\int_{10}^{15} \dfrac{1}{30} \mathrm{d}x + \int_{25}^{30} \dfrac{1}{30} \mathrm{d}x = \dfrac{1}{3}.$

(2) 为使候车时间不少于 10 分钟,到达车站时间 X 必须为 7:00 到 7:05 之间,或在 7:15 到 7:20 之间,故所求概率为 $P\{0 < X < 5\} + P\{15 < X < 20\} = \displaystyle\int_0^5 \dfrac{1}{30} \mathrm{d}x + \int_{15}^{20} \dfrac{1}{30} \mathrm{d}x = \dfrac{1}{3}.$

2.5.2 指数分布

定义 1 若 X 具有密度函数为

$$f(x) = \begin{cases} \lambda\, e^{-\lambda x}, & x \geqslant 0, \\ 0, & x < 0 \end{cases} \quad \text{(其中 } \lambda > 0 \text{ 为常数)},$$

则称 X 服从参数为 λ 的指数分布（exponential distribution），记作 $X \sim E(\lambda)$，此时分布函数 $F(x) = \int_{-\infty}^{x} f(t)\mathrm{d}t = \int_{0}^{x} \lambda\, e^{-\lambda t}\mathrm{d}t = -e^{-\lambda t}\Big|_{0}^{x} = 1 - e^{-\lambda x}$，$x \geqslant 0$.

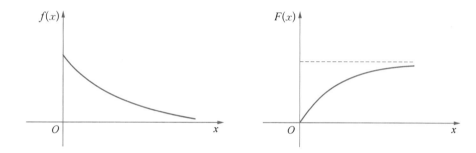

结论：无记忆性. $P\{X > s + t \mid X > s\} = P\{X > t\}$.

证 $P\{X > s + t \mid X > s\} = \dfrac{P\{X > s + t, X > s\}}{P\{X > s\}} = \dfrac{P\{X > s + t\}}{P\{X > s\}}$

$$= \frac{1 - P\{X \leqslant s + t\}}{1 - P\{X \leqslant s\}}$$

$$= \frac{1 - F(s + t)}{1 - F(s)} = \frac{1 - (1 - e^{-\lambda(s+t)})}{1 - (1 - e^{-\lambda s})}$$

$$= e^{-\lambda t} = P\{X > t\}.$$

如果把 X 理解为寿命，由上式表明，如果已知某人的年龄为 s，则再活 t 年的概率与年龄 s 无关，有时又风趣地称指数分布是"永远年轻的".

【例题精讲】

例 1 等候服务时间问题. 某顾客在银行窗口等候服务的时间（单位：分钟）X 服从参数 $\lambda = \dfrac{1}{5}$ 的指数分布，顾客在窗口等待服务超过 10 分钟即离开，每月去银行 5 次，以 Y 表示一个月内未等到服务离开的次数，求 Y 的分布律及 $P\{Y \geqslant 1\}$.

解 本题包含两种经典离散型和连续型分布：去银行等到服务的次数服从二项分布 $Y \sim B(n, p)$，每次等待时间服从指数分布，故每次等候服务的时间不超过 10 分钟的概率为

$$P\{X \leqslant 10\} = \int_0^{10} f_X(x)\mathrm{d}x = \int_0^{10} \frac{1}{5}\mathrm{e}^{-\frac{x}{5}}\mathrm{d}x = 1 - \mathrm{e}^{-2}.$$

故每次未等到服务而离开的概率为 $P\{X > 10\} = 1 - P\{X \leqslant 10\} = \mathrm{e}^{-2}$，从而 $Y \sim B(5, \mathrm{e}^{-2})$，故 Y 的分布律为 $P\{Y = k\} = C_5^k p^k (1-p)^{5-k} = C_5^k (\mathrm{e}^{-2})^k (1-\mathrm{e}^{-2})^{5-k} (k = 0, 1, 2, \cdots, 5)$.

$$P\{Y \geqslant 1\} = 1 - P\{Y = 0\} = 1 - (1 - \mathrm{e}^{-2})^5 \approx 0.5167.$$

例 2 某仪器装有三只独立工作的同型号电子元件，其寿命 X（单位：小时）都服从参数 $\lambda = \dfrac{1}{600}$ 的指数分布. 试求最初 200 小时内至少有一只元件损坏的概率 P.

分析：本题和例 1 类似，考察每只电子元件在最初 200 小时内损坏还是不损坏是一次试验，三只独立工作的同型号电子元件在最初 200 小时内使用情况就是三重伯努利试验，用二项分布来求.

解 X 的概率密度为 $f(x) = \begin{cases} \dfrac{1}{600}\mathrm{e}^{-\frac{1}{600}x}, & x \geqslant 0, \\ 0, & x < 0. \end{cases}$

$$P\{元件 200 小时内损坏\} = \int_0^{200} \frac{1}{600}\mathrm{e}^{-\frac{1}{600}x}\mathrm{d}x = 1 - \mathrm{e}^{-\frac{1}{3}}.$$

Y 表示仪器最初 200 小时内电子元件损坏的只数，则 $Y \sim B(3, 1 - \mathrm{e}^{-\frac{1}{3}})$，故所求概率

$$P\{Y \geqslant 1\} = 1 - P\{Y = 0\} = 1 - C_3^0 (1 - \mathrm{e}^{-\frac{1}{3}})^0 (\mathrm{e}^{-\frac{1}{3}})^3$$
$$= 1 - \mathrm{e}^{-1}.$$

2.5.3 正态分布

"我游历过许多城市，可以说各有千秋——但我最爱的，仍然是：罗马."用经典女神奥黛丽·赫本（Audrey Hepburn）在电影《罗马假日》中的这句经典台词来表达我们对正态分布的感受，或许并不过分.

定义 1 若 X 的概率密度为 $f(x) = \dfrac{1}{\sqrt{2\pi}\sigma}\mathrm{e}^{-\frac{(x-\mu)^2}{2\sigma^2}}$，$-\infty < x < +\infty$，则称 X 服从参数为 μ，σ 的正态分布，或称高斯分布，记为 $X \sim N(\mu, \sigma^2)$，其中参数 μ 称为均值（mean），σ 称为标准差（standard deviation）. 特别地，当 $\mu = 0$，$\sigma = 1$ 时，$f(x) = \dfrac{1}{\sqrt{2\pi}}\mathrm{e}^{-\frac{x^2}{2}}$，$-\infty < x < +\infty$，此时 X 服从标准正态分布，记为 $X \sim N(0, 1)$，并将其分布函数记为 $\Phi(x)$.

结论：$f_X(x)$ 的性质，$f(x) = \dfrac{1}{\sqrt{2\pi}\,\sigma}\mathrm{e}^{-\frac{(x-\mu)^2}{2\sigma^2}}$.

（1）对称性. $f(\mu + x) = f(\mu - x)$，即 $f(x)$ 关于 $x = \mu$ 对称.

（2）极值点，拐点，渐近线（刚好可以再次复习高数内容）.

令 $f'(x) = 0 \Leftrightarrow x = \mu$. 当 $x > \mu$ 时，$f'(x) < 0$；当 $x < \mu$ 时，$f'(x) > 0$. 故 $f(\mu) = \dfrac{1}{\sqrt{2\pi}\,\sigma}$ 为极大值.

再次 $f''(x) = 0 \Leftrightarrow x = \mu \pm \sigma$，在 $\mu \pm \sigma$ 左右两侧异号，故函数有两个拐点，分别为 $\left(\mu + \sigma, \dfrac{1}{\sqrt{2\pi}\,\sigma}\mathrm{e}^{-\frac{1}{2}}\right)$，$\left(\mu - \sigma, \dfrac{1}{\sqrt{2\pi}\,\sigma}\mathrm{e}^{-\frac{1}{2}}\right)$.

$\lim\limits_{x \to \pm\infty} f(x) = \mathrm{e}^{-\infty} = 0$，故水平渐近线为 x 轴，即 $y = 0$.

其概率论内涵为：x 离位置 μ 越远，$f(x)$ 越小，即正态随机变量的样本点集中分布在 $x = \mu$ 附近（中央集权）.

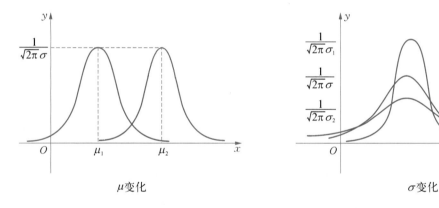

μ变化 　　　　　　　　　　　　　　　　σ变化

（3）位形参数. $y = f(x)$ 的曲线形状通俗地说即是体型——高矮胖瘦由双参数 μ, σ 决定.

① σ 不变，μ 变化，图像沿 x 轴平移而不变形状，故称 μ 为位置参数.

② μ 不变，σ 变化，σ 愈小，曲线呈高而瘦；σ 愈大，曲线呈矮而胖. 曲线的形状由 σ 所确定，故称 σ 为形状参数.

正态分布在计算与应用中应注意以下几点：

（1）$X \sim N(\mu, \sigma^2)$，若由分布函数的定义 $F(x) = \dfrac{1}{\sqrt{2\pi}\,\sigma}\displaystyle\int_{-\infty}^{x} \mathrm{e}^{-\frac{(t-\mu)^2}{2\sigma^2}}\,\mathrm{d}t$ 来计算是十分困难的. 我们可以将 X 标准化，由 $F(x) = \Phi\left(\dfrac{x - \mu}{\sigma}\right)$ 将其化为标准正态分布函数 $\Phi(x)$，

$\Phi(x) = \dfrac{1}{\sqrt{2\pi}}\displaystyle\int_{-\infty}^{x} \mathrm{e}^{-\frac{t^2}{2}}\,\mathrm{d}t$，由于 e^{-x^2} 的原函数在初等函数范围内不存在，因此我们不通过积

分,而通过查表来得到 $\Phi(x)$ 的数值,当然考试时也不用去查表.

(2) 一个极其重要的结论:若 $X \sim N(\mu, \sigma^2)$,则 $Y = \dfrac{X-\mu}{\sigma} \sim N(0, 1)$.

(3) $P\{a < X < b\} = F(b) - F(a) = \Phi\left(\dfrac{b-\mu}{\sigma}\right) - \Phi\left(\dfrac{a-\mu}{\sigma}\right)$.

(4) 若比较两个不同正态分布值的大小,我们总是先化成标准正态分布,然后利用标准正态分布性质计算与判断.

(5) 熟悉正态分布 $X \sim N(\mu, \sigma^2)$ 的概率密度的图形:关于 $x = \mu$ 对称、呈钟形等特点,可以帮助我们分析、思考和计算.

(6) 其他一些计算公式:

① 设 $X \sim N(\mu, \sigma^2)$,

$$P\{X \leqslant x\} = P\left\{\dfrac{X-\mu}{\sigma} \leqslant \dfrac{x-\mu}{\sigma}\right\} = \Phi\left(\dfrac{x-\mu}{\sigma}\right).$$

② $P\{X > x\} = 1 - \Phi\left(\dfrac{x-\mu}{\sigma}\right)$.

③ $P\{|X-\mu| \leqslant h\} = 2\Phi\left(\dfrac{h}{\sigma}\right) - 1$.

④ 设 $X \sim N(0, 1)$,$P\{|X| \leqslant a\} = 2\Phi(a) - 1$.

⑤ $\Phi(x) = 1 - \Phi(-x)$(用分布函数的几何意义).

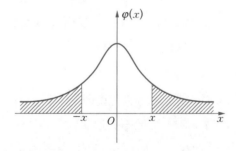

定义 2 标准正态随机变量的上 α-分位点.

$X \sim N(0, 1)$ 的上 α-分位点 $Z_\alpha(x)$ 是指 X 落在此点之上的概率是小正数 α,$0 < \alpha < 1$,即:$P\{X > Z_\alpha\} = \alpha$,$0 < \alpha < 1$.

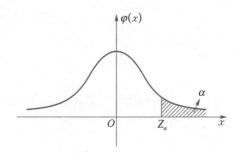

常用 α -分位点的值如下表:

$1-\alpha$	0.999	0.995	0.99	0.975	0.95
α	0.001	0.005	0.01	0.025	0.05
Z_α	3.090	2.576	2.327	1.960	1.645

结论:对称分位点计算公式:$Z_{1-\alpha}=-Z_\alpha$.

证 $P\{X>-Z_\alpha\}=1-P\{X\leqslant-Z_\alpha\}=1-\Phi(-Z_\alpha)=1-[1-\Phi(Z_\alpha)]$

$\qquad =\Phi(Z_\alpha)=P\{X\leqslant Z_\alpha\}=1-P\{X>Z_\alpha\}=1-\alpha.$

由上 α -分位点定义,$-Z_\alpha=Z_{1-\alpha}$.

【例题精讲】

例 1 设 $X\sim N(0,1)$,求 $P\{X\leqslant 1.96\}$,$P\{X\leqslant-1.96\}$ 及 $P\{|X|\leqslant 1.96\}$.

解 $\qquad\qquad P\{X\leqslant 1.96\}=\Phi(1.96)=0.975.$

$\qquad P\{X\leqslant-1.96\}=\Phi(-1.96)=1-\Phi(1.96)=0.025.$

$\qquad P\{|X|\leqslant 1.96\}=\Phi(1.96)-\Phi(-1.96)=0.95.$

注 读者可以记住该结论.

例 2 若 $X\sim N(\mu,\sigma^2)$,且 $P\left\{\left|\dfrac{X-\mu}{\sigma}\right|\leqslant x\right\}=0.95$,求 x.

解 因 $X\sim N(\mu,\sigma^2)$,$Y=\dfrac{X-\mu}{\sigma}\sim N(0,1)$.

$\qquad P\{|Y|\leqslant x\}=P\{-x\leqslant Y\leqslant x\}=\Phi(x)-\Phi(-x)$

$\qquad\qquad =2\Phi(x)-1=0.95.$

$\Phi(x)=\dfrac{1}{2}\times 1.95=0.975$,由上例可得 $x=1.96$.

类似地,若 $P\left\{\left|\dfrac{X-\mu}{\sigma}\right|\leqslant x\right\}=0.99$,则 $x=2.58$,这里得到的 1.96 与 2.58 这两个数,在以后显著性检验中还会用到,请大家记住.

例 3 设 X 的概率密度为 $f(x)=a\mathrm{e}^{-x^2+2x}$,则 $a=$ _____.

分析:解此类题利用密度函数的规范性 $\int_{-\infty}^{+\infty}f(x)\mathrm{d}x=1$,当密度函数的指数中出现了 2 次方,必为一维正态分布,按照一凑、二除、三添的顺序对函数进行化简.

$$\mathrm{e}^{-x^2+2x} \xrightarrow{\text{凑}} \mathrm{e}^{-(x^2-2x+1)}\mathrm{e}^1 \xrightarrow{\text{除}} \mathrm{e}^{\frac{-(x-1)^2}{2\left(\sqrt{\frac{1}{2}}\right)^2}}\mathrm{e}^1 \xrightarrow{\text{添}} \frac{1}{\sqrt{2\pi}\sqrt{\frac{1}{2}}}\mathrm{e}^{\frac{-(x-1)^2}{2\left(\sqrt{\frac{1}{2}}\right)^2}}\mathrm{e}\sqrt{\pi},$$

$$\int_{-\infty}^{+\infty} f(x)\mathrm{d}x = (a\,\mathrm{e}\sqrt{\pi})\int_{-\infty}^{+\infty} \frac{1}{\sqrt{2\pi}\sqrt{\frac{1}{2}}}\mathrm{e}^{\frac{-(x-1)^2}{2\left(\sqrt{\frac{1}{2}}\right)^2}}\mathrm{d}x = 1.$$

积分部分就是某一随机变量 Y 服从正态分布，$Y \sim N\left(1, \frac{1}{2}\right)$ 的概率密度表达式，故积分结果为 1，从而 $a\,\mathrm{e}\sqrt{\pi} \cdot 1 = 1$，$a = \dfrac{1}{\mathrm{e}\sqrt{\pi}}$.

例 4 设 $X \sim N(2, 4)$，求 $P\{X < 6\}$，$P\{|X-2| \leqslant 4\}$.

解 $P\{X < 6\} = P\left\{\dfrac{X-2}{2} < \dfrac{6-2}{2}\right\} = \Phi(2) = 0.977\ 2.$

$$P\{|X-2| \leqslant 4\} = P\{-2 \leqslant X \leqslant 6\} = P\left\{\frac{-2-2}{2} \leqslant \frac{X-2}{2} \leqslant \frac{6-2}{2}\right\}$$
$$= \Phi(2) - \Phi(-2)$$
$$= \Phi(2) - [1 - \Phi(2)] = 2\Phi(2) - 1 = 0.954\ 4.$$

点评：经过"抬头，挺胸，收腹"（美国喜剧片《出水芙蓉》台词）般的"魔鬼"训练，一般正态分布都被转化为标准正态分布，从而都可转化为求 $x \geqslant 0$ 时的分布函数值 $\Phi(x)$，最终"半部论语治天下"，$x \geqslant 0$ 时的标准正态分布表就解决了所有正态分布的计算问题.

例 5 3σ 法则. 设 $X \sim N(\mu, \sigma^2)$，求 $P\{|X-\mu| < k\sigma\}$，$k = 1, 2, 3$.

解 $P\{|X-\mu| < \sigma\} = P\left\{\left|\dfrac{X-\mu}{\sigma}\right| < \dfrac{\sigma}{\sigma}\right\} = \Phi(1) - \Phi(-1) = 2\Phi(1) - 1$
$$= 0.682\ 6.$$

$$P\{|X-\mu| < 2\sigma\} = P\left\{\left|\frac{X-\mu}{\sigma}\right| < \frac{2\sigma}{\sigma}\right\} = \Phi(2) - \Phi(-2) = 2\Phi(2) - 1$$
$$= 0.954\ 4.$$

$$P\{|X-\mu| < 3\sigma\} = P\left\{\left|\frac{X-\mu}{\sigma}\right| < \frac{3\sigma}{\sigma}\right\} = \Phi(3) - \Phi(-3) = 2\Phi(3) - 1$$
$$= 0.997\ 4.$$

结论：尽管 X 的取值范围是 $(-\infty, +\infty)$，但它的值落在 $(\mu-3\sigma, \mu+3\sigma)$ 内几乎是肯定的事，因此在实际中，可以认为只取 $(\mu-3\sigma, \mu+3\sigma)$ 内的值，这被称为"3σ"原则.

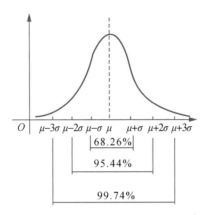

拓展:20 世纪 80 年代开始,一些顶级的国际大公司——通用电气、苹果、华为、海尔等,开始推行一种创新性的管理方法——6σ. 6σ 的主要依据之一就是正态分布,当达到 6σ 标准时,生产和服务质量缺陷几乎为零.

$1\sigma = 690\,000$ 次失误 / 百万次操作

$2\sigma = 308\,000$ 次失误 / 百万次操作

$3\sigma = 66\,800$ 次失误 / 百万次操作

$4\sigma = 6\,210$ 次失误 / 百万次操作

$5\sigma = 230$ 次失误 / 百万次操作

$6\sigma = 3.4$ 次失误 / 百万次操作

数学家简介:

棣莫弗(De Moivre,1667—1754)

法国-英国数学家.1695 年写出颇有见地的有关流数术学的论文并成为牛顿的好友. 为解决二项分布的近似,而得到了历史上第一个中心极限定理,并由此发现了正态分布的密度形式.

高斯(Gauss,1777—1855)

德国数学家、天文学家和物理学家.1809 年,发表了数学和天体力学的名著《绕日天体运动的理论》,此书末尾涉及的就是误差分布的确定问题. 测量误差是由诸多因素形成的,每种因素影响都不大,按中心极限定理,其分布近似于正态分布. 由于高斯的工作,正态密度才以概率分布的身份引起人们的重视,故正态分布也称高斯分布.

例 6　(1995 数三、四)设 X 服从正态分布 $N(\mu, \sigma^2)$,则随 σ 的增大,$P\{|X-\mu|<\sigma\}$
(　　).

(A) 单调增大　　　(B) 单调减小　　　(C) 保持不变　　　(D) 非单调变化

解　令 $Y = \dfrac{X-\mu}{\sigma} \sim N(0, 1)$,$P\{|X-\mu|<\sigma\} = P\left\{\left|\dfrac{X-\mu}{\sigma}\right|<1\right\} = P\{|Y|<1\} =$

$P\{-1<Y<1\}=\Phi(1)-\Phi(-1)=2\Phi(1)-1$，与 σ 无关，故选(C).

2.6 随机变量函数的分布

在实际应用中经常遇到所关心的随机变量往往不易或不能由直接测量得到，但它却是某些能直接测量的随机变量的函数. 例如要测量大楼的高度 h 时，我们没有必要爬上楼顶，只要在地面上量出测量点到大楼的距离 d 及测量点与大楼顶端连线与地面的夹角 θ，然后由 $h=d\tan\theta$ 得到大楼高度.

本节讨论如何由已知 X 的分布 $F_X(x)$，去求它的函数 $Y=g(x)$ 的概率分布 $F_Y(y)$，这里 $y=g(x)$ 是已知的连续函数. 常见的方法有公式法和分布函数法，主要是后者，需要读者有分类讨论的能力，这是本课的一大重点和难点.

2.6.1 离散型随机变量函数的分布

若 X 的分布列为 $P\{X=x_k\}=p_k$，$k=1,2,\cdots$，则 $Y=f(X)$ 的分布列如下：

(1) f 为一一映射(一对一)时，例如 $Y=aX+b$ 或 $Y=X^3$ 等.

Y	$y_1=f(x_1)$	$y_2=f(x_2)$	$\cdots$	$y_k=f(x_k)$	$\cdots$
$P\{Y=y_k\}$	p_1	p_2	$\cdots$	p_k	$\cdots$

(2) f 为多对一时，例如 $Y=|X|$ 或 $Y=X^2$ 或 $Y=\cos X$ 等.

若 $f(x_i)=f(x_j)=y_k$，则

$$P\{Y=y_k\}=P\{Y=f(x_i)\}+P\{Y=f(x_j)\}$$
$$=P\{X=x_i\}+P\{X=x_j\}=p_i+p_j.$$

【例题精讲】

例 1 X 的分布列如下：

X	-2	0	2	3
p_k	0.2	0.2	0.3	0.3

求：(1) $Y=2X+1$ 的分布列；(2) $Y=X^2$ 的分布列.

解 (1)

Y	-3	1	5	7
p_k	0.2	0.2	0.3	0.3

（2）

Y	4	0	9
p_k	0.5	0.2	0.3

2.6.2　连续型随机变量的函数

定理 1　X 有概率密度函数 $f_X(x)$，$g(x)$ 为连续可导严格单调函数，$Y=g(X)$ 是连续型随机变量，且 $f_Y(y)=\begin{cases} f_X[h(y)]\,|\,h'(y)\,|\,, & \alpha<y<\beta, \\ 0, & \text{其他,} \end{cases}$ 其中 $h(y)$ 是 $g(x)$ 的反函数，(α,β) 为 $g(x)$ 的值域，且 $\alpha=\min\{g(-\infty),g(+\infty)\}$，$\beta=\max\{g(-\infty),g(+\infty)\}$.

当 $g(x)$ 定义在有限区间 $x\in[a,b]$ 时：

若 $g(x)$ 单增，有 $\alpha=g(a)$，$\beta=g(b)$；

若 $g(x)$ 单减，有 $\alpha=g(b)$，$\beta=g(a)$.

证　先求分布函数，再求导.

（1）当 $y=g(x)$ 为单增，$g'(x)>0$ 时，其反函数 $x=h(y)$ 亦为 (α,β) 上单增函数，$h'(y)>0$，分布函数为

$$F_Y(y)=P\{Y\leqslant y\}=P\{g(X)\leqslant y\}=P\{X\leqslant h(y)\}=\int_{-\infty}^{h(y)} f_X(x)\mathrm{d}x.$$

关于 y 作变上限积分复合函数求导：

$$f_Y(y)=F'_Y(y)=f_X[h(y)]h'(y),\ y\in(\alpha,\beta).$$

（2）当 $y=g(x)$ 为单减，$g'(x)<0$ 时，其反函数 $x=h(y)$ 亦为 (α,β) 上的单减函数，$h'(y)<0$，故

$$F_Y(y)=P\{Y\leqslant y\}=P\{g(X)\leqslant y\}=P\{X\geqslant h(y)\}$$
$$=1-P\{X\leqslant h(y)\}=1-\int_{-\infty}^{h(y)} f_X(x)\mathrm{d}x=\int_{h(y)}^{+\infty} f_X(x)\mathrm{d}x.$$

对 y 求导，得 $f_Y(y)=F'_Y(y)=-f_X[h(y)]h'(y)$，$h'(y)<0$，$y\in(\alpha,\beta)$.

综上，$f_Y(y)=\begin{cases} f_X[h(y)]h'(y), & h'(y)>0, \\ -f_X[h(y)]h'(y), & h'(y)<0, \\ 0, & \text{其他,} \end{cases}$ 从而统一用绝对值形式写成

$$f_Y(y)=\begin{cases} f_X[h(y)]\,|\,h'(y)\,|\,, & \alpha<y<\beta, \\ 0, & \text{其他.} \end{cases}$$

定理 2　线性随机变量函数的分布.

设 $X \sim f_X(x)$，则 $Y = aX + b$ 的密度函数为

$$f_Y(y) = \frac{1}{|a|} f_X\left(\frac{y-b}{a}\right).$$

注 学会证法 2 的证明过程，该定理无须记忆.

证法 1 利用定理 1. $y = ax + b$, $x = \dfrac{y-b}{a}$, 得 $|h'(y)| = \dfrac{1}{|a|}$, 故

$$f_Y(y) = f_X[h(y)] \, |h'(y)| = \frac{1}{|a|} f_X\left(\frac{y-b}{a}\right).$$

证法 2 分布函数法.

① $a > 0$, $y = ax + b$ 单调递增, $x = \dfrac{y-b}{a}$,

$$F_Y(y) = P\{Y \leqslant y\} = P\{aX + b \leqslant y\} = P\left\{X \leqslant \frac{y-b}{a}\right\} = \int_{-\infty}^{\frac{y-b}{a}} f_X(x)\,\mathrm{d}x,$$

故 $f_Y(y) = F'_Y(y) = f_X\left(\dfrac{y-b}{a}\right) \cdot \dfrac{1}{a}$.

② $a < 0$, 原理一样, 读者自己完成.

结论一：一般正态分布随机变量通过线性变换成为标准正态分布随机变量.

即 $X \sim N(\mu, \sigma^2)$, 令 $Y = \dfrac{X - \mu}{\sigma}$, 则 $Y \sim N(0, 1)$.

该结论可以改编为一道求 $Y = g(x)$ 的分布的题：

已知 $X \sim N(\mu, \sigma^2)$, $Y = \dfrac{X - \mu}{\sigma}$, 求 $f_Y(y)$.

解 分布函数法. $P\{Y \leqslant y\} = P\left\{\dfrac{X - \mu}{\sigma} \leqslant y\right\} = P\{X \leqslant \mu + y\sigma\}$

$$= \frac{1}{\sqrt{2\pi}\,\sigma} \int_{-\infty}^{\mu + y\sigma} \mathrm{e}^{-\frac{(x-\mu)^2}{2\sigma^2}}\,\mathrm{d}x \xrightarrow{t = \frac{x-\mu}{\sigma}} \frac{1}{\sqrt{2\pi}} \int_{-\infty}^{y} \mathrm{e}^{-\frac{t^2}{2}}\,\mathrm{d}t.$$

$f_Y(y) = F'_Y(y) = \dfrac{1}{\sqrt{2\pi}} \mathrm{e}^{-\frac{y^2}{2}}$, 即 $Y \sim N(0, 1)$.

结论二：正态连续型随机变量的线性正态.

设 $X \sim N(\mu, \sigma^2)$, 则 $Y = aX + b \sim N(a\mu + b, a^2\sigma^2)$.

特殊地, 若 $X \sim N(0, 1)$, 则 $Y = aX + b \sim N(b, a^2)$.

证 因 $y = ax + b \Rightarrow x = h(y) = \dfrac{y-b}{a}$, 故 $h'(y) = \dfrac{1}{a}$.

又因 $X \sim N(\mu, \sigma^2)$，其密度为 $f_X(x) = \dfrac{1}{\sqrt{2\pi}\sigma} \mathrm{e}^{-\frac{(x-\mu)^2}{2\sigma^2}}$，

$$f_X[h(y)] = \frac{1}{\sqrt{2\pi}\sigma} \mathrm{e}^{\frac{-\left(\frac{y-b}{a}-\mu\right)^2}{2\sigma^2}} = \frac{1}{\sqrt{2\pi}\sigma} \mathrm{e}^{-\frac{[y-(a\mu+b)]^2}{2a^2\sigma^2}},$$

故

$$f_Y(y) = f_X[h(y)] \mid h'(y) \mid = \frac{1}{\sqrt{2\pi}\mid a \mid \sigma} \mathrm{e}^{-\frac{[y-(a\mu+b)]^2}{2a^2\sigma^2}}.$$

结论三：X^2 分布. 设 $X \sim f_X(x)$，则 $Y = X^2$ 的密度函数为

$$f_Y(y) = \begin{cases} \dfrac{1}{2\sqrt{y}}[f_X(\sqrt{y}) + f_X(-\sqrt{y})], & y > 0, \\ 0, & y \leqslant 0. \end{cases}$$

证　用分布函数法.

① $y < 0$，$F_Y(y) = P\{Y \leqslant y\} = P\{\varnothing\} = 0$.

② $y \geqslant 0$，$F_Y(y) = P\{Y \leqslant y\} = P\{X^2 \leqslant y\} = P\{-\sqrt{y} \leqslant X \leqslant \sqrt{y}\}$

$$= F_X(\sqrt{y}) - F_X(-\sqrt{y}) = \int_{-\sqrt{y}}^{\sqrt{y}} f_X(x)\mathrm{d}x.$$

$$f_Y(y) = F'_Y(y) = f_X(\sqrt{y})\frac{1}{2\sqrt{y}} + f_X(-\sqrt{y})\frac{1}{2\sqrt{y}}, \quad y > 0.$$

综上，$f_Y(y) = \begin{cases} \dfrac{1}{2\sqrt{y}}[f_X(\sqrt{y}) + f_X(-\sqrt{y})], & y > 0, \\ 0, & y \leqslant 0. \end{cases}$

结论四：若 $X \sim N(0, 1)$，则 $Y = X^2 \sim \chi^2(1)$.

证　$X \sim N(0, 1)$，$f_X(x) = \dfrac{1}{\sqrt{2\pi}} \mathrm{e}^{-\frac{x^2}{2}}$.

则当 $y > 0$ 时，$Y = X^2$ 的密度函数为

$$f_Y(y) = \frac{1}{2\sqrt{y}}[f_X(\sqrt{y}) + f_X(-\sqrt{y})]$$

$$= \frac{1}{2\sqrt{y}}\left(\frac{1}{\sqrt{2\pi}}\mathrm{e}^{-\frac{y}{2}} + \frac{1}{\sqrt{2\pi}}\mathrm{e}^{-\frac{y}{2}}\right) = \frac{1}{\sqrt{2\pi y}}\mathrm{e}^{-\frac{y}{2}}$$

$$= \frac{1}{\sqrt{2\pi}}y^{-\frac{1}{2}}\mathrm{e}^{-\frac{y}{2}}, \quad y > 0.$$

当 $y<0$ 时, $f_Y(y)=0$.

综上, $f_Y(y)=\begin{cases}\dfrac{1}{\sqrt{2\pi}}y^{-\frac{1}{2}}\mathrm{e}^{-\frac{y}{2}}, & y>0,\\ 0, & y\leqslant 0.\end{cases}$

【例题精讲】

例 1 指数分布的函数分布. 设 $X\sim E(1)$, 求:(1) $Y=X^2$ 的分布.(2) $Y=\mathrm{e}^X$ 的分布.

解 (1) 由结论三得

$$f_Y(y)=\begin{cases}\dfrac{1}{2\sqrt{y}}[f(\sqrt{y})+f(-\sqrt{y})], & y>0,\\ 0, & y\leqslant 0,\end{cases}$$

$$=\begin{cases}\dfrac{1}{2\sqrt{y}}\mathrm{e}^{-\sqrt{y}}, & y>0\\ 0, & y\leqslant 0\end{cases}\left(\text{因为 } f_X(x)=\begin{cases}\mathrm{e}^{-x}, & x>0\\ 0, & x\leqslant 0\end{cases}\right).$$

(2) $y=\mathrm{e}^x\Rightarrow x=\ln y$, $y>0$ 均单调增加,求导,得 $h'(y)=\dfrac{1}{y}$, $y>0$,

$$f_Y(y)=\begin{cases}f_X[h(y)]\,|\,h'(y)\,|, & y\in(1,+\infty)\\ 0, & \text{其他}\end{cases}=\begin{cases}\dfrac{1}{y}\mathrm{e}^{-\ln y}, & y>1\\ 0, & y\leqslant 1\end{cases}=\begin{cases}\dfrac{1}{y^2}, & y>1,\\ 0, & y\leqslant 1.\end{cases}$$

例 2 $X\sim U(-1,2)$, $Y=X^2$, 求 $f_Y(y)$.

解 Y 的范围为 $0\leqslant Y\leqslant 4$.

第一步:"左零右一".

当 $y<0$ 时, $F_Y(y)=P\{Y\leqslant y\}=0$;

当 $y\geqslant 4$ 时, $F_Y(y)=P\{Y\leqslant y\}=1$.

第二步:正确找到 y 的分界点, $0\leqslant y<1$.

$$F_Y(y)=P\{Y\leqslant y\}=P\{X^2\leqslant y\}=P\{-\sqrt{y}\leqslant X\leqslant \sqrt{y}\}=\int_{-\sqrt{y}}^{\sqrt{y}}\dfrac{1}{3}\mathrm{d}x=\dfrac{2}{3}\sqrt{y}.$$

第三步:当 $1\leqslant y<4$ 时, $F_Y(y)=P\{Y\leqslant y\}=P\{X^2\leqslant y\}=P\{-1\leqslant X\leqslant \sqrt{y}\}=$ $\int_{-1}^{\sqrt{y}}\dfrac{1}{3}\mathrm{d}x=\dfrac{1}{3}(\sqrt{y}+1)$.

综上：$f_Y(y) = F'_Y(y) = \begin{cases} \dfrac{1}{3\sqrt{y}}, & 0 < y < 1, \\ \dfrac{1}{6\sqrt{y}}, & 1 \leqslant y < 4, \\ 0, & \text{其他}. \end{cases}$

注 （1）由于 X 在 $(-1, 2)$ 时，$Y = X^2$ 并不是单调函数，所以建议读者放弃公式法，用分布函数法.

（2）每年考前一两个月笔者在全国各地讲授概率冲刺课程时，发现这类题竟有一半左右同学不会对 y 合理讨论，从而看出他们在复习过程中的盲目.

例 3 （2003 数三、四）$f_X(x) = \begin{cases} \dfrac{1}{3\sqrt[3]{x^2}}, & 1 \leqslant x \leqslant 8, \\ 0, & \text{其他}. \end{cases}$

$F(x)$ 是 X 的分布函数，试求 $Y = F(X)$ 的分布函数.

解 $F_Y(y) = P\{Y \leqslant y\} = P\{F(X) \leqslant y\}$.

X 的分布函数为

$$F(x) = \int_{-\infty}^{x} f(t) \mathrm{d}t = \begin{cases} 0, & x < 1 \\ \int_1^x \dfrac{1}{3\sqrt[3]{t^2}} \mathrm{d}t, & 1 \leqslant x < 8 \\ 1, & x \geqslant 8 \end{cases} = \begin{cases} 0, & x < 1, \\ x^{\frac{1}{3}} - 1, & 1 \leqslant x < 8, \\ 1, & x \geqslant 8. \end{cases}$$

$F(x)$ 的范围为 $[0, 1]$，故当 $y < 0$ 时，$F_Y(y) = 0$；当 $y \geqslant 1$ 时，$F_Y(y) = 1$；当 $0 \leqslant y < 1$ 时，$F_Y(y) = P\{F(X) \leqslant y\} = P\{X^{\frac{1}{3}} - 1 \leqslant y\} = P\{X \leqslant (y+1)^3\} = F[(y+1)^3] = [(y+1)^3]^{\frac{1}{3}} - 1 = y$.

故 $F_Y(y) = \begin{cases} 0, & y < 0, \\ y, & 0 \leqslant y < 1, \\ 1, & y \geqslant 1. \end{cases}$

例 4 若 X 的分布函数 $F(x)$ 为严格单调增的连续函数，求 $Y = F(X)$ 的分布函数 $F_Y(y)$.

解 由于 $y = F(x)$ 为严格单调增的连续函数，因此其反函数 $x = F^{-1}(y)$ 存在，且也是严格单调增的连续函数.

因 $Y = F(X)$，F 为分布函数，$F(X)$ 的取值范围为 $[0, 1]$.

当 $y < 0$ 时，$F_Y(y) = P\{Y \leqslant y\} = P\{\varnothing\} = 0$；

当 $y \geqslant 1$ 时，$F_Y(y) = P\{Y \leqslant y\} = P\{\Omega\} = 1$；

当 $0 \leqslant y < 1$ 时,$F_Y(y) = P\{Y \leqslant y\} = P\{F(X) \leqslant y\} = P\{X \leqslant F^{-1}(y)\} = F[F^{-1}(y)] = y.$

所以 $Y = F(X)$ 的分布函数 $F_Y(y) = \begin{cases} 0, & y < 0, \\ y, & 0 \leqslant y < 1, \\ 1, & y \geqslant 1, \end{cases}$ 即 $Y \sim U(0, 1).$

注 本题可以当作一个结论来加以记忆,1995 年数四,2003 年数三、四考的就是这一结论.

例 5 (1995 数四)设 X 服从参数为 2 的指数分布,证明 $Y = 1 - e^{-2X}$ 在区间 $(0, 1)$ 上服从均匀分布.

证 由 $f_X(x) = \begin{cases} 2e^{-2x}, & x > 0, \\ 0, & x \leqslant 0, \end{cases}$ $Y = 1 - e^{-2X}$ 知 Y 的取值范围为 $(0, 1)$,且函数 $y = 1 - e^{-2x}$ 单调可导,反函数为 $x = h(y) = -\dfrac{1}{2}\ln(1-y)$,$0 < y < 1$,

$$f_Y(y) = f_X[h(y)] \,|\, h'(y) \,| = \begin{cases} 2e^{-2\left[-\frac{1}{2}\ln(1-y)\right]} \left| -\dfrac{1}{2} \dfrac{-1}{1-y} \right|, & 0 < y < 1 \\ 0, & \text{其他} \end{cases}$$

$$= \begin{cases} 1, & 0 < y < 1, \\ 0, & \text{其他}. \end{cases}$$

即 Y 在 $(0, 1)$ 上服从均匀分布,即 $Y \sim U(0, 1).$

注 $Y = 1 - e^{-2X}$,其本质 Y 就为 X 的分布函数,由前例可得 $Y \sim U(0, 1).$

例 6 正弦函数变量分布. $f_X(x) = \begin{cases} \dfrac{2x}{\pi^2}, & 0 < x < \pi, \\ 0, & \text{其他}, \end{cases}$ 求 $Y = \sin X$ 的概率密度.

解 用分布函数法.

第一步:确定 Y 有效取值范围.

由右图可得:$Y \in [0, 1]$,所以,当 $y < 0$ 时,$F_Y(y) = P\{Y \leqslant y\} = 0$(不可能事件);当 $y \geqslant 1$ 时,$F_Y(y) = P\{Y \leqslant y\} = 1$(必然事件).

这步我们俗称"左零右一".

第二步:当 $0 \leqslant y < 1$ 时,$F_Y(y) = P\{Y \leqslant y\}$(在图中把 $Y \leqslant y$ 的图形画出来,就是图中加粗的两部分)

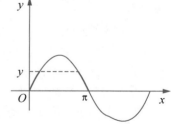

$$= P\{\sin X \leqslant y\} = P\{0 \leqslant X \leqslant \arcsin y\} + P\{\pi - \arcsin y \leqslant X \leqslant \pi\}$$

$$=\int_0^{\arcsin y}\frac{2x}{\pi^2}\mathrm{d}x+\int_{\pi-\arcsin y}^{\pi}\frac{2x}{\pi^2}\mathrm{d}x=\frac{1}{\pi^2}(\arcsin y)^2+\frac{1}{\pi^2}x^2\Big|_{\pi-\arcsin y}^{\pi}$$

$$=\frac{1}{\pi^2}(\arcsin y)^2+\frac{1}{\pi^2}\big[\pi^2-(\pi-\arcsin y)^2\big]$$

$$=\frac{2}{\pi}\arcsin y.$$

$$f_Y(y)=F'_Y(y)=\begin{cases}\dfrac{2}{\pi}\dfrac{1}{\sqrt{1-y^2}}, & 0<y<1,\\[2mm]0, & \text{其他}.\end{cases}$$

注 (1) 在求分布函数时,y 的范围要遵守左闭右开,目的是为了保证分布函数右连续,但在写概率密度时,写开区间即可.

(2) 此类题解法最关键在于:把有关 Y 的事件转化为 X 的事件,一般通过数形结合正确写出 X 的取值范围.

例 7 (1999 数四)设 X 服从指数分布,记 $Y=\min\{X,2\}$,则随机变量 Y 的分布函数( ).

(A) 是连续函数   (B) 至少有一个间断点

(C) 是阶梯函数   (D) 恰好有一个间断点

解 $F_Y(y)=P\{Y\leqslant y\}=P\{\min\{X,2\}\leqslant y\}$

$$=\begin{cases}P\{X\leqslant y\}, & y<2\\P\{\text{必然事件}\}=1, & y\geqslant 2\end{cases}=\begin{cases}F_X(y), & y<2\\1, & y\geqslant 2\end{cases}$$

$$=\begin{cases}1-\mathrm{e}^{-\lambda y}, & 0\leqslant y<2,\\1, & y\geqslant 2,\\0, & y<0,\end{cases}$$

由此可见,$y=2$ 是 $F_Y(y)$ 的唯一间断点,故答案为(D).

例 8 (2013 数一)设 $f_X(x)=\begin{cases}\dfrac{1}{9}x^2, & 0<x<3,\\[2mm]0, & \text{其他},\end{cases}$ 令 $Y=\begin{cases}2, & X\leqslant 1,\\X, & 1<X<2,\\1, & X\geqslant 2.\end{cases}$

(1) 求 Y 的分布函数;

(2) 求 $P\{X\leqslant Y\}$.

解 (1) Y 的取值范围为 $[1,2]$.

① 当 $y<1$ 时,$F_Y(y)=0$;

② 当 $y\geqslant 2$ 时,$F_Y(y)=1$;

③ 当 $1\leqslant y<2$ 时,

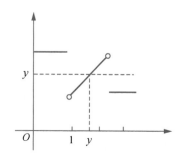

$$F_Y(y) = P\{Y \leqslant y\} = P\{g(X) \leqslant y\}$$

$$= P\{1 \leqslant X \leqslant y\} + P\{2 \leqslant X \leqslant 3\}$$

$$= \int_1^y \frac{1}{9} x^2 \mathrm{d}x + \int_2^3 \frac{1}{9} x^2 \mathrm{d}x = \frac{1}{27}(y^3 + 18).$$

(2) $P\{X \leqslant Y\} = P\{X \leqslant Y, X \leqslant 1\} + P\{X \leqslant Y, 1 < X < 2\} + P\{X \leqslant Y, X \geqslant 2\}$

$$= P\{X \leqslant 2, X \leqslant 1\} + P\{X \leqslant X, 1 < X < 2\} + P\{X \leqslant 1, X \geqslant 2\}$$

$$= P\{X \leqslant 1\} + P\{1 < X < 2\} + 0 = P\{X < 2\} = \int_0^2 \frac{1}{9} x^2 \mathrm{d}x = \frac{8}{27}.$$

【强 化 篇】

【公式总结】

利用分布函数求概率
- (1) $P\{X > x_0\} = 1 - P\{X \leqslant x_0\} = 1 - F(x_0)$
- (2) $P\{X < x_0\} = F(x_0 - 0)$
- (3) $P\{X = x_0\} = P\{X \leqslant x_0\} - P\{X < x_0\} = F(x_0) - F(x_0 - 0)$
- (4) $P\{x_1 < X \leqslant x_2\} = P\{X \leqslant x_2\} - P\{X \leqslant x_1\} = F(x_2) - F(x_1)$
- (5) $P\{x_1 \leqslant X \leqslant x_2\} = P\{X \leqslant x_2\} - P\{X < x_1\} = F(x_2) - F(x_1 - 0)$
- (6) $P\{x_1 < X < x_2\} = P\{X < x_2\} - P\{X \leqslant x_1\} = F(x_2 - 0) - F(x_1)$
- (7) $P\{x_1 \leqslant X < x_2\} = P\{X < x_2\} - P\{X < x_1\} = F(x_2 - 0) - F(x_1 - 0)$
- (8) $P\{X \geqslant x_0\} = 1 - P\{X < x_0\} = 1 - F(x_0 - 0)$

概率密度函数
- $\int_{-\infty}^{+\infty} f(x)\mathrm{d}x = 1$
- $P\{x_1 < X \leqslant x_2\} = \int_{x_1}^{x_2} f(x)\mathrm{d}x$

常见随机变量的分布律或概率密度
- (1) 两点分布：$P\{X = k\} = p^k q^{1-k}$, $k = 0, 1, 0 < p < 1, p + q = 1$
- (2) 二项分布：$P\{X = k\} = C_n^k p^k q^{n-k}$, $k = 0, 1, 2, \cdots, n, 0 < p < 1, p + q = 1$
- (3) 泊松分布：$P\{X = k\} = \dfrac{\lambda^k}{k!} e^{-\lambda}$, $k = 0, 1, 2, \cdots, \lambda > 0$
- (4) 几何分布：$P\{X = k\} = (1 - p)^{k-1} p$, $k = 1, 2, \cdots, 0 < p < 1$
- (5) 超几何分布：$P\{X = k\} = \dfrac{C_M^k C_{N-M}^{n-k}}{C_N^n}$, $k = 0, 1, 2, \cdots, l; l = \min\{M, n\}$
- (6) 均匀分布：$f(x) = \begin{cases} \dfrac{1}{b-a}, & a < x < b, \\ 0, & 其他 \end{cases}$
- (7) 指数分布：$f(x) = \begin{cases} \lambda e^{-\lambda x}, & x \geqslant 0, \\ 0, & x < 0, \end{cases} \lambda > 0$ 为参数
- (8) 正布分布：$f(x) = \dfrac{1}{\sqrt{2\pi}\sigma} e^{-\frac{(x-\mu)^2}{2\sigma^2}}$, $\sigma > 0, -\infty < x < +\infty$

随机变量函数
- 离散型：$P\{X = x_k\} = p_k$, $k = 1, 2, \cdots$，则 $P\{Y = g(x_k)\} = p_k$, $k = 1, 2, \cdots$
- 连续型：$F_Y(y) = \int_{g(x) \leqslant y} f_X(x)\mathrm{d}x$，再求 $f_Y(y) = F'_Y(y)$

2.7 典型题型一 分布函数的概念及性质

例 1 设随机变量的分布函数 $F(x) = \begin{cases} a + \dfrac{b}{(1+x)^2}, & x > 0, \\ c, & x \leqslant 0, \end{cases}$ 求 a, b, c 的值.

解 由 $F(-\infty) = 0 \Rightarrow c = 0, F(+\infty) = 1 \Rightarrow a = 1,$ 又 $F(x)$ 在 $x = 0$ 右连续,即

$$F(0+0) = F(0) \Rightarrow a + b = c \Rightarrow b = -1.$$

例 2 下列函数中,可以作为随机变量分布函数的是( ).

(A) $F(x) = \dfrac{1}{1+x^2}$ 　　　　　　 (B) $F(x) = \dfrac{3}{4} + \dfrac{1}{2\pi}\arctan x$

(C) $F(x) = \begin{cases} 0, & x \leqslant 0, \\ \dfrac{x}{1+x}, & x > 0 \end{cases}$ 　　　 (D) $F(x) = \dfrac{2}{\pi}\arctan x + 1$

解 (A) 因 $F(+\infty) = 0,$ 故不满足分布函数的性质,所以(A)不是分布函数;

(B) 因 $F(-\infty) = \dfrac{1}{2},$ 故不满足分布函数的性质,所以(B)不是分布函数;

(D) 因 $F(+\infty) = 2,$ 故不满足分布函数的性质,所以(D)不是分布函数.
故选(C).

例 3 设某元件的使用寿命 T 的分布函数为 $F(t) = \begin{cases} 1 - \mathrm{e}^{-\left(\frac{t}{\theta}\right)^m}, & t \geqslant 0, \\ 0, & t < 0, \end{cases}$ 其中 θ, m 为

参数且大于零. 求概率 $P\{T > t\}$ 和 $P\{T > s + t \mid T > t\},$ 其中 $s > 0, t > 0.$

解 $P\{T > t\} = 1 - P\{T \leqslant t\} = 1 - F(t) = \mathrm{e}^{-\left(\frac{t}{\theta}\right)^m},$

$$P\{T > t + s \mid T > s\} = \frac{P\{T > t + s, T > s\}}{P\{T > s\}} = \frac{\mathrm{e}^{-\left(\frac{s+t}{\theta}\right)^m}}{\mathrm{e}^{-\left(\frac{s}{\theta}\right)^m}} = \mathrm{e}^{\left(\frac{s}{\theta}\right)^m - \left(\frac{s+t}{\theta}\right)^m}.$$

例 4 设随机变量 X 的分布函数为 $F(x) = \begin{cases} 0, & x < -1, \\ \dfrac{5x+7}{16}, & -1 \leqslant x < 1, \\ 1, & x \geqslant 1, \end{cases}$ 则 $P\{X^2 = 1\} = $

_____.

解

$$P\{X^2=1\}=P\{X=1\}+P\{X=-1\}=[P\{X\leqslant 1\}-P\{X<1\}]-[P\{X\leqslant -1\}-P\{X<-1\}]$$

$$=[F(1)-F(1-0)]+[F(-1)-F(-1-0)]=\left[1-\frac{12}{16}\right]+\left[\frac{2}{16}-0\right]=\frac{3}{8}.$$

例 5 设 $F_1(x)$ 和 $F_2(x)$ 都是随机变量的分布函数,a,b 为非负常数且 $a+b=1$,求证 $F(x)=aF_1(x)+bF_2(x)$ 也是随机变量的分布函数.

证 用分布函数 4 点性质来检验.

① 因为

$$0\leqslant F_1(x)\leqslant 1,\ 0\leqslant F_2(x)\leqslant 1,$$

所以

$$0\leqslant aF_1(x)+bF_2(x)\leqslant a+b=1.$$

② 因为 $a>0$,$b>0$,$F_1(x)$ 单调不减,$F_2(x)$ 单调不减,所以 $aF_1(x)+bF_2(x)$ 也单调不减.

③ 因为

$$F_1(-\infty)=0,\ F_1(+\infty)=1;\ F_2(-\infty)=0,\ F_2(+\infty)=1,$$

所以 $F(-\infty)=0$,$F(+\infty)=a+b=1$,$F(x)$ 满足规范性.

④ 显然 $F(x)$ 也满足右连续性.

例 6 (1998 数三、四)设 $F_1(x)$,$F_2(x)$ 为 X_1,X_2 的分布函数,令 $F(x)=aF_1(x)-bF_2(x)$,为使 $F(x)$ 是某一随机变量的分布函数,在下列给定的各组数值中应取(　　).

(A) $a=\dfrac{3}{5}$,$b=-\dfrac{2}{5}$　　　　　　　　(B) $a=\dfrac{2}{3}$,$b=\dfrac{2}{3}$

(C) $a=-\dfrac{1}{2}$,$b=\dfrac{3}{2}$　　　　　　　　(D) $a=\dfrac{1}{2}$,$b=-\dfrac{3}{2}$

解 由上例可得,正确答案为(A).

2.8 典型题型二　离散型随机变量

例 1 两个排球队进行比赛,采用五局三胜的规则,即先胜三局的队获胜,比赛到此也就结束. 假设按原定队员组合,较强队每局取胜的概率为 0.6,若前四局出现 2 比 2 的平局情况,较强队就换人重新组合队员,则其在决赛局中获胜的概率为 0.7. 设比赛结束时的局数为 ξ,求 ξ 的概率分布.

解 $\xi=3,4,5$.

$$P\{\xi=3\}=0.6^3+0.4^3=0.280\ 0,$$

$$P\{\xi=4\}=C_3^2 \cdot 0.6^2 \cdot 0.4 \cdot 0.6+C_3^1 \cdot 0.6 \cdot 0.4^2 \cdot 0.4=0.374\ 4,$$

$$P\{\xi=5\}=C_4^2 \cdot 0.6^2 \cdot 0.4^2 \cdot 0.7+C_4^2 \cdot 0.6^2 \cdot 0.4^2 \cdot 0.3=0.345\ 6,$$

ξ 的概率分布为

ξ	3	4	5
P	0.280 0	0.374 4	0.345 6

例 2 设随机变量 X 服从参数为 $(2,p)$ 的二项分布,随机变量 Y 服从参数为 $(3,p)$ 的二项分布,若 $P\{X\geqslant1\}=\dfrac{5}{9}$,则 $P\{Y\geqslant1\}=$_____.

解 因为 $X \sim B(2,p)$,所以

$$P\{X \geqslant 1\}=1-P\{X=0\}=1-C_2^0 p^0 (1-p)^{2-0}=1-(1-p)^2.$$

又 $P\{X \geqslant 1\}=\dfrac{5}{9}$,所以

$$1-(1-p)^2=\frac{5}{9} \Rightarrow (1-p)^2=\frac{4}{9}.$$

所以 $1-p=\dfrac{2}{3} \Rightarrow p=\dfrac{1}{3}$,故 $Y \sim B\left(3,\dfrac{1}{3}\right)$.

$$P\{Y\geqslant1\}=1-P\{Y=0\}=1-C_3^0 p^0 (1-p)^{3-0}$$
$$=1-(1-p)^3=1-\left(1-\frac{1}{3}\right)^3=\frac{19}{27}.$$

例 3 设 $X \sim B(2,p)$,$Y \sim B(4,p)$,且 $P\{X\geqslant1\}=\dfrac{5}{9}$,则 $P\{Y \geqslant 1\}=($　　$)$.

(A) $\dfrac{65}{81}$　　　　(B) $\dfrac{16}{81}$　　　　(C) $\dfrac{5}{9}$　　　　(D) $\dfrac{4}{9}$

解 由 $P\{X\geqslant1\}=\dfrac{5}{9}$ 可得 $1-(1-p)^2=\dfrac{5}{9}$,解得 $p=\dfrac{1}{3}$.

因此

$$P\{Y \geqslant 1\}=1-P\{Y=0\}=1-\left(1-\frac{1}{3}\right)^4=\frac{65}{81}.$$

选(A).

例 4 设随机变量 X_1 服从参数为 $p(0<p<1)$ 的 0-1 分布,X_2 服从参数为 (n,p) 的二项分布,Y 服从参数为 $2p$ 的泊松分布.已知 X_1 取 0 的概率是 X_2 取 0 的概率的 9 倍,X_1 取 1 的概率是 X_2 取 1 的概率的 3 倍,则 $P\{Y=0\}=$_____,$P\{Y=1\}=$_____.

解 由于 Y 服从泊松分布,则需先求出其分布参数 λ 的值,而 $\lambda=2p$,因此需求出 p 的值.

$$P\{X_1=0\}=1-p \overset{\triangle}{=\!=\!=} q, \ P\{X_1=1\}=p, \ P\{X_2=0\}=q^n, \ P\{X_2=1\}=npq^{n-1}.$$

依题意有

$$\begin{cases} q=9q^n \\ p=3npq^{n-1} \end{cases} \Rightarrow p=\frac{2}{3}, \lambda=2p=\frac{4}{3},$$

于是

$$P\{Y=0\}=\mathrm{e}^{-\lambda}=\mathrm{e}^{-\frac{4}{3}}, \ P\{Y=1\}=\lambda\,\mathrm{e}^{-\lambda}=\frac{4}{3}\mathrm{e}^{-\frac{4}{3}}.$$

例 5 设随机变量 X 的概率分布为 $P\{X=k\}=M\cdot\dfrac{2+\mathrm{e}^{-2}}{k!}, k=0,1,2,\cdots$,则常数 $M=$ ( ).

    (A) $\dfrac{\mathrm{e}}{2\mathrm{e}^2+1}$ (B) $\dfrac{1}{2\mathrm{e}^2+1}$ (C) $\dfrac{\mathrm{e}}{2\mathrm{e}+1}$ (D) $\dfrac{\mathrm{e}}{2\mathrm{e}^2+1}$

解 由规范性 $\sum\limits_{i=1}^{\infty} p_i=1$,可知

$$\sum_{k=0}^{\infty}P\{X=k\}=M(2+\mathrm{e}^{-2})\sum_{k=0}^{\infty}\frac{1}{k!}=M(2+\mathrm{e}^{-2})\mathrm{e}=1,$$

所以 $M=\dfrac{1}{(2+\mathrm{e}^{-2})\mathrm{e}}=\dfrac{\mathrm{e}}{2\mathrm{e}^2+1}$,选(A).

例 6 袋中有 8 个球,其中有 3 个白球、5 个黑球. 现从中随意取出 4 个球,如果 4 个球中有 2 个白球、2 个黑球,则试验停止,否则将 4 个球放回袋中重新抽取 4 个球,直至取到 2 个白球、2 个黑球为止. 用 X 表示抽取次数,则 $P\{X=k\}=$ _____ $(k=1,2,\cdots)$.

解 记 $A_i=$"第 i 次取出 4 个球为 2 个白球、2 个黑球",由于是有放回取球,因此 A_i 相互独立,根据超几何分布知 $P(A_i)=\dfrac{\mathrm{C}_3^2\mathrm{C}_5^2}{\mathrm{C}_8^4}=\dfrac{3}{7}$,又由几何分布得

$$P\{X=k\}=P(\overline{A_1}\cdots\overline{A_{k-1}}A_k)=\left(1-\frac{3}{7}\right)^{k-1}\frac{3}{7}=\left(\frac{4}{7}\right)^{k-1}\frac{3}{7} \ (k=1,2,\cdots).$$

🏷 2.9 典型题型三 连续型随机变量的概率密度和分布函数

例 1 设 X_1, X_2 为任意两个连续型随机变量,它们的分布函数分别为 $F_1(x)$ 和

$F_2(x)$，密度函数分别为 $f_1(x)$ 和 $f_2(x)$，则（　　）.

(A) $F_1(x)+F_2(x)$ 必为某随机变量的分布函数

(B) $F_1(x)-F_2(x)$ 必为某随机变量的分布函数

(C) $f_1(x)f_2(x)$ 必为某随机变量的密度函数

(D) $\dfrac{1}{3}f_1(x)+\dfrac{2}{3}f_2(x)$ 必为某随机变量的密度函数

解　(A) 因为 $\lim\limits_{x\to+\infty}[F_1(x)+F_2(x)]=2$，所以 $F_1(x)+F_2(x)$ 不是分布函数，故排除(A).

(B) 因为 $\lim\limits_{x\to+\infty}[F_1(x)-F_2(x)]=0$，所以 $F_1(x)-F_2(x)$ 不是分布函数，故排除(B).

(C) 若

$$f_1(x)=\begin{cases}1,&0<x<1,\\0,&\text{其他},\end{cases}\qquad f_2(x)=\begin{cases}1,&1<x<2,\\0,&\text{其他},\end{cases}$$

则 $f_1(x)f_2(x)\equiv0$，故 $f_1(x)f_2(x)$ 不是密度函数，故排除(C).

(D) 因为 $\dfrac{1}{3}f_1(x)+\dfrac{2}{3}f_2(x)\geqslant0$，且

$$\int_{-\infty}^{+\infty}\left[\frac{1}{3}f_1(x)+\frac{2}{3}f_2(x)\right]\mathrm{d}x=\frac{1}{3}\int_{-\infty}^{+\infty}f_1(x)\mathrm{d}x+\frac{2}{3}\int_{-\infty}^{+\infty}f_2(x)\mathrm{d}x=1,$$

所以 $\dfrac{1}{3}f_1(x)+\dfrac{2}{3}f_2(x)$ 为某随机变量的密度函数.

例2　已知 $f(x)$ 和 $f(x)+f_1(x)$ 均为概率密度，则 $f_1(x)$ 必满足（　　）.

(A) $\int_{-\infty}^{+\infty}f_1(x)\mathrm{d}x=1,f_1(x)\geqslant0$　　　(B) $\int_{-\infty}^{+\infty}f_1(x)\mathrm{d}x=1,f_1(x)\geqslant-f(x)$

(C) $\int_{-\infty}^{+\infty}f_1(x)\mathrm{d}x=0,f_1(x)\geqslant0$　　　(D) $\int_{-\infty}^{+\infty}f_1(x)\mathrm{d}x=0,f_1(x)\geqslant-f(x)$

解　因为 $f(x)$ 和 $f(x)+f_1(x)$ 均为概率密度，所以 $\int_{-\infty}^{+\infty}f_1(x)\mathrm{d}x=0,f_1(x)\geqslant-f(x)$. 选(D).

例3　设随机变量 X 的概率密度为 $f(x)=\begin{cases}\dfrac{1}{25}x,&0\leqslant x<5,\\[2mm]\dfrac{2}{5}-\dfrac{1}{25}x,&5\leqslant x<10,\\[2mm]0,&\text{其他},\end{cases}$ 求分布函数 $F(x)$.

解　当 $x<0$ 时，

$$F(x)=\int_{-\infty}^{x}f(x)\mathrm{d}x=\int_{-\infty}^{x}0\mathrm{d}x=0;$$

当 $0 \leqslant x < 5$ 时,

$$F(x) = \int_{-\infty}^{x} f(x) \mathrm{d}x = \int_{-\infty}^{0} 0 \mathrm{d}x + \int_{0}^{x} \frac{1}{25} x \mathrm{d}x = \frac{1}{50} x^2;$$

当 $5 \leqslant x < 10$ 时,

$$F(x) = \int_{-\infty}^{x} f(x) \mathrm{d}x = \int_{-\infty}^{0} 0 \mathrm{d}x + \int_{0}^{5} \frac{1}{25} x \mathrm{d}x + \int_{5}^{x} \left(\frac{2}{5} - \frac{1}{25} x \right) \mathrm{d}x$$

$$= -1 + \frac{2}{5} x - \frac{1}{50} x^2;$$

当 $x \geqslant 10$ 时,

$$F(x) = \int_{-\infty}^{0} 0 \mathrm{d}x + \int_{0}^{5} \frac{1}{25} x \mathrm{d}x + \int_{5}^{10} \left(\frac{2}{5} - \frac{1}{25} x \right) \mathrm{d}x + \int_{10}^{x} 0 \mathrm{d}x = 1.$$

即有

$$F(x) = \begin{cases} 0, & x < 0, \\ \dfrac{1}{50} x^2, & 0 \leqslant x < 5, \\ -1 + \dfrac{2}{5} x - \dfrac{1}{50} x^2, & 5 \leqslant x < 10, \\ 1, & x \geqslant 10. \end{cases}$$

例 4 设随机变量 X 的分布函数为 $F(x) = \begin{cases} 0, & x < 0, \\ \dfrac{x}{2}, & 0 \leqslant x < 1, \\ x - \dfrac{1}{2}, & 1 \leqslant x < 1.5, \\ 1, & x \geqslant 1.5. \end{cases}$

求 $P\{0.4 < X \leqslant 1.3\}, P\{X > 0.5\}, P\{1.7 < X \leqslant 2\}$ 以及概率密度 $f(x)$.

解 $P\{0.4 < X \leqslant 1.3\} = F(1.3) - F(0.4) = (1.3 - 0.5) - \dfrac{0.4}{2} = 0.6,$

$$P\{X > 0.5\} = 1 - P\{X \leqslant 0.5\} = 1 - F(0.5) = 1 - \frac{0.5}{2} = 0.75,$$

$$P\{1.7 < X \leqslant 2\} = F(2) - F(1.7) = 1 - 1 = 0;$$

$$f(x) = \begin{cases} \dfrac{1}{2}, & 0 \leqslant x < 1, \\ 1, & 1 \leqslant x < 1.5, \\ 0, & 其他. \end{cases}$$

例 5　设随机变量 X 的概率密度为 $f(x)=\begin{cases}2x, & 0<x<1,\\0, & \text{其他}.\end{cases}$ 以 Y 表示对 X 的三次独立重复观察中事件 $\left\{X\leqslant\dfrac{1}{2}\right\}$ 出现的次数，则 $P\{Y=2\}=$ _____.

分析　用密度函数的性质先解决事件 $\left\{X\leqslant\dfrac{1}{2}\right\}$ 的概率. 由于所做试验满足二项分布的背景，因此接下来用二项分布来解决.

解　$P=P\left\{X\leqslant\dfrac{1}{2}\right\}=\displaystyle\int_0^{\frac{1}{2}}2x\,\mathrm{d}x=\dfrac{1}{4}$，由题意容易得到 $Y\sim B\left(3,\dfrac{1}{4}\right)$，故

$$P\{Y=2\}=\mathrm{C}_3^2\cdot p^2(1-p)=3\times\left(\dfrac{1}{4}\right)^2\times\dfrac{3}{4}=\dfrac{9}{64}.$$

例 6　$f(x)=\begin{cases}\dfrac{1}{3}, & 0\leqslant x\leqslant 1,\\[2mm]\dfrac{2}{9}, & 3\leqslant x\leqslant 6,\\[2mm]0, & \text{其他},\end{cases}$ $P\{X\geqslant k\}=\dfrac{2}{3}$，求 k 的取值范围.

解　$\dfrac{2}{3}=P\{X\geqslant k\}=\displaystyle\int_k^{+\infty}f(x)\,\mathrm{d}x$，由等式右边积分的几何意义：在 $[k,+\infty)$ 上曲边为 $f(x)$ 的梯形面积知 k 的取值范围为 $[1,3]$.

常规解法：

当 $k<0$ 时，$\displaystyle\int_k^{+\infty}f(x)\,\mathrm{d}x=1$.

当 $0\leqslant k<1$ 时，$\displaystyle\int_k^{+\infty}f(x)\,\mathrm{d}x=\int_k^1\dfrac{1}{3}\,\mathrm{d}x+\int_3^6\dfrac{2}{9}\,\mathrm{d}x=\dfrac{1}{3}(1-k)+\dfrac{2}{3}$.

当 $1\leqslant k\leqslant 3$ 时，$\displaystyle\int_k^{+\infty}f(x)\,\mathrm{d}x=\int_3^6\dfrac{2}{9}\,\mathrm{d}x=\dfrac{2}{3}$.

当 $3<k<6$ 时，$\displaystyle\int_k^{+\infty}f(x)\,\mathrm{d}x=\int_k^6\dfrac{2}{9}\,\mathrm{d}x=\dfrac{2}{9}(6-k)$.

当 $k\geqslant 6$ 时，$\displaystyle\int_k^{+\infty}f(x)\,\mathrm{d}x=0$.

故 k 的取值范围为 $[1,3]$.

2.10 典型题型四 常见的连续型随机变量

例 1 设随机变量 Y 服从参数为 1 的指数分布, a 为常数且大于零, 则 $P\{Y \leqslant a+1 \mid Y > a\} = \underline{\qquad}$.

分析 指数分布计算条件概率, 既可运用条件概率公式, 也可运用无记忆性.

解法 1 随机变量 Y 服从参数为 1 的指数分布, 故 $f_Y(y) = \begin{cases} \mathrm{e}^{-y}, & y > 0, \\ 0, & y \leqslant 0, \end{cases}$

$$P\{Y \leqslant a+1 \mid Y > a\} = \frac{P\{a < Y \leqslant a+1\}}{P\{Y > a\}} = \frac{\int_a^{a+1} \mathrm{e}^{-y} \mathrm{d}y}{\int_a^{+\infty} \mathrm{e}^{-y} \mathrm{d}y} = \frac{-\mathrm{e}^{-y} \Big|_a^{a+1}}{-\mathrm{e}^{-y} \Big|_a^{+\infty}}$$

$$= \frac{\mathrm{e}^{-a} - \mathrm{e}^{-a-1}}{\mathrm{e}^{-a}} = 1 - \mathrm{e}^{-1}.$$

解法 2 由无记忆性,

$$P\{Y \leqslant a+1 \mid Y > a\} = P\{Y \leqslant 1\} = \int_0^1 \mathrm{e}^{-y} \mathrm{d}y = -\mathrm{e}^{-y} \Big|_0^1 = 1 - \mathrm{e}^{-1}.$$

例 2 已知随机变量 X 服从参数为 λ 的指数分布, 则概率 $P\left\{\max\left\{X, \dfrac{1}{X}\right\} \leqslant 2\right\} = \underline{\qquad}$.

解 由题设知 $P\{X > 0\} = 1, P\{X \leqslant 0\} = 0$, 应用全概率公式得

$$P\left\{\max\left\{X, \frac{1}{X}\right\} \leqslant 2\right\} = P\left\{X \leqslant 2, \frac{1}{X} \leqslant 2\right\}$$

$$= P\left\{\frac{1}{2} \leqslant X \leqslant 2, X > 0\right\} + P\left\{\frac{1}{2} \leqslant X \leqslant 2, X \leqslant 0\right\}$$

$$= P\left\{\frac{1}{2} \leqslant X \leqslant 2\right\} = \int_{\frac{1}{2}}^2 \lambda \mathrm{e}^{-\lambda x} \mathrm{d}x = \mathrm{e}^{-\frac{1}{2}\lambda} - \mathrm{e}^{-2\lambda}.$$

例 3 设随机变量 X 的概率密度函数 $f(x)$ 满足 $f(1+x) = f(1-x)$, 且 $\int_0^2 f(x) \mathrm{d}x = 0.6$, 则 $P\{X \leqslant 0\} = ($ $)$.

    (A) 0.2   (B) 0.3   (C) 0.4   (D) 0.6

解 由 $f(1+x) = f(1-x)$ 可知, $f(x)$ 的图像关于 $x = 1$ 对称, 因此

$$\int_{-\infty}^1 f(x) \mathrm{d}x = \int_1^{+\infty} f(x) \mathrm{d}x = 0.5, \int_0^1 f(x) \mathrm{d}x = \int_1^2 f(x) \mathrm{d}x = 0.3,$$

从而

$$P\{X \leqslant 0\} = \int_{-\infty}^{0} f(x)\mathrm{d}x = \int_{-\infty}^{1} f(x)\mathrm{d}x - \int_{0}^{1} f(x)\mathrm{d}x = 0.2.$$

选(A).

例 4 设 X 与 Y 相互独立,X 是连续型随机变量,其概率密度 $f(x)$ 满足 $f(-x) = f(x)$,又 $Y \sim B\left(3, \dfrac{1}{3}\right)$,则 $P\left\{\begin{vmatrix} X & X & 0 \\ 0 & Y & -2 \\ 1 & 0 & 1 \end{vmatrix} > 0\right\} = $ _____.

解 $P\left\{\begin{vmatrix} X & X & 0 \\ 0 & Y & -2 \\ 1 & 0 & 1 \end{vmatrix} > 0\right\} = P\left\{\begin{vmatrix} X & -X \\ Y & -2 \end{vmatrix} > 0\right\}$

$$= P\{X > 0, Y > 2\} + P\{X < 0, Y < 2\}$$
$$= P\{X > 0\}P\{Y > 2\} + P\{X < 0\}P\{Y < 2\};$$

又 X 的概率密度是偶函数,则 $P\{X > 0\} = P\{X < 0\} = \dfrac{1}{2}$. 所以

$$P\left\{\begin{vmatrix} X & X & 0 \\ 0 & Y & -2 \\ 1 & 0 & 1 \end{vmatrix} > 0\right\} = \frac{1}{2}\left[1 - \mathrm{C}_3^2\left(\frac{1}{3}\right)^2\left(\frac{2}{3}\right)\right] = \frac{7}{18}.$$

例 5 设随机变量 X 服从正态分布 $N(\mu, \sigma^2)(\sigma > 0)$,且二次方程 $y^2 + 4y + X = 0$ 无实根的概率为 $\dfrac{1}{2}$,则 μ _____.

解 $P\{\Delta < 0\} = P\{16 - 4X < 0\} = P\{X > 4\} = \dfrac{1}{2}$.

因为 $X \sim N(\mu, \sigma^2)$,所以 $\mu = 4$.

例 6 设 $X \sim N(\mu, \sigma^2)$,$f(x)$ 为 X 的概率密度. 当 $x = 1$ 时,$f(x)$ 取得最大值 $\dfrac{1}{2\sqrt{2\pi}}$,则概率 $P\{X < 3\} = $ _____.[用标准正态分布函数 $\Phi(x)$ 表示]

解 $f(x) = \dfrac{1}{\sqrt{2\pi}\sigma}\mathrm{e}^{-\frac{(x-\mu)^2}{2\sigma^2}}$,其最大值为 $f(\mu) = \dfrac{1}{\sqrt{2\pi}\sigma}$,则 $\mu = 1, \sigma^2 = 4$. 因此

$$P\{X < 3\} = \Phi\left(\frac{3-1}{2}\right) = \Phi(1).$$

例 7 设随机变量 X 服从正态分布 $N(\mu_1, \sigma_1^2)$,Y 服从正态分布 $N(\mu_2, \sigma_2^2)$,且 $P\{|X - \mu_1| < 1\} > P\{|Y - \mu_2| < 1\}$,则必有( ).

(A) $\sigma_1 < \sigma_2$.   (B) $\sigma_1 > \sigma_2$.

(C) $\mu_1 < \mu_2$.   (D) $\mu_1 > \mu_2$.

解

$$P\{|X - \mu_1| < 1\} = P\left\{\left|\frac{X - \mu_1}{\sigma_1}\right| < \frac{1}{\sigma_1}\right\} = 2\Phi\left(\frac{1}{\sigma_1}\right) - 1.$$

同理 $P\{|Y - \mu_2| < 1\} = 2\Phi\left(\frac{1}{\sigma_2}\right) - 1$. 因为 $\Phi(x)$ 是单增函数, 当 $P\{|X - \mu_1| < 1\} >$

$P\{|Y - \mu_2| < 1\}$ 时, $2\Phi\left(\frac{1}{\sigma_1}\right) - 1 > 2\Phi\left(\frac{1}{\sigma_2}\right) - 1$, 即 $\frac{1}{\sigma_1} > \frac{1}{\sigma_2}$, 所以 $\sigma_1 < \sigma_2$. 故选(A).

例 8 (2013 数一、三) $X_1 \sim N(0, 1)$, $X_2 \sim N(0, 2^2)$, $X_3 \sim N(5, 3^2)$, 记 $p_i = P\{-2 \leqslant X_i \leqslant 2\}$, $i = 1, 2, 3$, 则(   ).

(A) $p_1 > p_2 > p_3$ (B) $p_2 > p_1 > p_3$

(C) $p_3 > p_1 > p_2$ (D) $p_1 > p_3 > p_2$

解法 1 数形结合.

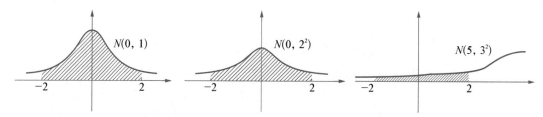

故 $p_1 > p_2 > p_3$, 选(A).

解法 2 令 $Y_2 = \frac{X_2 - 0}{2}$, $Y_3 = \frac{X_3 - 5}{3}$, 则 $Y_2 \sim N(0, 1)$, $Y_3 \sim N(0, 1)$.

$$p_1 = P\{-2 \leqslant X_1 \leqslant 2\}, \quad p_2 = P\{-2 \leqslant X_2 \leqslant 2\} = P\{-1 \leqslant Y_2 \leqslant 1\},$$

$$p_3 = P\left\{\frac{-2 - 5}{3} \leqslant \frac{X_3 - 5}{3} \leqslant \frac{2 - 5}{3}\right\} = P\left\{-\frac{7}{3} \leqslant Y_3 \leqslant -1\right\},$$

所以

$$p_2 = 2\Phi(1) - 1 = 2[\Phi(1) - \Phi(0)],$$

$$p_3 = \Phi(-1) - \Phi\left(-\frac{7}{3}\right) = \Phi\left(\frac{7}{3}\right) - \Phi(1).$$

由标准正态概率密度曲线可得 $\Phi\left(\frac{7}{3}\right) - \Phi(2) < \Phi(2) - \Phi(1) < \Phi(1) - \Phi(0)$, 所以

$$\Phi\left(\frac{7}{3}\right) - \Phi(1) < \Phi(2) - \Phi(0) = [\Phi(2) - \Phi(1)] + [\Phi(1) - \Phi(0)] < 2[\Phi(1) - \Phi(0)].$$

由此可得 $p_1 > p_2 > p_3$.

例 9　设 $f_1(x)$ 为标准正态分布的概率密度，$f_2(x)$ 为 $[-1,3]$ 上均匀分布的概率密度，若 $f(x)=\begin{cases}af_1(x), & x\leqslant 0,\\ bf_2(x), & x>0\end{cases}(a>0,b>0)$ 为概率密度，则 a,b 应满足（　　）.

(A) $2a+3b=4$　　　　　　　　　(B) $3a+2b=4$

(C) $a+b=1$　　　　　　　　　　(D) $a+b=2$

解　$f_1(x)=\dfrac{1}{\sqrt{2\pi}}\mathrm{e}^{-\frac{x^2}{2}}$，$f_2(x)=\begin{cases}\dfrac{1}{4}, & -1\leqslant x\leqslant 3,\\[2mm] 0, & \text{其他}.\end{cases}$

利用概率密度的性质，

$$1=\int_{-\infty}^{+\infty}f(x)\mathrm{d}x=\int_{-\infty}^{0}af_1(x)\mathrm{d}x+\int_{0}^{3}bf_2(x)\mathrm{d}x=\frac{a}{2}\int_{-\infty}^{+\infty}f_1(x)\mathrm{d}x+b\int_{0}^{3}\frac{1}{4}\mathrm{d}x=\frac{a}{2}+\frac{3}{4}b,$$

所以 $2a+3b=4$. 故选（A）.

🏷 2.11　典型题型五　离散型随机变量的函数

例 1　随机变量 X 的概率分布为

X	-1	0	1	2
p_k	$\dfrac{1}{3}$	$\dfrac{1}{4}$	$\dfrac{1}{4}$	$\dfrac{1}{6}$

求 $Y=X^2$ 的概率分布.

解

$Y=X^2$	0	1	4
p_k	$\dfrac{1}{4}$	$\dfrac{7}{12}$	$\dfrac{1}{6}$

例 2　设随机变量 ξ 的分布律为 $P\{\xi=k\}=\dfrac{1}{2^k}$，$k=1,2,\cdots$，求 $\eta=\sin\left(\dfrac{\pi}{2}\xi\right)$ 的分布律.

解　$\sin\dfrac{n\pi}{2}=\begin{cases}-1, & \text{当 } n=4k-1,\\ 0, & \text{当 } n=2k, \qquad k=1,2,\cdots,\\ 1, & \text{当 } n=4k-3,\end{cases}$

故对 ξ 的可能取值，函数 $\eta=\sin\left(\dfrac{\pi}{2}\xi\right)$ 只有三个可能取值 $-1,0,1$.

$$P\{\eta=-1\}=\sum_{k=1}^{\infty}P\{\xi=4k-1\}=\sum_{k=1}^{\infty}\frac{1}{2^{4k-1}}$$

$$=\frac{1}{2^3}\sum_{k=1}^{\infty}\frac{1}{16^{k-1}}=\frac{1}{2^3}\cdot\frac{1}{1-\frac{1}{16}}=\frac{2}{15},$$

$$P\{\eta=0\}=\sum_{k=1}^{\infty}P\{\xi=2k\}=\sum_{k=1}^{\infty}\frac{1}{2^{2k}}=\frac{\frac{1}{4}}{1-\frac{1}{4}}=\frac{1}{3},$$

$$P\{\eta=1\}=\sum_{k=1}^{\infty}P\{\xi=4k-3\}=\sum_{k=1}^{\infty}\frac{1}{2^{4k-3}}=\frac{1}{2}\sum_{k=1}^{\infty}\frac{1}{16^{k-1}}=\frac{1}{2\left(1-\frac{1}{16}\right)}=\frac{8}{15}.$$

故 η 的分布律为

η	-1	0	1
P	$\dfrac{2}{15}$	$\dfrac{1}{3}$	$\dfrac{8}{15}$

🏷 2.12 典型题型六 连续型随机变量的函数

例 1 在区间$(0,2)$上随机取一点,将该区间分成两段,较短一段的长度记为 X,较长一段的长度记为 Y,令 $Z=\dfrac{Y}{X}$.（1）求 X 的概率密度；（2）求 Z 的概率密度.

解 易知 $X+Y=2,Y>X>0$,且 X 在$(0,1)$内服从均匀分布.

（1） X 的概率密度 $f_X(x)=\begin{cases}1, & 0<x<1,\\ 0, & \text{其他}.\end{cases}$

（2） Z 的分布函数 $F_Z(z)=P\{Z\leqslant z\}=P\left\{\dfrac{2-X}{X}\leqslant z\right\}$. 当 $z<1$ 时,$F_Z(z)=0$；当

$z\geqslant 1$ 时,$F_Z(z)=\displaystyle\int_{\frac{2}{z+1}}^{1}1\mathrm{d}x=1-\dfrac{2}{z+1}$.

故 Z 的概率密度为 $f_Z(z)=\begin{cases}\dfrac{2}{(z+1)^2}, & z\geqslant 1,\\ 0, & \text{其他}.\end{cases}$

例 2 设随机变量 X 在区间$(1,2)$内服从均匀分布,求 $Y=\mathrm{e}^{2X}$ 的概率密度 $f_Y(y)$.

解法 1 单调函数,可用公式法.

$$f_Y(y) = \begin{cases} f_X\left(\dfrac{1}{2}\ln y\right)\left|\left(\dfrac{1}{2}\ln y\right)'\right|, & y > 0, \\ 0, & y \leqslant 0 \end{cases}$$

$$= \begin{cases} 1 \cdot \dfrac{1}{2y}, & 1 < \dfrac{1}{2}\ln y < 2, \\ 0, & \text{其他} \end{cases} = \begin{cases} \dfrac{1}{2y}, & e^2 < y < e^4, \\ 0, & \text{其他}. \end{cases}$$

解法 2 分布函数法. 由题设知,X 的概率密度为

$$f_X(x) = \begin{cases} 1, & 1 < x < 2, \\ 0, & \text{其他}. \end{cases}$$

对任意实数 y,随机变量 Y 的分布函数为

$$F_Y(y) = P\{Y \leqslant y\} = P\{e^{2X} \leqslant y\}.$$

当 $y \leqslant e^2$ 时,

$$F_Y(y) = P\{Y \leqslant y\} = P\{e^{2X} \leqslant y\} = 0;$$

当 $e^2 < y < e^4$ 时,

$$F_Y(y) = P\{e^{2X} \leqslant y\} = P\left\{X \leqslant \dfrac{1}{2}\ln y\right\} = \int_{-\infty}^{\frac{1}{2}\ln y} f_X(x)\,\mathrm{d}x = \int_1^{\frac{1}{2}\ln y} \mathrm{d}x = \dfrac{1}{2}\ln y - 1;$$

当 $y \geqslant e^4$ 时,

$$F_Y(y) = P\{Y \leqslant y\} = P\{e^{2X} \leqslant y\} = 1.$$

故

$$F_Y(y) = \begin{cases} 0, & y \leqslant e^2, \\ \dfrac{1}{2}\ln y - 1, & e^2 < y < e^4, \\ 1, & y \geqslant e^4, \end{cases}$$

于是

$$f_Y(y) = F_Y'(y) = \begin{cases} \dfrac{1}{2y}, & e^2 < y < e^4, \\ 0, & \text{其他}. \end{cases}$$

例 3 设随机变量 X 的概率密度函数为 $f(x) = \dfrac{2}{\sqrt{\pi}}x^2 e^{-x^2}$,$-\infty < x < +\infty$,求 $Y = X^2$ 的概率密度函数.

解 $\quad F_Y(y) = P\{Y \leqslant y\} = P\{X^2 \leqslant y\} = P\{-\sqrt{y} < X < \sqrt{y}\}$

$$= \int_{-\sqrt{y}}^{\sqrt{y}} \frac{2}{\sqrt{\pi}} x^2 e^{-x^2} dx = 2 \int_0^{\sqrt{y}} \frac{2}{\sqrt{\pi}} x^2 e^{-x^2} dx.$$

因为

$$\left(2 \int_0^{\sqrt{y}} \frac{2}{\sqrt{\pi}} x^2 e^{-x^2} dx \right)' = 2 \cdot \frac{2}{\sqrt{\pi}} y e^{-y} \cdot (\sqrt{y})' = \frac{4}{\sqrt{\pi}} \cdot y e^{-y} \cdot \frac{1}{2\sqrt{y}},$$

所以

$$f_Y(y) = F_Y'(y) = \begin{cases} \dfrac{2}{\sqrt{\pi}} \sqrt{y} e^{-y}, & y > 0, \\ 0, & \text{其他.} \end{cases}$$

例 4 设随机变量 $X \sim U(0, 2\pi)$，又 $Y = \cos X$，求 Y 的概率密度 $f_Y(y)$.

解 X 的概率密度 $f_X(x) = \begin{cases} \dfrac{1}{2\pi}, & 0 < x < 2\pi, \\ 0, & \text{其他.} \end{cases}$

Y 的分布函数 $F_Y(y) = P\{Y \leqslant y\} = P\{\cos X \leqslant y\}$.

当 $y \leqslant -1$ 时，$F_Y(y) = 0$；当 $y \geqslant 1$ 时，$F_Y(y) = 1$.

当 $-1 < y < 1$ 时，有

$$F_Y(y) = P\{\arccos y \leqslant X \leqslant 2\pi - \arccos y\} = \int_{\arccos y}^{2\pi - \arccos y} \frac{1}{2\pi} dx$$

$$= \frac{\pi - \arccos y}{\pi}.$$

因此，其分布函数

$$F_Y(y) = \begin{cases} 0, & y \leqslant -1, \\ \dfrac{\pi - \arccos y}{\pi}, & -1 < y < 1, \\ 1, & y \geqslant 1. \end{cases}$$

其概率密度

$$f_Y(y) = F_Y'(y) = \begin{cases} \dfrac{1}{\pi \sqrt{1 - y^2}}, & -1 < y < 1, \\ 0, & \text{其他.} \end{cases}$$

例 5 设 $|X| \leqslant 1$，且 $P\{X = -1\} = \dfrac{1}{8}$，$P\{X = 1\} = \dfrac{1}{4}$，在事件 $\{-1 < X < 1\}$ 出现的条件下，X 在区间 $(-1, 1)$ 内的任一子区间上取值的条件概率与该子区间长度成正比.

求 X 的分布函数 $F_X(x)$.

解　① 当 $x < -1$ 时，$F(x) = 0$.

② 当 $x = -1$ 时，$F(-1) = P\{X \leqslant -1\} = P\{X < -1\} + P\{X = -1\} = P\{X = -1\}$

$$= \frac{1}{8}.$$

③ 当 $x \geqslant 1$ 时，$F(x) = 1$.

④ 当 $-1 < x < 1$ 时，由题意得 $P\{-1 < X \leqslant x \mid -1 < X < 1\} = k(x+1)$，$P\{-1 < X < 1\} = 1 - P\{X = -1\} - P\{X = 1\} = 1 - \frac{1}{8} - \frac{1}{4} = \frac{5}{8}$，则

$$
\begin{aligned}
P\{-1 < X \leqslant x \mid -1 < X < 1\} &= \frac{P\{-1 < X \leqslant x, -1 < X < 1\}}{P\{-1 < X < 1\}} \\
&= \frac{P\{-1 < X \leqslant x\}}{P\{-1 < X < 1\}} \\
&= \frac{P\{-1 < X \leqslant x\}}{\dfrac{5}{8}} \Rightarrow P\{-1 < X \leqslant x\} \\
&= \frac{5}{8}k(x+1).
\end{aligned}
$$

又因 $\dfrac{1}{4} = P\{X = 1\} = P\{X \leqslant 1\} - P\{X < 1\} = F(1) - F(1^-)$

$$= 1 - \left[\frac{1}{8} + \frac{5}{8}k(1+1)\right] \Rightarrow k = \frac{1}{2}.$$

综上，$F_X(x) = \begin{cases} 0, & x < -1, \\ \dfrac{1}{8} + \dfrac{5}{16}(x+1), & -1 \leqslant x < 1, \\ 1, & x \geqslant 1. \end{cases}$

例 6　设随机变量 X 的概率密度为 $f_X(x) = \begin{cases} \dfrac{1}{2}, & -1 < x < 0, \\ \dfrac{1}{4}, & 0 \leqslant x < 2, \\ 0, & \text{其他}, \end{cases}$ 令 $Y = X^2$，$F(x, y)$

为二维随机变量 (X, Y) 的分布函数，求：(1) Y 的概率密度 $f_Y(y)$；(2) $F\left(-\dfrac{1}{2}, 4\right)$.

解　(1) 利用分布函数法求解.

$F_Y(y) = P\{Y \leqslant y\} = P\{X^2 \leqslant y\}$，则由 X 的间断点 $-1, 0, 2$，可知 Y 的间断点为 $0, 1, 4$.

当 $y < 0$ 时，$F_Y(y) = 0$；

当 $0 \leqslant y < 1$ 时，

$$F_Y(y) = P\{X^2 \leqslant y\} = P\{-\sqrt{y} \leqslant X \leqslant \sqrt{y}\}$$

$$= \int_{-\sqrt{y}}^{\sqrt{y}} f_X(x) \mathrm{d}x = \int_0^{\sqrt{y}} \frac{1}{4} \mathrm{d}x + \int_{-\sqrt{y}}^0 \frac{1}{2} \mathrm{d}x = \frac{3}{4}\sqrt{y};$$

当 $1 \leqslant y < 4$ 时，

$$F_Y(y) = P\{X^2 \leqslant y\} = P\{-\sqrt{y} \leqslant X \leqslant \sqrt{y}\}$$

$$= \int_{-\sqrt{y}}^{\sqrt{y}} f_X(x) \mathrm{d}x = \int_0^{\sqrt{y}} \frac{1}{4} \mathrm{d}x + \int_{-1}^0 \frac{1}{2} \mathrm{d}x = \frac{1}{4}\sqrt{y} + \frac{1}{2};$$

当 $y \geqslant 4$ 时，$F_Y(y) = 1$.

所以

$$f_Y(y) = F_Y'(y) = \begin{cases} \dfrac{3}{8\sqrt{y}}, & 0 \leqslant y < 1, \\[2mm] \dfrac{1}{8\sqrt{y}}, & 1 \leqslant y < 4, \\[2mm] 0, & \text{其他.} \end{cases}$$

(2) $F\left(-\dfrac{1}{2}, 4\right) = P\left\{X \leqslant -\dfrac{1}{2}, Y \leqslant 4\right\}$

$$= P\left\{X \leqslant -\frac{1}{2}, X^2 \leqslant 4\right\} = P\left\{X \leqslant -\frac{1}{2}, -2 \leqslant X \leqslant 2\right\}$$

$$= P\left\{-2 \leqslant X \leqslant -\frac{1}{2}\right\} = \int_{-1}^{-\frac{1}{2}} \frac{1}{2} \mathrm{d}x = \frac{1}{4}.$$

第三章 多维随机变量及其概率分布

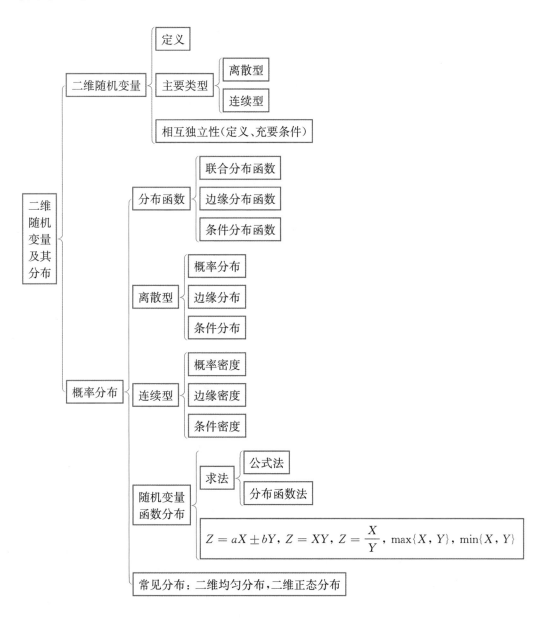

数一考点	年份及分值分布						
二维离散型 （7次）	2011，2012，2016； 4分	2001； 7分	1999，2005； 8分	2009 11分			
二维连续型 （9次）	1998，2016； 3分	2003，2005，2012，2015； 4分	2006； 7分	2007； 8分	2010 11分		
二维混合型 （15次）	1994，1995， 2011； 3分	2006，2009； 4分	2005； 5分	1987，1991，1992， 2018，2019； 6分	2007； 7分	2017，2020； 11分	2008 15分

数三考点	年份及分值分布							
二维离散型 （11次）	1990，1997，1999； 3分	2011—2014； 4分	2020； 5分	2005，2006； 8分	2009 11分			
二维连续型 （13次）	1992，2007，2012，2015，2020； 4分	1990； 5分	2014； 7分	1995，2005； 8分	2009—2011，2013 11分			
二维混合型 （13次）	2011； 3分	2006，2009； 4分	2005； 5分	2012，2018，2019； 6分	2007； 7分	2001； 8分	2017； 11分	2003，2016； 13分 2008 15分

【基　础　篇】

3.1　二维随机变量及其分布函数

前面学习了一维随机变量,但在实际生活中,很多试验的结果往往需要同时用多个随机变量来描述. 例如,研究某地区儿童身体发育状况,要同时考虑身高和体重;要全面反映一个人的健康情况,则需要血压值、各种化验数据、X 线片、B 超结果等;要反映温室中的环境条件,也要有温度、湿度、CO_2 浓度、光照强度等数据. 这样,当我们对类似的随机现象进行研究测量时,每个样本点所包含的将不再是一个数字,而是一组数字,它们组成一个向量,其中每个数字有它特定的实际意义,每个数字都是随机变量. 把这些变量合在一起形成的向量就称为多维随机变量. 引入多维随机变量的概念主要是为了把它们作为一个整体来进行研究. 我们不仅能研究每个分量本身固有的性质,还可以研究各分量之间的关系. 本章主要讨论二维随机变量的分布及其性质.

定义 1　设 X 和 Y 是样本空间 Ω 上的两个随机变量,由它们所组成的有序数组 (X, Y) 称为二维随机变量. $\forall x, y \in \mathbf{R}$,称 $F(x, y) = P\{X \leqslant x, Y \leqslant y\}$ 为 (X, Y) 的联合分布函数.

$F(x, y)$ 具有如下基本性质:

(1) $0 \leqslant F(x, y) \leqslant 1$;

(2) $F(x, -\infty) = 0$, $F(-\infty, y) = 0$, $F(-\infty, -\infty) = 0$, $F(+\infty, +\infty) = 1$;

(3) $F(x, y)$ 分别关于 x 和 y 单调不减;

(4) 关于 x, y 是右连续的,即 $F(x+0, y) = F(x, y)$, $F(x, y+0) = F(x, y)$;

(5) 对任意 $x_1 \leqslant x_2$, $y_1 \leqslant y_2$,都有 $F(x_2, y_2) - F(x_2, y_1) - F(x_1, y_2) + F(x_1, y_1) \geqslant 0$.

定义 2　边缘分布函数:

$$F_X(x) = P\{X \leqslant x\} = P\{X \leqslant x, Y < +\infty\} = F(x, +\infty).$$

同理,$F_Y(y) = F(+\infty, y)$.

例 1　设随机变量 (X, Y) 具有分布函数

$$F(x, y) = \begin{cases} 1 - e^{-x} - e^{-y} + e^{-x-y}, & x > 0, y > 0, \\ 0, & \text{其他}, \end{cases}$$

求边缘分布函数.

解 $F_X(x) = F(x, +\infty) = \begin{cases} 1 - e^{-x}, & x > 0, \\ 0, & \text{其他}, \end{cases}$

$F_Y(y) = F(+\infty, y) = \begin{cases} 1 - e^{-y}, & y > 0, \\ 0, & \text{其他}. \end{cases}$

例 2 设 (X, Y) 的分布函数为 $F(x, y) = A\left(B + \arctan\dfrac{x}{2}\right)\left(C + \arctan\dfrac{y}{3}\right)$，求 A，B，C.

解 $F(+\infty, +\infty) = \lim\limits_{\substack{x \to +\infty \\ y \to +\infty}} A\left(B + \arctan\dfrac{x}{2}\right)\left(C + \arctan\dfrac{y}{3}\right)$

$$= A\left(B + \dfrac{\pi}{2}\right)\left(C + \dfrac{\pi}{2}\right) = 1, \qquad\qquad ①$$

$$F(-\infty, y) = A\left(B - \dfrac{\pi}{2}\right)\left(C + \arctan\dfrac{y}{3}\right) = 0, \qquad\qquad ②$$

$$F(x, -\infty) = A\left(B + \arctan\dfrac{x}{2}\right)\left(C - \dfrac{\pi}{2}\right) = 0. \qquad\qquad ③$$

故 $A = \dfrac{1}{\pi^2}$，$B = C = \dfrac{\pi}{2}$.

例 3 已知 $F(x, y) = \begin{cases} \dfrac{1}{8}\left(2 - \dfrac{1}{x}\right)\left(4 - \dfrac{1}{y^2}\right), & x \geqslant \dfrac{1}{2}, y \geqslant \dfrac{1}{2}, \\ 0, & \text{其他}, \end{cases}$ 求 $F_X(x)$ 和 $F_Y(y)$.

解 $F_X(x) = F(x, +\infty) = \begin{cases} \dfrac{1}{2}\left(2 - \dfrac{1}{x}\right), & x \geqslant \dfrac{1}{2}, \\ 0, & x < \dfrac{1}{2}, \end{cases}$

$F_Y(y) = F(+\infty, y) = \begin{cases} \dfrac{1}{4}\left(4 - \dfrac{1}{y^2}\right), & y \geqslant \dfrac{1}{2}, \\ 0, & y < \dfrac{1}{2}. \end{cases}$

🏷 3.2 二维离散型随机变量的分布

定义 1 (D.B.R.V) (X, Y) 的所有可能取值为有限个或者可列个数对.

定义 2 (X, Y) 的全部可能取值为 $(x_i, y_j)(i, j = 1, 2, \cdots)$，称 $P\{X = x_i, Y = y_j\} =$

$p_{ij}(i,j=1,2,\cdots)$ 为 (X,Y) 的联合概率分布,或联合分布律(joint distribution).

联合概率分布也可列成表格的形式:

X \ Y	y_1	y_2	$\cdots$	y_j	$\cdots$
x_1	p_{11}	p_{12}	$\cdots$	p_{1j}	$\cdots$
x_2	p_{21}	p_{22}	$\cdots$	p_{2j}	$\cdots$
$\cdots$	$\cdots$	$\cdots$	$\cdots$	$\cdots$	$\cdots$
x_i	p_{i1}	p_{i2}	$\cdots$	p_{ij}	$\cdots$
$\cdots$	$\cdots$	$\cdots$	$\cdots$	$\cdots$	$\cdots$

由概率的性质,显然有:(1) $0\leqslant p_{ij}\leqslant 1$;(2) $\sum_{i=1}^{\infty}\sum_{j=1}^{\infty}p_{ij}=1$.

【例题精讲】

例1 箱内有2只白球,3只红球,分别按:(1)"有放回",(2)"不放回"的方式抽取球两次,每次1球,以 X 记第一次抽到的白球数,Y 记第二次抽到的白球数,求 (X,Y) 的联合分布.

解 X,Y 均取 $0,1$ 两个值,在(1)"有放回"和(2)"不放回"两种抽球方式下:

X \ Y	0	1
0	$\frac{3}{5}\cdot\frac{3}{5}$	$\frac{3}{5}\cdot\frac{2}{5}$
1	$\frac{2}{5}\cdot\frac{3}{5}$	$\frac{2}{5}\cdot\frac{2}{5}$

X \ Y	0	1
0	$\frac{3}{5}\cdot\frac{2}{4}$	$\frac{3}{5}\cdot\frac{2}{4}$
1	$\frac{2}{5}\cdot\frac{3}{4}$	$\frac{2}{5}\cdot\frac{1}{4}$

例2 设二维离散型随机变量 (X,Y) 的联合概率分布为

X \ Y	1	2	3	4
1	$\frac{1}{4}$	0	0	0
2	$\frac{1}{8}$	$\frac{1}{8}$	0	0
3	$\frac{1}{12}$	$\frac{1}{12}$	$\frac{1}{12}$	0
4	$\frac{1}{16}$	$\frac{1}{16}$	$\frac{1}{16}$	$\frac{1}{16}$

求 X 与 Y 的边缘分布律,并判断 X 与 Y 是否相互独立.

解 由于边缘分布律就是联合分布律表格中行或列中诸元素之和,因此

$$p_1.=p_2.=p_3.=p_4.=\frac{1}{4}; \qquad p._1=\frac{1}{4}+\frac{1}{8}+\frac{1}{12}+\frac{1}{16}=\frac{25}{48};$$

$$p._2=\frac{1}{8}+\frac{1}{12}+\frac{1}{16}=\frac{13}{48}; \qquad p._3=\frac{1}{12}+\frac{1}{16}=\frac{7}{48}; \qquad p._4=\frac{1}{16}.$$

假如随机变量 X 与 Y 相互独立,就应该对任意的 i,j,都有 $p_{ij}=p_i.p._j$,而本题中 $p_{14}=0$,但是 $p_1.$ 与 $p._4$ 均不为零,所以 $p_{14}\neq p_1. \, p._4$,故 X 与 Y 不是相互独立的.

例 3 (2001 数一)设某班车起点站上客人数 X 服从参数为 λ 的泊松分布,每位乘客在中途下车的概率为 p $(0<p<1)$,且中途下车与否相互独立,以 Y 表示在中途下车的人数,求:

(1) 在发车时有 n 个乘客的条件下,中途有 m 个人下车的概率.

(2) (X,Y) 的概率分布.

解 (1) 对于 $n=1,2,\cdots$,所求概率为

$$P\{Y=m \mid X=n\}=C_n^m p^m (1-p)^{n-m}, \ m=0,1,2,\cdots,n.$$

(2) (X,Y) 的联合分布律为

$$P\{X=n,Y=m\}=P\{X=n\}P\{Y=m \mid X=n\}$$
$$=\frac{\lambda^n e^{-\lambda}}{n!}C_n^m p^m (1-p)^{n-m}=\frac{\lambda^n p^m (1-p)^{n-m}}{m! \, (n-m)!}e^{-\lambda},$$

$$m=0,1,2,\cdots,n; \ n=0,1,2,\cdots.$$

注 离散型联合分布除了常见用表格法外,还有本题中用的乘法公式.

从网络上热议的"学神学霸"开始讨论,在全校大一学生中展开调查,得到大家每天在高等数学这门课程上花费的时间和期末考试成绩情况.

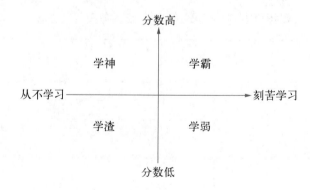

成绩-时间频数表

考试成绩/分 \ 学习时间/小时	<0.5	0.5~1	1~2	>2	合计
>80	20	82	158	59	319
60~80	61	209	266	74	610
40~59	55	149	171	53	428
<40	40	84	66	18	208
合　计	176	524	661	204	1 565

当高数成绩分别为>80,60~80,40~59和<40分时,记随机变量 X 分别取1,2,3,4;同样当学习高数时间分别为<0.5,0.5~1,1~2和>2小时时,记 Y 分别取1,2,3,4.

由此得到二维离散随机变量 (X,Y) 的联合分布:

X \ Y	1(<0.5)	2(0.5~1)	3(1~2)	4(>2)
1(>80)	0.01	0.05	0.10	0.04
2(60~80)	0.04	0.13	0.17	0.05
3(40~59)	0.04	0.10	0.11	0.03
4(<40)	0.03	0.05	0.04	0.01

问题1:求成绩在80分以上的条件下,学习时间的条件分布律,就是求在 $X=1$ 条件下 Y 的条件分布律.

答:分两步.

一"切":在联合分布律中识别 $X=1$ 对应的第一行.

二"归一":第一行的四个概率值当然不是分布律,因为其和不为1,所以"标准化",除以它们的和,也就是边缘概率0.2.

切　　| 0.01 0.05 0.10 0.04 |

↓

归一　　| $\dfrac{0.01}{0.20}$ $\dfrac{0.05}{0.20}$ $\dfrac{0.10}{0.20}$ $\dfrac{0.04}{0.20}$ |

$Y\,|\,X=1$	1(<0.5)	2(0.5~1)	3(1~2)	4(>2)
P	0.05	0.25	0.50	0.20

95%

结果/意义：成绩超过 80 分的同学中只有 5% 的同学每天花在高等数学学习上的时间不足半小时. 说明要取得好成绩,花一定的时间是非常必要的,学神只是极少数,只是个"传说".

问题 2：求每天学习高等数学时间大于 2 小时的条件下,成绩的条件分布律,也就是求在 $Y=4$ 条件下 X 的条件分布律.

$X\mid Y=4$	1(>80)	2(60~80)	3(40~59)	4(<40)
P	0.31	0.38	0.23	0.08

69%

结果/意义：每天学习高数时间大于 2 小时的同学中有近 70% 的同学通过考试. 花时间学习是必要的,而对于"学弱"来说,需要讲究学习方法和效率.

定义 3 称 (X,Y) 中 X(或 Y)的概率分布为 (X,Y) 关于 X(或 Y)的边缘概率分布.

由联合分布可得 X(或 Y)的边缘分布为：

$$P\{X=x_i\}=P\{X=x_i,\bigcup_j(Y=y_j)\}=P\{\bigcup_j(X=x_i,Y=y_j)\}$$
$$=\sum_j P\{X=x_i,Y=y_j\}=\sum_j p_{ij}\quad(i=1,2,\cdots).$$

类似地,有 $P\{Y=y_j\}=\sum_i p_{ij}\quad(j=1,2,\cdots).$

通常记 $P\{X=x_i\}=p_{i\cdot}$,$P\{Y=y_j\}=p_{\cdot j}$,于是有 $p_{i\cdot}=\sum_j p_{ij}$,$\sum_i p_{ij}=p_{\cdot j}$ $(i=1,2,\cdots;j=1,2,\cdots).$

通俗地说：$p_{i\cdot}$ 是表中第 i 行各数之和；$p_{\cdot j}$ 是表中第 j 列各数之和.

例 4 求前例高数成绩 X 和学习时间 Y 的边缘概率分布.

解 $P\{X=1\}=0.01+0.05+0.10+0.04$,依此类推：

X	1	2	3	4
P	0.20	0.39	0.28	0.13

Y	1	2	3	4
P	0.12	0.33	0.42	0.13

例 5 求例 1 中 (X,Y) 关于 X 和关于 Y 的边缘概率分布.

解

有放回抽取

X \ Y	0	1	$p_{i\cdot}$
0	$\dfrac{3}{5}\cdot\dfrac{3}{5}$	$\dfrac{3}{5}\cdot\dfrac{2}{5}$	$\dfrac{3}{5}$
1	$\dfrac{2}{5}\cdot\dfrac{3}{5}$	$\dfrac{2}{5}\cdot\dfrac{2}{5}$	$\dfrac{2}{5}$
$p_{\cdot j}$	$\dfrac{3}{5}$	$\dfrac{2}{5}$	

不放回抽取

X \ Y	0	1	$p_{i\cdot}$
0	$\dfrac{3}{5}\cdot\dfrac{2}{4}$	$\dfrac{3}{5}\cdot\dfrac{2}{4}$	$\dfrac{3}{5}$
1	$\dfrac{2}{5}\cdot\dfrac{3}{4}$	$\dfrac{2}{5}\cdot\dfrac{1}{4}$	$\dfrac{2}{5}$
$p_{\cdot j}$	$\dfrac{3}{5}$	$\dfrac{2}{5}$	

　　注　从例 5 可以看到,两种抽球方式下,(X,Y) 具有不同的联合概率分布,但它们的边缘分布列却一样,这说明,虽然可以由 (X,Y) 的联合分布确定出它的两个边缘分布,但一般 (X,Y) 的两个边缘分布却不能完全确定出 (X,Y) 的联合分布.

　　例 6　(1999 数四)已知 $X_1\sim\begin{bmatrix}-1 & 0 & 1\\ \dfrac{1}{4} & \dfrac{1}{2} & \dfrac{1}{4}\end{bmatrix}$,$X_2\sim\begin{bmatrix}0 & 1\\ \dfrac{1}{2} & \dfrac{1}{2}\end{bmatrix}$,且 $P\{X_1X_2=0\}=1.$

(1) 求 X_1 和 X_2 的联合分布.

(2) X_1 和 X_2 是否独立? 为什么?

　　解　(1) 由 $P\{X_1X_2=0\}=1\Rightarrow P\{X_1X_2\neq0\}=0$,得

$$P\{X_1=-1,X_2=1\}=P\{X_1=1,X_2=1\}=0.$$

X_2 \ X_1	-1	0	1	$p_{\cdot j}$
0	①	③	④	$\dfrac{1}{2}$
1	0	②	0	$\dfrac{1}{2}$
$p_{i\cdot}$	$\dfrac{1}{4}$	$\dfrac{1}{2}$	$\dfrac{1}{4}$	1

① $P\{X_1=-1,\ X_2=0\}=\dfrac{1}{4}$.

② $P\{X_1=0,\ X_2=1\}=\dfrac{1}{2}$.

③ $P\{X_1=0,\ X_2=0\}=0$.

④ $P\{X_1=1,\ X_2=0\}=\dfrac{1}{4}$.

(2) $P\{X_1=0,\ X_2=0\}\neq P\{X_1=0\}P\{X_2=0\}$，故 X_1 与 X_2 不独立.

定义 4　二维离散型随机变量的条件概率分布.

若 (X,Y) 的概率分布为 $P\{X=x_i,\ Y=y_j\}=p_{ij}(i,j=1,2,\cdots)$，对于固定的 j，如果 $P\{Y=y_j\}>0$，则称

$$\frac{P\{X=x_i,\ Y=y_j\}}{P\{Y=y_j\}}=\frac{p_{ij}}{p_{\cdot j}}\ (i=1,2,\cdots)$$

为 $Y=y_j$ 条件下 X 的条件概率分布律，记为 $P\{X=x_i\mid Y=y_j\}$.

同样，对于固定的 i，如果 $P\{X=x_i\}>0$，则称

$$\frac{P\{X=x_i,\ Y=y_j\}}{P\{X=x_i\}}=\frac{p_{ij}}{p_{i\cdot}}\ (j=1,2,\cdots)$$

为 $X=x_i$ 条件下 Y 的条件概率分布律，记为 $P\{Y=y_j\mid X=x_i\}$.

例 7　(2009 数一、三)袋中有 1 个红球、2 个黑球与 3 个白球，现在有放回地从袋中取两次，每次取一球，以 X,Y,Z 分别表示两次取球所取得的红球、黑球与白球的个数. 试求：

(1) $P\{X=1\mid Z=0\}$；

(2) (X,Y) 的概率分布.

解　(1) $P\{X=1\mid Z=0\}=\dfrac{P\{X=1,\ Z=0\}}{P\{Z=0\}}=\dfrac{P\{X=1,\ Y=1\}}{P\{Z=0\}}$

$$=\frac{\dfrac{2}{6}\times\dfrac{2}{6}}{\dfrac{3}{3}\times\dfrac{3}{6}}=\frac{4}{9}.$$

(2) X，Y 的可能取值为 0，1，2，且

$$P\{X=0,Y=0\}=P\{Z=2\}=\frac{3}{6}\times\frac{3}{6}=\frac{1}{4},$$

$$P\{X=0,Y=1\}=P\{Y=1,Z=1\}=P\{\text{取到 }1\text{ 个黑球}，1\text{ 个白球}\}=\frac{2\mathrm{C}_2^1\mathrm{C}_3^1}{6^2}=\frac{1}{3},$$

$$P\{X=0,Y=2\}=P\{Y=2\}=\frac{\mathrm{C}_2^1\mathrm{C}_2^1}{6^2}=\frac{1}{9},$$

$$P\{X=1,Y=0\}=P\{X=1,Z=1\}=P\{\text{取到 }1\text{ 个红球}，1\text{ 个白球}\}=\frac{2\mathrm{C}_3^1}{6^2}=\frac{1}{6},$$

$$P\{X=1,Y=1\}=P\{\text{取到 }1\text{ 个红球}，1\text{ 个黑球}\}=\frac{2\mathrm{C}_2^1}{6^2}=\frac{1}{9},$$

$$P\{X=1,Y=2\}=0,\ P\{X=2,Y=0\}=P\{X=2\}=\frac{1}{6^2}=\frac{1}{36},$$

$$P\{X=2,Y=1\}=P\{X=2,Y=2\}=0.$$

X＼Y	0	1	2
0	$\dfrac{1}{4}$	$\dfrac{1}{3}$	$\dfrac{1}{9}$
1	$\dfrac{1}{6}$	$\dfrac{1}{9}$	0
2	$\dfrac{1}{36}$	0	0

3.3　二维连续型随机变量的分布

定义 1　如果存在二元非负函数 $f(x,y)$，使得 $F(x,y)$ 可以表示为 $f(x,y)$ 的二重积分，即

$$F(x,y)=\int_{-\infty}^{x}\int_{-\infty}^{y}f(u,v)\mathrm{d}u\mathrm{d}v,\ \text{则称}(X,Y)\text{为二维连续型随机变量}(\text{C. B. R. V}),$$

$f(x，y)$ 称为 $(X，Y)$ 的联合概率密度(bivariate density function).

性质 1

(1) $f(x，y) \geqslant 0$；

(2) $\int_{-\infty}^{+\infty} \int_{-\infty}^{+\infty} f(x，y) \mathrm{d}x \mathrm{d}y = 1$；

(3) 若 D 为 XOY 平面上一个区域,则 $(X，Y)$ 落入 D 的概率为

$$P\{(X，Y) \in D\} = \iint\limits_{D} f(x，y) \mathrm{d}x \mathrm{d}y；$$

(4) 在 $f(x，y)$ 的连续点处,有

$$\frac{\partial^2 F}{\partial x \partial y} = \frac{\partial^2 F}{\partial y \partial x} = F''_{xy}(x，y) = F''_{yx}(x，y) = f(x，y).$$

注 $z = f(x，y)$ 表示空间中的一张曲面,于是分布函数 $F(x，y) = \int_{-\infty}^{y} \int_{-\infty}^{x} f(u, v) \mathrm{d}u \mathrm{d}v$ 表示在此曲面覆盖之下的曲顶柱体的体积,因 $f(x，y) \geqslant 0$,故分布曲面 $z = f(x，y)$ 总位于 xOy 平面的上方,而概率 $P\{(X，Y) \in D\} = \iint\limits_{D} f(x，y) \mathrm{d}x \mathrm{d}y$,即分布曲面覆盖下的以 D 为底面的曲顶柱体体积 $V \geqslant 0$.

例 1 设 $(X，Y)$ 的联合分布函数为

$$F(x，y) = \frac{1}{\pi^2} \left(\arctan x + \frac{\pi}{2} \right) \left(\arctan y + \frac{\pi}{2} \right)，-\infty < x，y < +\infty.$$

求:(1) 边缘分布函数 $F_X(x)$,$F_Y(y)$;(2) 联合密度函数 $f(x，y)$.

解 (1)

$$F_X(x) = \lim_{y \to +\infty} \frac{1}{\pi^2} \left(\arctan x + \frac{\pi}{2} \right) \left(\arctan y + \frac{\pi}{2} \right) = \frac{1}{\pi} \left(\arctan x + \frac{\pi}{2} \right)，-\infty < x < +\infty.$$

$$F_Y(y) = \lim_{x \to +\infty} \frac{1}{\pi^2} \left(\arctan x + \frac{\pi}{2} \right) \left(\arctan y + \frac{\pi}{2} \right) = \frac{1}{\pi} \left(\arctan y + \frac{\pi}{2} \right)，-\infty < y < +\infty.$$

(2) $f(x，y) = \dfrac{\partial^2 F(x，y)}{\partial x \partial y} = \dfrac{1}{\pi^2} \cdot \dfrac{1}{(1+x^2)(1+y^2)}.$

例 2 设二维随机变量 $(X，Y)$ 的概率密度为 $f(x，y) = \begin{cases} kx, & 0 \leqslant x \leqslant y \leqslant 1, \\ 0, & \text{其他}. \end{cases}$

(1) 求常数 k;(2) 计算 $P\{X+Y \leqslant 1\}$.

解 (1) 因为 $\int_{-\infty}^{+\infty} \int_{-\infty}^{+\infty} f(x，y) \mathrm{d}x \mathrm{d}y = 1$,所以

$$\int_0^1 dx \int_x^1 kx\,dy = k\int_0^1 x(1-x)\,dx = \frac{k}{6} = 1 \Rightarrow k = 6.$$

(2) $P\{X+Y \leqslant 1\} = \iint\limits_{x+y \leqslant 1} f(x,y)\,dx\,dy = \int_0^{\frac{1}{2}} dx \int_x^{1-x} 6x\,dy = \frac{1}{4}.$

例 3　下列二元函数中可以作为连续型随机变量的联合密度的是(　　).

(A) $f(x,y) = \begin{cases} \cos x, & -\dfrac{\pi}{2} \leqslant x \leqslant \dfrac{\pi}{2}, 0 \leqslant y \leqslant 1, \\ 0, & \text{其他} \end{cases}$

(B) $g(x,y) = \begin{cases} \cos x, & -\dfrac{\pi}{2} \leqslant x \leqslant \dfrac{\pi}{2}, 0 \leqslant y \leqslant \dfrac{1}{2}, \\ 0, & \text{其他} \end{cases}$

(C) $\varphi(x,y) = \begin{cases} \cos x, & -\pi \leqslant x \leqslant \pi, 0 \leqslant y \leqslant 1, \\ 0, & \text{其他} \end{cases}$

(D) $\psi(x,y) = \begin{cases} \cos x, & 0 \leqslant x \leqslant \pi, 0 \leqslant y \leqslant 1, \\ 0, & \text{其他} \end{cases}$

解　因为

$$g(x,y) = \begin{cases} \cos x, & -\dfrac{\pi}{2} \leqslant x \leqslant \dfrac{\pi}{2}, 0 \leqslant y \leqslant \dfrac{1}{2}, \\ 0, & \text{其他}, \end{cases}$$

所以①

$$g(x,y) \geqslant 0;$$

②

$$\int_{-\infty}^{+\infty}\int_{-\infty}^{+\infty} g(x,y)\,dx\,dy = \int_0^{\frac{1}{2}} dy \int_{-\frac{\pi}{2}}^{\frac{\pi}{2}} \cos x\,dx = 1.$$

故 $g(x,y)$ 可作为连续型随机变量的联合密度.

例 4　设 (X,Y) 的联合密度函数为

$$f(x,y) = \begin{cases} A\mathrm{e}^{-2x-3y}, & x \geqslant 0, y \geqslant 0, \\ 0, & \text{其他}. \end{cases}$$

求:(1) A;(2) $P\{0 \leqslant X \leqslant 2, Y > 1\}$; (3) (X,Y) 的分布函数.

解　(1) 由 $\iint\limits_D f(x,y)\,dx\,dy = 1 \Rightarrow \iint\limits_D A\mathrm{e}^{-2x-3y}\,dx\,dy$

$$= A\int_0^{+\infty} \mathrm{e}^{-2x}\,dx \int_0^{+\infty} \mathrm{e}^{-3y}\,dy$$

$$=A\left(-\frac{1}{2}\right)e^{-2x}\Big|_0^{+\infty}\cdot\left(-\frac{1}{3}\right)e^{-3y}\Big|_0^{+\infty}$$

$$=A\left(-\frac{1}{2}\right)(0-1)\left(-\frac{1}{3}\right)(0-1)=1,$$

故 $A=6$.

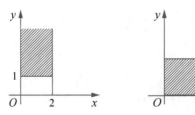

(2) $P\{0\leqslant X\leqslant 2,Y>1\}=6\int_0^2 e^{-2x}\,\mathrm{d}x\int_1^{+\infty}e^{-3y}\,\mathrm{d}y$

$$=e^{-2x}\Big|_0^2 e^{-3y}\Big|_1^{+\infty}$$

$$=(e^{-4}-1)(0-e^{-3})=e^{-3}-e^{-7}.$$

(3) $F(x,y)=P\{X\leqslant x,Y\leqslant y\}$.

当 $x<0$ 或 $y<0$ 时，$F(x,y)=0$；

当 $x\geqslant 0,\ y\geqslant 0$ 时，$F(x,y)=\iint\limits_D 6e^{-2x}e^{-3y}\,\mathrm{d}x\,\mathrm{d}y=6\int_0^x e^{-2t}\,\mathrm{d}t\int_0^y e^{-3t}\,\mathrm{d}t$

$$=(1-e^{-2x})(1-e^{-3y}).$$

因此 $F(x,y)=\begin{cases}(1-e^{-2x})(1-e^{-3y}),&x\geqslant 0,\ y\geqslant 0,\\0,&\text{其他}.\end{cases}$

连续型随机变量的边缘分布：

$$F_X(x)=F(x,+\infty)=\int_{-\infty}^x\int_{-\infty}^{+\infty}f(u,v)\,\mathrm{d}u\,\mathrm{d}v=\int_{-\infty}^x\left[\int_{-\infty}^{+\infty}f(u,v)\,\mathrm{d}v\right]\mathrm{d}u$$

$$\Rightarrow f_X(x)=\int_{-\infty}^{+\infty}f(u,v)\,\mathrm{d}v=\int_{-\infty}^{+\infty}f(x,y)\,\mathrm{d}y.$$

同理有 $F_Y(y)=F(+\infty,y)=\int_{-\infty}^y\left[\int_{-\infty}^{+\infty}f(u,v)\,\mathrm{d}u\right]\mathrm{d}v$

$$\Rightarrow f_Y(y)=\int_{-\infty}^{+\infty}f(u,v)\,\mathrm{d}u=\int_{-\infty}^{+\infty}f(x,y)\,\mathrm{d}x.$$

$f_X(x),f_Y(y)$ 分别称为 (X,Y) 关于 X 及 Y 的边缘概率密度函数.

连续型随机变量的条件分布：

定义 2　二维条件分布(bivariate conditional distribution)：

$$F_{X|Y}(x\mid y)=P\{X\leqslant x\mid Y=y\}=\lim_{\varepsilon\to0^+}P\{X\leqslant x\mid y<Y\leqslant y+\varepsilon\},$$

$$F_{Y|X}(y\mid x)=P\{Y\leqslant y\mid X=x\}=\lim_{\varepsilon\to0^+}P\{Y\leqslant y\mid x<X\leqslant x+\varepsilon\}$$

分别称为在 $Y=y$ 条件下 X 的条件分布函数和在 $X=x$ 条件下 Y 的条件分布函数(了解即可).

定义 3 二维条件概率密度(X,Y)的联合概率密度为 $f(x,y)$,

$$f_{X|Y}(x\mid y)=\frac{f(x,y)}{f_Y(y)},f_{Y|X}(y\mid x)=\frac{f(x,y)}{f_X(x)}$$

分别称为 $Y=y$ 条件下的 X 的条件概率密度和 $X=x$ 条件下的 Y 的条件概率密度.

例 5 $f(x,y)=\begin{cases}cx^2y, & x^2\leqslant y\leqslant 1,\\ 0, & 其他,\end{cases}$ 求:

(1) c;(2) $f_X(x)$,$f_Y(y)$;(3) $f_{X|Y}(x|y)$,$f_{Y|X}(y|x)$.

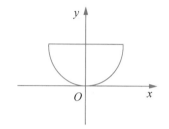

解 (1) $1=\iint\limits_D cx^2y\mathrm{d}x\mathrm{d}y=\int_{-1}^1\mathrm{d}x\int_{x^2}^1 cx^2y\mathrm{d}y$

$$=\int_{-1}^1 cx^2\frac{y^2}{2}\Big|_{x^2}^1\mathrm{d}x=c\int_{-1}^1\frac{x^2}{2}(1-x^4)\mathrm{d}x$$

$$=\frac{c}{2}\int_{-1}^1(x^2-x^6)\mathrm{d}x=\frac{4}{21}c\Rightarrow c=\frac{21}{4}.$$

于是 $f(x,y)=\begin{cases}\dfrac{21}{4}x^2y, & x^2\leqslant y\leqslant 1,\\[2mm] 0, & 其他.\end{cases}$

(2) $f_X(x)=\displaystyle\int_{-\infty}^{+\infty}f(x,y)\mathrm{d}y=\int_{x^2}^1\frac{21}{4}x^2y\mathrm{d}y$

$$=\frac{21}{4}x^2\frac{1}{2}y^2\Big|_{x^2}^1=\frac{21}{8}x^2(1-x^4),\mid x\mid\leqslant 1.$$

注 在定 y 的积分上下限时,把联合密度函数的有效区域看作二重积分题中的积分区域,先对 y 积,画一条平行于 y 轴的直线穿过积分区域,进去接触的是 $y=x^2$,故 y 的下限为 x^2,离开接触的是 $y=1$,故积分上限为 $y=1$,求 Y 的边缘密度定 x 的积分限原理一样.

$$f_Y(y)=\int_{-\infty}^{+\infty}f(x,y)\mathrm{d}x=\int_{-\sqrt{y}}^{\sqrt{y}}\frac{21}{4}x^2y\mathrm{d}x=\frac{7}{2}y^{\frac{5}{2}},0\leqslant y\leqslant 1.$$

(3) $f_{X|Y}(x\mid y)=\dfrac{f(x,y)}{f_Y(y)}=\begin{cases}\dfrac{\dfrac{21}{4}x^2y}{\dfrac{7}{2}y^{\frac{5}{2}}}=\dfrac{3}{2}x^2y^{-\frac{3}{2}}, & -\sqrt{y}<x<\sqrt{y},\\[4mm] 0, & 其他.\end{cases}$

$$f_{Y|X}(y \mid x) = \frac{f(x, y)}{f_X(x)} = \begin{cases} \dfrac{\dfrac{21}{4}xy^2}{\dfrac{21}{8}x^2(1-x^4)} = \dfrac{2y}{1-x^4}, & x^2 < y < 1, \\ 0, & \text{其他}. \end{cases}$$

例 6 （2004 数四）设 $X \sim U(0, 1)$，在 $X = x \,(0 < x < 1)$ 下，随机变量 $Y \sim U(0, x)$，求：(1) X 与 Y 的联合密度；(2) Y 的概率密度；(3) $P\{X+Y > 1\}$.

解 （1）X 的概率密度 $f_X(x) = \begin{cases} 1, & 0 < x < 1, \\ 0, & \text{其他}, \end{cases}$ 而在 $X =$

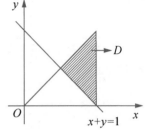

x 的条件下，Y 的条件密度为

$$f_{Y|X}(y \mid x) = \begin{cases} \dfrac{1}{x}, & 0 < y < x, \\ 0, & \text{其他}, \end{cases} \quad \text{故}$$

$$f(x, y) = f_X(x) f_{Y|X}(y \mid x) = \begin{cases} \dfrac{1}{x}, & 0 < y < x < 1, \\ 0, & \text{其他}. \end{cases}$$

(2) $f_Y(y) = \begin{cases} \displaystyle\int_y^1 \dfrac{1}{x} \mathrm{d}x = -\ln y, & 0 < y < 1, \\ 0, & \text{其他}. \end{cases}$

(3) $P\{X+Y > 1\} = \displaystyle\iint\limits_{x+y>1} f(x, y)\mathrm{d}x\,\mathrm{d}y = \iint\limits_D \dfrac{1}{x}\mathrm{d}x\,\mathrm{d}y = \int_{\frac{1}{2}}^1 \mathrm{d}x \int_{1-x}^x \dfrac{1}{x}\mathrm{d}y$

$$= \int_{\frac{1}{2}}^1 \left(2 - \dfrac{1}{x}\right)\mathrm{d}x = 1 - \ln 2.$$

例 7 （1992 数三）已知 $f(x, y) = \begin{cases} \mathrm{e}^{-y}, & 0 < x < y < +\infty, \\ 0, & \text{其他}, \end{cases}$ 求：

(1) $f_X(x)$；(2) $P\{X+Y \leqslant 1\}$.

解 （1）$f_X(x) = \displaystyle\int_{-\infty}^{+\infty} f(x, y)\mathrm{d}y = \begin{cases} \displaystyle\int_x^{+\infty} \mathrm{e}^{-y}\mathrm{d}y, & x > 0, \\ 0, & x \leqslant 0 \end{cases}$

$$= \begin{cases} \mathrm{e}^{-x}, & x > 0, \\ 0, & x \leqslant 0. \end{cases}$$

注 y 的积分上、下限与高等数学中二重积分先对 y 积分原理是一样的.

(2) $P\{X+Y \leqslant 1\} = \displaystyle\iint\limits_{x+y\leqslant 1} f(x, y)\mathrm{d}x\,\mathrm{d}y$

$$= \iint_D e^{-y} dx dy$$

$$= \int_0^{\frac{1}{2}} dx \int_x^{1-x} e^{-y} dy$$

$$= \int_0^{\frac{1}{2}} (e^{-x} - e^{x-1}) dx$$

$$= 1 - 2e^{-0.5} + e^{-1}.$$

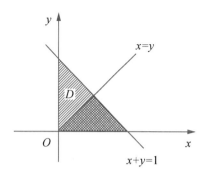

3.4 两个重要的二维连续型随机变量分布

3.4.1 二维均匀分布

定义 1 设 D 是平面内的有界区域,面积为 S_D,若 (X,Y) 的联合密度为 $f(x,y) =$
$$\begin{cases} \dfrac{1}{S_D}, & (x,y) \in D, \\ 0, & (x,y) \notin D, \end{cases}$$ 则称 (X,Y) 服从区域 D 上的均匀分布.

3.4.2 二维正态分布

定义 1

$$f(x,y) = \frac{1}{2\pi\sigma_1\sigma_2\sqrt{1-\rho^2}} \exp\left\{ -\frac{1}{2(1-\rho^2)} \left[\frac{(x-\mu_1)^2}{\sigma_1^2} - \frac{2\rho(x-\mu_1)(y-\mu_2)}{\sigma_1\sigma_2} + \frac{(y-\mu_2)^2}{\sigma_2^2} \right] \right\},$$

则称 (X,Y) 服从二维正态分布,其中 $\mu_1, \mu_2, \sigma_1^2, \sigma_2^2, \rho$ 为常数,且 $\sigma_1 > 0, \sigma_2 > 0, |\rho| < 1$,记作 $(X,Y) \sim N(\mu_1, \mu_2; \sigma_1^2, \sigma_2^2; \rho)$.

结论:(1) $X \sim N(\mu_1, \sigma_1^2), Y \sim N(\mu_2, \sigma_2^2), \rho$ 为 X 与 Y 的相关系数.

(2) $aX + bY (a$ 或 $b \neq 0)$ 服从正态分布.

(3) X, Y 的条件分布都是正态分布.

(4) X 与 Y 相互独立的充要条件是 X 与 Y 不相关,即 $\rho = 0$.

【例题精讲】

例 1 设 D 为由 $y = x^2$ 与 $y = \sqrt{x}$ 围成的平面区域,(X,Y) 在 D 上服从均匀分布,求:
(1) $P\{X > Y\}$;(2) (X,Y) 的两个边缘密度函数.

解 区域 D 的面积 $S_D = \int_0^1 (\sqrt{x} - x^2) dx = \dfrac{1}{3}$,故

$$f(x, y) = \begin{cases} 3, & (x, y) \in D, \\ 0, & (x, y) \notin D. \end{cases}$$

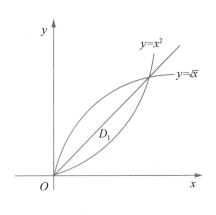

(1) $P\{X > Y\} = \dfrac{S_{D_1}}{S_D} = \dfrac{\frac{1}{6}}{\frac{1}{3}} = \dfrac{1}{2}.$

(2) $f_X(x) = \begin{cases} \displaystyle\int_{x^2}^{\sqrt{x}} 3\mathrm{d}y, & 0 \leqslant x \leqslant 1, \\ 0, & \text{其他} \end{cases}$

$\qquad\quad = \begin{cases} 3(\sqrt{x} - x^2), & 0 \leqslant x \leqslant 1, \\ 0, & \text{其他}. \end{cases}$

注 本题中(X, Y)的两个边缘分布都不再是均匀分布了. 反之,两个边缘分布都是均匀分布的二维随机变量也未必服从二维均匀分布. 例如, $f(x, y) = \begin{cases} 2(x + y - 2xy), & 0 \leqslant x, y \leqslant 1, \\ 0, & \text{其他}, \end{cases}$ 其边缘密度分别为 $f_X(x) = \begin{cases} 1, & 0 \leqslant x \leqslant 1, \\ 0, & \text{其他} \end{cases}$ 及 $f_Y(y) = \begin{cases} 1, & 0 \leqslant y \leqslant 1, \\ 0, & \text{其他}. \end{cases}$ 可见一维 X, Y 都服从均匀分布,而二维(X, Y)并非服从二维均匀分布.

例2 设(X, Y)为连续型随机变量,试分别求 X 及 Y 的边缘概率密度:

(1) $f(x, y) = \dfrac{1}{2\pi} \mathrm{e}^{-\frac{x^2 + y^2}{2}}, \, x, y \in \mathbf{R}$;

(2) $f(x, y) = \dfrac{1}{2} \mathrm{e}^{-\frac{x^2 + y^2}{2}} (1 + \sin x \sin y), \, x, y \in \mathbf{R}.$

解 (1) $f_X(x) = \displaystyle\int_{-\infty}^{+\infty} f(x, y)\mathrm{d}y = \dfrac{1}{\sqrt{2\pi}} \mathrm{e}^{-\frac{x^2}{2}} \int_{-\infty}^{+\infty} \dfrac{1}{\sqrt{2\pi}} \mathrm{e}^{-\frac{y^2}{2}} \mathrm{d}y = \dfrac{1}{\sqrt{2\pi}} \mathrm{e}^{-\frac{x^2}{2}},$

$f_Y(y) = \displaystyle\int_{-\infty}^{+\infty} f(x, y)\mathrm{d}x = \dfrac{1}{\sqrt{2\pi}} \mathrm{e}^{-\frac{y^2}{2}} \int_{-\infty}^{+\infty} \dfrac{1}{\sqrt{2\pi}} \mathrm{e}^{-\frac{x^2}{2}} \mathrm{d}x = \dfrac{1}{\sqrt{2\pi}} \mathrm{e}^{-\frac{y^2}{2}}.$

(2) 由于 $\mathrm{e}^{-\frac{x^2}{2}} \sin x$ 是奇函数,因此 $\displaystyle\int_{-\infty}^{+\infty} \mathrm{e}^{-\frac{x^2}{2}} \sin x \, \mathrm{d}x = \int_{-\infty}^{+\infty} \mathrm{e}^{-\frac{y^2}{2}} \sin y \, \mathrm{d}y = 0.$

$$f_X(x) = \int_{-\infty}^{+\infty} f(x, y)\mathrm{d}y = \dfrac{1}{\sqrt{2\pi}} \mathrm{e}^{-\frac{x^2}{2}} \int_{-\infty}^{+\infty} \dfrac{1}{\sqrt{2\pi}} \mathrm{e}^{-\frac{y^2}{2}} \mathrm{d}y + 0 = \dfrac{1}{\sqrt{2\pi}} \mathrm{e}^{-\frac{x^2}{2}},$$

$$f_Y(y) = \int_{-\infty}^{+\infty} f(x, y)\mathrm{d}x = \dfrac{1}{\sqrt{2\pi}} \mathrm{e}^{-\frac{y^2}{2}} \int_{-\infty}^{+\infty} \dfrac{1}{\sqrt{2\pi}} \mathrm{e}^{-\frac{x^2}{2}} \mathrm{d}x + 0 = \dfrac{1}{\sqrt{2\pi}} \mathrm{e}^{-\frac{y^2}{2}}.$$

注 两个边缘分布都是标准正态分布,(1)的联合分布是二维正态分布,而(2)的联合分布却根本不是二维正态分布! 故由边缘分布不能确定联合分布.

例 3 设 $(X, Y) \sim N(0, 0; \sigma^2, \sigma^2; 0)$,求 $P\{X < Y\}$.

解 (X, Y) 的密度函数为 $f(x, y) = \dfrac{1}{2\pi\sigma^2} e^{-\frac{x^2+y^2}{2\sigma^2}}$,所以

$$P\{X < Y\} = \iint\limits_{x<y} \frac{1}{2\pi\sigma^2} e^{-\frac{x^2+y^2}{2\sigma^2}} \, dx \, dy = \int_{\frac{\pi}{4}}^{\frac{5\pi}{4}} d\theta \int_0^{+\infty} \frac{1}{2\pi\sigma^2} e^{-\frac{r^2}{2\sigma^2}} r \, dr$$

$$= -\int_{\frac{\pi}{4}}^{\frac{5\pi}{4}} \frac{1}{2\pi} d\theta \int_0^{+\infty} e^{-\frac{r^2}{2\sigma^2}} d\left(-\frac{r^2}{2\sigma^2}\right) = \frac{1}{2}.$$

3.5 随机变量的独立性

定义 1 设 $F(x, y)$ 及 $F_X(x)$,$F_Y(y)$ 分别是 (X, Y) 的分布函数及相应的边缘分布函数,若对于任意 $x, y \in \mathbf{R}$ 有 $F(x, y) = F_X(x) F_Y(y)$ 成立,即 $P\{X \leqslant x, Y \leqslant y\} = P\{X \leqslant x\} P\{Y \leqslant y\}$ 成立,则称 X 与 Y 相互独立.

注 X 与 Y 相互独立的本质是:对任意 $x, y \in \mathbf{R}$,随机事件 $\{X \leqslant x\}$ 与 $\{Y \leqslant y\}$ 相互独立.

对于离散型随机变量及连续型随机变量的相互独立有如下等价命题.

命题 1 (1) 设 (X, Y) 为二维离散型随机变量,其分布律为 $P\{X = x_i, Y = y_j\} = p_{ij}$,$i = 1, 2, \cdots$,相应的边缘分布律分别为 $P\{X = x_i\} = p_{i \cdot}$,$P\{Y = y_j\} = p_{\cdot j}$,$i, j = 1, 2, \cdots$,则 X 与 Y 相互独立 $\Leftrightarrow p_{ij} = p_{i \cdot} \cdot p_{\cdot j}$,$i, j = 1, 2, \cdots$.

(2) 设 (X, Y) 为二维连续型随机变量,其密度函数为 $f(x, y)$,相应的边缘概率密度分别为 $f_X(x)$ 与 $f_Y(y)$,则 X 与 Y 相互独立 $\Leftrightarrow f(x, y) = f_X(x) f_Y(y)$.

【例题精讲】

例 1 (1999 数一)设 X 与 Y 相互独立,下表列出了二维随机变量 (X, Y) 的联合分布律及关于 X 和关于 Y 的边缘分布律中的部分数值,试将其余数值填入表中的空白处.

X \ Y	y_1	y_2	y_3	$p_{i \cdot}$
x_1	①	$\dfrac{1}{8}$	③	②

（续表）

X \ Y	y_1	y_2	y_3	$p_{i\cdot}$
x_2	$\dfrac{1}{8}$	⑤	⑦	⑧
$p_{\cdot j}$	$\dfrac{1}{6}$	④	⑥	1

解　$P\{X=x_1, Y=y_1\}=P\{Y=y_1\}-P\{X=x_2, Y=y_1\}=\dfrac{1}{6}-\dfrac{1}{8}=\dfrac{1}{24}.$ ①

$$P\{X=x_1\}=\dfrac{\dfrac{1}{24}}{\dfrac{1}{6}}=\dfrac{1}{4}. ②$$

$$P\{X=x_1, Y=y_3\}=\dfrac{1}{4}-\dfrac{1}{24}-\dfrac{1}{8}=\dfrac{1}{12}. ③$$

$$P\{X=x_1, Y=y_3\}=P\{X=x_1\}P\{Y=y_3\}\Rightarrow P\{Y=y_3\}=\dfrac{\dfrac{1}{12}}{\dfrac{1}{4}}=\dfrac{1}{3}. ⑥$$

$$P\{X=x_2, Y=y_3\}=\dfrac{1}{3}-\dfrac{1}{12}=\dfrac{1}{4}. ⑦$$

$$P\{X=x_2, Y=y_1\}=P\{X=x_2\}P\{Y=y_1\}\Rightarrow P\{X=x_2\}=\dfrac{\dfrac{1}{8}}{\dfrac{1}{6}}=\dfrac{3}{4}. ⑧$$

$$P\{X=x_2, Y=y_2\}=\dfrac{3}{4}-\dfrac{1}{8}-\dfrac{1}{4}=\dfrac{3}{8}. ⑤$$

$$P\{Y=y_2\}=\dfrac{1}{8}+\dfrac{3}{8}=\dfrac{1}{2}. ④$$

例 2　（1990 数三）一电子仪器由两个部件构成，以 X 和 Y 分别表示这两个部件的寿命（单位：h），已知 X 和 Y 的联合分布函数为

$$F(x, y)=\begin{cases}1-\mathrm{e}^{-0.5x}-\mathrm{e}^{-0.5y}+\mathrm{e}^{-0.5(x+y)}, & x\geqslant 0, y\geqslant 0, \\ 0, & \text{其他.}\end{cases}$$

(1) 问 X 与 Y 是否相互独立？

(2) 求两个部件的寿命都超过 100 h 的概率.

解 （1）先求边缘分布函数：

$$F_X(x) = \begin{cases} 1 - e^{-0.5x}, & x \geqslant 0, \\ 0, & x < 0, \end{cases}$$

$$F_Y(y) = \begin{cases} 1 - e^{-0.5y}, & y \geqslant 0, \\ 0, & y < 0, \end{cases}$$

则

$$F_X(x)F_Y(y) = \begin{cases} (1 - e^{-0.5x})(1 - e^{-0.5y}), & x \geqslant 0, y \geqslant 0, \\ 0, & \text{其他} \end{cases}$$

$$= \begin{cases} 1 - e^{-0.5x} - e^{-0.5y} + e^{-0.5(x+y)}, & x \geqslant 0, y \geqslant 0, \\ 0, & \text{其他} \end{cases}$$

$$= F(x, y).$$

故 X 与 Y 相互独立.

（2）$P\{X > 100, Y > 100\} = P\{X > 100\}P\{Y > 100\} = (1 - P\{X \leqslant 100\})(1 - P\{Y \leqslant 100\}) = [1 - F_X(100)][1 - F_Y(100)] = [1 - F_X(100)]^2 = (e^{-0.5 \times 100})^2 = e^{-100}.$

例 3 （2012 数三）设 X, Y 相互独立同分布 $U(0, 1)$，则 $P\{X^2 + Y^2 \leqslant 1\} = ($ $)$.

(A) $\dfrac{1}{4}$ 　　　　　　　　　　(B) $\dfrac{1}{2}$

(C) $\dfrac{\pi}{8}$ 　　　　　　　　　　(D) $\dfrac{\pi}{4}$

解 $f(x, y) = \begin{cases} 1, & 0 < x < 1, 0 < y < 1, \\ 0, & \text{其他}, \end{cases}$ 于是，有

$$P\{X^2 + Y^2 \leqslant 1\} = \iint\limits_{x^2 + y^2 \leqslant 1} f(x, y)\mathrm{d}x\,\mathrm{d}y = \iint\limits_{\substack{x^2 + y^2 \leqslant 1 \\ x > 0, y > 0}} 1\mathrm{d}x\,\mathrm{d}y = \frac{1}{4}\pi 1^2 = \frac{\pi}{4}.$$

答案为(D).

例 4 设 $f(x, y) = \dfrac{6}{\pi^2(4 + x^2)(9 + y^2)}$，$-\infty < x < +\infty$，$-\infty < y < +\infty$，问 X, Y 是否独立？

解 因为 $f_X(x) = \displaystyle\int_{-\infty}^{+\infty} f(x, y)\mathrm{d}y = \int_{-\infty}^{+\infty} \frac{6}{\pi^2(4 + x^2)(9 + y^2)}\mathrm{d}y$

$$= \frac{6}{\pi^2} \frac{1}{4 + x^2} \frac{1}{3}\arctan\frac{y}{3}\Big|_{-\infty}^{+\infty} = \frac{2}{\pi(4 + x^2)}, \quad -\infty < x < +\infty,$$

$$f_Y(y) = \int_{-\infty}^{+\infty} f(x, y)\mathrm{d}x = \int_{-\infty}^{+\infty} \frac{6}{\pi^2(4 + x^2)(9 + y^2)}\mathrm{d}x$$

$$= \frac{3}{\pi(9+y^2)}, \quad -\infty < y < +\infty,$$

所以 $f(x, y) = f_X(x)f_Y(y)$，即 X 与 Y 独立.

判别两随机变量独立的一个充要条件：设 (X, Y) 的密度函数为 $f(x, y)$，其定义域是矩形区域. X 与 Y 独立的充要条件是 $f(x, y)$ 可分离变量，即存在可积函数 $g(x)$，$h(y)$ 使 $f(x, y) = g(x)h(y)$（记住其结论，不用掌握证明过程）.

例 4 解法 2:

因 $f(x, y) = \dfrac{6}{\pi^2(4+x^2)(9+y^2)} = g(x)h(y)$，其中 $g(x) = \dfrac{6}{\pi^2(4+x^2)}$，$h(y) = \dfrac{1}{9+y^2}$，由以上结论知 X, Y 独立. 比较以上两种解法，解法 2 简单多了.

例 2 解法 2:因 $f(x, y) = \dfrac{\partial^2 F}{\partial x \partial y} = \begin{cases} 0.25e^{-0.5(x+y)}, & x > 0, y > 0, \\ 0, & 其他, \end{cases}$ 区域为 $x > 0$，$y > 0$（矩形区域），

$$f(x, y) = (0.5e^{-0.5x})(0.5e^{-0.5y}) = g(x)h(y),$$

故 X 与 Y 独立.

读者用此方法还可以快速判断 X 与 Y 的独立性：

设 (X, Y) 的联合密度为 $f(x, y) = \begin{cases} 4xy, & 0 \leqslant x \leqslant 1, 0 \leqslant y \leqslant 1, \\ 0, & 其他, \end{cases}$ 问 X, Y 是否独立？

定理 1 设 X 与 Y 是相互独立的随机变量，$h(x)$ 与 $g(y)$ 是连续函数，则 $h(X)$ 与 $g(Y)$ 也独立. 例如，若 X 与 Y 独立，则 X^2 与 $Y+1$ 也独立.

命题 2 X, Y 独立，$f(X)$ 与 $g(Y)$ 也独立.

但 X, Y 不独立，$f(X)$ 与 $g(Y)$ 也有可能独立，请看例题.

例 5 $f(x, y) = \begin{cases} \dfrac{1+xy}{4}, & |x| < 1, |y| < 1, \\ 0, & 其他. \end{cases}$

证 X 与 Y 不独立，但 X^2 与 Y^2 独立.

证 （1）$f_X(x) = \displaystyle\int_{-1}^{1} \dfrac{1+xy}{4} \mathrm{d}y = \dfrac{1}{2}$，故 $f_X(x) = \begin{cases} \dfrac{1}{2}, & -1 < x < 1, \\ 0, & 其他. \end{cases}$

同理 $f_Y(y) = \begin{cases} \dfrac{1}{2}, & -1 < y < 1, \\ 0, & 其他. \end{cases}$

$f(x,y) \neq f_X(x)f_Y(y)$，所以 X 与 Y 不独立.

(2) 令 $U = X^2$，$V = Y^2$，U 的密度为 $f_U(u)$，V 的密度 $f_V(v)$.

当 $0 \leqslant u \leqslant 1$ 时，

$$f_U(u) = f_X(-\sqrt{u}) \frac{1}{2\sqrt{u}} + f_X(\sqrt{u}) \frac{1}{2\sqrt{u}} = \frac{1}{2\sqrt{u}},$$

所以 $f_U(u) = \begin{cases} \dfrac{1}{2\sqrt{u}}, & 0 \leqslant u \leqslant 1, \\ 0, & 其他. \end{cases}$

同理 $f_V(v) = \begin{cases} \dfrac{1}{2\sqrt{v}}, & 0 \leqslant v \leqslant 1, \\ 0, & 其他. \end{cases}$

U,V 的联合分布函数：

$$F(u,v) = P\{U \leqslant u, V \leqslant v\} = P\{X^2 \leqslant u, Y^2 \leqslant v\}.$$

当 $0 \leqslant u \leqslant 1$，$0 \leqslant v \leqslant 1$ 时，

$$F(u,v) = \int_{-\sqrt{u}}^{\sqrt{u}} \mathrm{d}x \int_{-\sqrt{v}}^{\sqrt{v}} \frac{1+xy}{4} \mathrm{d}y = \sqrt{uv}.$$

其他情形，$F(u,v) = P\{U \leqslant u, V \leqslant v\} = 0$.

U,V 的联合密度为 $f(u,v) = \dfrac{\partial^2 F(u,v)}{\partial u \partial v} = \begin{cases} \dfrac{1}{4\sqrt{uv}}, & 0 \leqslant u \leqslant 1, 0 \leqslant v \leqslant 1, \\ 0, & 其他. \end{cases}$

因为 $f(u,v) = f_U(u)f_V(v)$，所以 $U = X^2$ 与 $V = Y^2$ 独立.

3.6 随机变量的函数分布

设 (X,Y) 是二维随机变量，$z = g(x,y)$ 是二元函数，则随机变量 $Z = g(X,Y)$ 的分布是怎样的？与一维随机变量的函数分布相比，这一类问题要复杂一些，但基本方法仍适用. 我们仍分别考虑离散型和连续型，对几个具体的二元函数（和，差，积，商，最值）讨论其分布.

先看离散型.

【例题精讲】

例 1 X，Y 的联合分布律如下表.

(1) 求 $Z_1 = X + Y$ 的分布律；

(2) 求 $Z_2 = \max\{X, Y\}$ 的概率分布.

Y \ X	0	1	2
0	0.1	0.25	0.15
1	0.15	0.2	0.15

解 (1) Z_1 所有可能的取值为 0，1，2，3.

$P\{Z_1 = 0\} = P\{X = 0, Y = 0\} = 0.1$，

$P\{Z_1 = 1\} = P\{X = 0, Y = 1\} + P\{X = 1, Y = 0\} = 0.15 + 0.25 = 0.4$，

$P\{Z_1 = 2\} = P\{X = 2, Y = 0\} + P\{X = 1, Y = 1\} = 0.15 + 0.2 = 0.35$，

$P\{Z_1 = 3\} = P\{X = 2, Y = 1\} = 0.15$，

故 $Z_1 = X + Y$ 的分布律如下：

Z_1	0	1	2	3
P	0.1	0.4	0.35	0.15

(2) $Z_2 = \max\{X, Y\}$ 的可能取值为 1，2，0.

$P\{Z_2 = 1\} = P\{X = 0, Y = 1\} + P\{X = 1, Y = 1\} + P\{X = 1, Y = 0\}$

$= 0.15 + 0.2 + 0.25 = 0.6$，

$P\{Z_2 = 0\} = P\{X = 0, Y = 0\} = 0.1$，

$P\{Z_2 = 2\} = P\{X = 2, Y = 0\} + P\{X = 2, Y = 1\} = 0.15 + 0.15 = 0.3$，

故 $Z_2 = \max\{X, Y\}$ 的分布律如下：

Z_2	0	1	2
P	0.1	0.6	0.3

下面重点讨论二维连续型随机变量函数的分布.

3.6.1 和的分布

求和的分布主要有分布函数法及公式法，详见下面的例题.

【例题精讲】

例 1　设 (X, Y) 的联合密度函数为 $f(x, y)$，求 $Z = X + Y$ 的密度函数 $f_Z(z)$.

解　先求 $Z = X + Y$ 的分布函数 $F_Z(z)$.

$$
\begin{aligned}
F_Z(z) = P\{X + Y \leqslant z\} &= \iint\limits_{x+y \leqslant z} f(x, y)\,\mathrm{d}x\,\mathrm{d}y = \int_{-\infty}^{+\infty} \left[\int_{-\infty}^{z-x} f(x, y)\,\mathrm{d}y \right] \mathrm{d}x \\
&\xlongequal{y = u - x} \int_{-\infty}^{+\infty} \left[\int_{-\infty}^{z} f(x, u - x)\,\mathrm{d}u \right] \mathrm{d}x \\
&\xlongequal{\text{交换积分次序}} \int_{-\infty}^{z} \left[\int_{-\infty}^{+\infty} f(x, u - x)\,\mathrm{d}x \right] \mathrm{d}u \\
&= \int_{-\infty}^{z} G(u)\,\mathrm{d}u \left(\int_{-\infty}^{+\infty} f(x, u - x)\,\mathrm{d}x = G(u) \right).
\end{aligned}
$$

两边对 z 求导：$F'_Z(z) = G(z) = \displaystyle\int_{-\infty}^{+\infty} f(x, z - x)\,\mathrm{d}x = f_Z(z)$.

特别地，当两个随机变量 X 与 Y 独立时，有

$$
f_Z(z) = \int_{-\infty}^{+\infty} f_X(x) f_Y(z - x)\,\mathrm{d}x. \quad (*)
$$

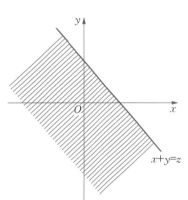

通常称 $(*)$ 式为卷积公式.

对称地还有公式 $F_Z(z) = \displaystyle\int_{-\infty}^{+\infty} f_X(z - y) f_Y(y)\,\mathrm{d}y$.

注　已知 $(X, Y) \sim f(x, y)$，求 $Z = g(X, Y)$ 的概率密度 $f_Z(z)$ 可以用分布函数法或者公式法.

(1) 分布函数法（一般需要对 z 分类讨论）.

$$
F_Z(z) = P\{Z \leqslant z\} = P\{g(X, Y) \leqslant z\} = \iint\limits_{g(x, y) \leqslant z} f(x, y)\,\mathrm{d}x\,\mathrm{d}y,
$$
$$
f_Z(z) = F'_Z(z).
$$

(2) 公式法.

① 和的分布. $(X, Y) \sim f(x, y)$，则 $Z = X + Y$ 的密度函数

$$
f_Z(z) = \int_{-\infty}^{+\infty} f(x, z - x)\,\mathrm{d}x \ \text{或}\ f_Z(z) = \int_{-\infty}^{+\infty} f(z - y, y)\,\mathrm{d}y.
$$

若 X 与 Y 独立，则

$$
f_Z(z) = \int_{-\infty}^{+\infty} f_X(x) f_Y(z - x)\,\mathrm{d}x \ \text{或}\ f_Z(z) = \int_{-\infty}^{+\infty} f_X(z - y) f_Y(y)\,\mathrm{d}y.
$$

② 线性组合的分布，$Z = aX + bY \ (a, b \neq 0)$ 的密度函数

$$f_Z(z) = \int_{-\infty}^{+\infty} \frac{1}{|b|} f\left(x, \frac{z-ax}{b}\right) dx \ \text{或} \ f_Z(z) = \int_{-\infty}^{+\infty} \frac{1}{|a|} f\left(\frac{z-by}{a}, y\right) dy.$$

例 2 (2007 数一、三、四)设 $(X, Y) \sim f(x, y) = \begin{cases} 2-x-y, & 0<x<1, 0<y<1, \\ 0, & \text{其他.} \end{cases}$ 令 $Z = X + Y$, 求 $f_Z(z)$.

解法 1 Z 的取值范围为 $(0, 2)$.

当 $z < 0$ 时, $F_Z(z) = 0$.

当 $z \geqslant 2$ 时, $F_Z(z) = 1$.

当 $0 \leqslant z < 1$ 时, $F_Z(z) = P\{Z \leqslant z\} = P\{X+Y \leqslant z\} = \iint\limits_{D_1} (2-x-y) dx\,dy = \int_0^z dx \int_0^{z-x} (2-x-y) dy = z^2 - \frac{1}{3} z^3$.

当 $1 \leqslant z < 2$ 时, $F_Z(z) = P\{Z \leqslant z\} = P\{X+Y \leqslant z\} = 1 - \iint\limits_{D_2} (2-x-y) dx\,dy = 1 - \int_{z-1}^1 dx \int_{z-x}^1 (2-x-y) dy = 1 - \frac{1}{3}(2-z)^3$.

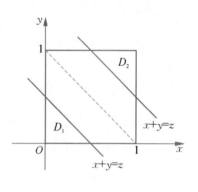

于是 $f_Z(z) = F_Z'(z) = \begin{cases} 2z - z^2, & 0 < z < 1, \\ (2-z)^2, & 1 \leqslant z < 2, \\ 0, & \text{其他.} \end{cases}$

解法 2 公式法.

$Z = X + Y$ 的概率密度公式为 $f_Z(z) = \int_{-\infty}^{+\infty} f(x, z-x) dx$, Z 的范围为 $(0, 2)$.

由已知 $0 < x < 1$, $0 < y < 1$, $y = z - x$ 得 $0 < z - x < 1$, 解得 $z - 1 < x < z$. 从而, 得到两个关于 x 的不等式:

$\begin{cases} 0 < x < 1 \\ z-1 < x < z \end{cases}$ (利用同大取大, 同小取小确定 x 的上下限, 比如这时我们要比较 0 与 $z-1$ 的大小, 即比较 1 与 z 的大小, 故得出 z 的分界点为 1).

① 当 $0 < z < 1$ 时,

$$f_Z(z) = \int_0^z f(x, z-x) dx = \int_0^z (2-x-z+x) dx = \int_0^z (2-z) dx = z(2-z).$$

② 当 $1 \leqslant z < 2$ 时,

$$f_Z(z) = \int_{z-1}^1 (2-z) dx = (2-z)^2.$$

于是 $f_Z(z)=\begin{cases}(2-z)z, & 0<z<1, \\ (2-z)^2, & 1\leqslant z<2, \\ 0, & \text{其他.}\end{cases}$

注　公式法比分布函数法更快捷,不用计算二重积分,确定 z 的分界点时也不用画图.

例 3　(1987 数一)设 X，Y 相互独立,其概率密度函数分别为 $f_X(x)=\begin{cases}1, & 0<x<1, \\ 0, & \text{其他,}\end{cases}$ $f_Y(y)=\begin{cases}\mathrm{e}^{-y}, & y>0, \\ 0, & y\leqslant 0,\end{cases}$ 求 $Z=2X+Y$ 的概率密度函数.

解法 1　分布函数法.

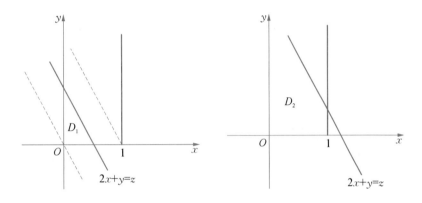

Z 的范围为 $Z>0$.

① 当 $z<0$ 时,$F_Z(z)=0$.

② 当 $0\leqslant z<2$ 时,$F_Z(z)=P\{Z\leqslant z\}=P\{2X+Y\leqslant z\}=\iint\limits_{D_1}f(x,y)\mathrm{d}x\,\mathrm{d}y$

$$=\iint\limits_{D_1}\mathrm{e}^{-y}\mathrm{d}x\,\mathrm{d}y=\int_0^{\frac{z}{2}}\left(\int_0^{z-2x}\mathrm{e}^{-y}\mathrm{d}y\right)\mathrm{d}x=\frac{1}{2}(z-1+\mathrm{e}^{-z}).$$

③ 当 $z\geqslant 2$ 时,$F_Z(z)=P\{Z\leqslant z\}=P\{2X+Y\leqslant z\}=\iint\limits_{D_2}\mathrm{e}^{-y}\mathrm{d}x\,\mathrm{d}y$

$$=\int_0^1\left(\int_0^{z-2x}\mathrm{e}^{-y}\mathrm{d}y\right)\mathrm{d}x=1-\frac{1}{2}\mathrm{e}^{-z}(\mathrm{e}^2-1).$$

故 $f_Z(z)=F_Z'(z)=\begin{cases}0, & z<0, \\ \dfrac{1}{2}(1-\mathrm{e}^{-z}), & 0\leqslant z<2, \\ \dfrac{1}{2}\mathrm{e}^{-z}(\mathrm{e}^2-1), & z\geqslant 2.\end{cases}$

解法 2　公式法.

Z 的范围为 $Z > 0$，由 $\begin{cases} 1 > x > 0, \\ y > 0, \end{cases}$ $y = z - 2x$，知 $z - 2x > 0 \Rightarrow x < \dfrac{z}{2}$，故

$$\begin{cases} 0 < x < 1 \\ x < \dfrac{z}{2} \end{cases} \left(\text{当 } 1 = \dfrac{z}{2} \text{ 时}, z = 2, \text{故 } z \text{ 的临界点为 } 2, \text{一目了然，无须作图}\right).$$

① 当 $z < 0$ 时，$f_Z(z) = 0$.

② 当 $0 \leqslant z < 2$ 时，$f_Z(z) = \displaystyle\int_{-\infty}^{+\infty} f(x, z - 2x)\mathrm{d}x = \int_0^{\frac{z}{2}} \mathrm{e}^{-(z-2x)}\mathrm{d}x = \dfrac{1}{2}(1 - \mathrm{e}^{-z})$.

③ 当 $z \geqslant 2$ 时，$f_Z(z) = \displaystyle\int_0^1 \mathrm{e}^{-(z-2x)}\mathrm{d}x = \dfrac{1}{2}(\mathrm{e}^2 - 1)\mathrm{e}^{-z}$.

例 4 设 X 与 Y 相互独立且均服从标准正态分布 $N(0, 1)$，求 $Z = X + Y$ 的密度函数 $f_Z(z)$.

解 $X \sim f(x) = \dfrac{1}{\sqrt{2\pi}} \mathrm{e}^{-\frac{x^2}{2}}$，$Y \sim f(y) = \dfrac{1}{\sqrt{2\pi}} \mathrm{e}^{-\frac{y^2}{2}}$.

X 与 Y 独立，由卷积公式得

$$f_Z(z) = \int_{-\infty}^{+\infty} f_X(x) f_Y(z - x)\mathrm{d}x = \int_{-\infty}^{+\infty} \frac{1}{\sqrt{2\pi}} \mathrm{e}^{-\frac{x^2}{2}} \frac{1}{\sqrt{2\pi}} \mathrm{e}^{-\frac{(z-x)^2}{2}}\mathrm{d}x$$

$$= \frac{1}{2\pi} \int_{-\infty}^{+\infty} \mathrm{e}^{-\frac{x^2}{2}} \mathrm{e}^{-\frac{z^2 + x^2 - 2xz}{2}}\mathrm{d}x = \frac{1}{2\pi} \int_{-\infty}^{+\infty} \mathrm{e}^{-\frac{2\left(x - \frac{z}{2}\right)^2 + \frac{z^2}{2}}{2}}\mathrm{d}x$$

$$= \frac{1}{2\pi} \mathrm{e}^{-\frac{z^2}{4}} \int_{-\infty}^{+\infty} \mathrm{e}^{-\left(x - \frac{1}{2}z\right)^2}\mathrm{d}x \left(\text{前面内容计算过} \int_{-\infty}^{+\infty} \mathrm{e}^{-t^2}\mathrm{d}t = \sqrt{\pi}\right)$$

$$\xlongequal{t = x - \frac{1}{2}z} \frac{1}{2\pi} \mathrm{e}^{-\frac{z^2}{4}} \int_{-\infty}^{+\infty} \mathrm{e}^{-t^2}\mathrm{d}t = \frac{1}{2\pi} \mathrm{e}^{-\frac{z^2}{4}} \sqrt{\pi} = \frac{1}{2\sqrt{\pi}} \mathrm{e}^{-\frac{z^2}{4}}$$

$$= \frac{1}{\sqrt{2\pi}\sqrt{2}} \mathrm{e}^{-\frac{(z-0)^2}{2(\sqrt{2})^2}}.$$

可见 $Z = X + Y$ 仍服从正态分布，即

$$Z \sim N(0, (\sqrt{2})^2), Z = X + Y \sim N(0 + 0, 1 + 1).$$

一般地，关于正态分布，有以下结论：

$X \sim N(\mu_1, \sigma_1^2)$，$Y \sim N(\mu_2, \sigma_2^2)$，且 X 与 Y 独立，则 $Z = X + Y \sim N(\mu_1 + \mu_2, \sigma_1^2 + \sigma_2^2)$. 正态分布也具有可加性，该结论还可推广为 n 个独立正态随机变量之和的情形：

若 $X_1, X_2, \cdots, X_n$ 相互独立，且 $X_i \sim N(\mu_i, \sigma_i^2)$，则

$$\sum_{i=1}^{n} X_i \sim N\left(\sum_{i=1}^{n} \mu_i, \sum_{i=1}^{n} \sigma_i^2\right), i = 1, 2, \cdots, n.$$

3.6.2 极值分布 $Z = \max\{X, Y\}$ 及 $Z = \min\{X, Y\}$

设 X, Y 的分布函数分别为 $F_X(x), F_Y(y)$，且 X, Y 独立. 我们来求极大值分布 $Z = \max\{X, Y\}$ 的分布函数 $F_{\max}(z)$，以及极小值分布 $Z = \min\{X, Y\}$ 的分布函数 $F_{\min}(z)$.

由于事件 $\{Z = \max\{X, Y\} \leqslant z\}$ 等价于 $\{X \leqslant z, Y \leqslant z\}$，因此

$$F_{\max}(z) = P\{Z \leqslant z\} = P\{X \leqslant z, Y \leqslant z\} = P\{X \leqslant z\}P\{Y \leqslant z\} = F_X(z)F_Y(z).$$

类似可得 $Z = \min\{X, Y\}$ 的分布函数：

$$F_{\min}(z) = P\{Z \leqslant z\} = 1 - P\{Z > z\} = 1 - P\{X > z, Y > z\} = 1 - P\{X > z\}P\{Y > z\}$$
$$= 1 - [1 - P\{X \leqslant z\}][1 - P\{Y \leqslant z\}] = 1 - [1 - F_X(z)][1 - F_Y(z)].$$

以上结果可推广到 n 维随机变量的情形：设 $X_1, X_2, \cdots, X_n$ 是 n 个相互独立的随机变量，它们的分布函数分别为 $F_{X_1}(x_1), F_{X_2}(x_2), \cdots, F_{X_n}(x_n)$，则 $Z = \max\{X_1, X_2, \cdots, X_n\}$ 和 $Z = \min\{X_1, X_2, \cdots, X_n\}$ 的分布函数分别为

$$F_{\max}(z) = F_{X_1}(z)F_{X_2}(z)\cdots F_{X_n}(z),$$

$$F_{\min}(z) = 1 - [1 - F_{X_1}(z)][1 - F_{X_2}(z)]\cdots[1 - F_{X_n}(z)].$$

特别地，如果 $X_1, X_2, \cdots, X_n$ 独立同分布，设分布函数为 $F(x)$，则有

$$F_{\max}(z) = [F(z)]^n, \quad F_{\min}(z) = 1 - [1 - F(z)]^n.$$

【例题精讲】

例 1 （2008 数一、三、四）设 X, Y 独立同分布，且 X 的分布函数为 $F(x)$，则 $Z = \max\{X, Y\}$ 的分布函数为（ ）.

(A) $F^2(z)$ (B) $F(x)F(y)$

(C) $1 - [1 - F(x)]^2$ (D) $[1 - F(x)][1 - F(y)]$

解 $Z = \max\{X, Y\}$ 的分布函数

$$F_Z(x) = P\{Z \leqslant x\} = P\{\max\{X, Y\} \leqslant x\} = P\{X \leqslant x, Y \leqslant x\}$$
$$= P\{X \leqslant x\}P\{Y \leqslant x\} = F^2(x),$$

答案为（A）.

注 有不少同学当年误选（B），纯属不理解，而死记公式，Z 是一维随机变量，其分布函

数必为一元函数,故(B)(D)明显为干扰选项.

例 2 设 (X, Y) 为 D 内的均匀分布,其中 $D = \{(x, y) \mid 0 \leqslant x \leqslant 2, 0 \leqslant y \leqslant 1\}$ 以及 $M = \max\{X, Y\}$ 和 $N = \min\{X, Y\}$,求 M, N 的分布函数.

解 由独立充要条件知 X 与 Y 是相互独立的,且

$$F_X(x) = \begin{cases} 0, & x < 0, \\ \dfrac{1}{2}x, & 0 \leqslant x < 2, \\ 1, & x \geqslant 2, \end{cases} \quad F_Y(y) = \begin{cases} 0, & y < 0, \\ y, & 0 \leqslant y < 1, \\ 1, & y \geqslant 1. \end{cases}$$

$$F_M(u) = F_X(u)F_Y(u) = \begin{cases} 0, & u < 0, \\ \dfrac{1}{2}u^2, & 0 \leqslant u < 1, \\ \dfrac{1}{2}u, & 1 \leqslant u < 2, \\ 1, & u \geqslant 2, \end{cases}$$

$$F_N(v) = 1 - [1 - F_X(v)][1 - F_Y(v)] = \begin{cases} 0, & v < 0, \\ 1 - \dfrac{(1-v)(2-v)}{2}, & 0 \leqslant v < 1, \\ 1, & v \geqslant 1. \end{cases}$$

例 3 (瑞利分布)设某种电子装备的输出 X 的密度函数为 $f_X(x) = \begin{cases} \dfrac{x}{\sigma^2}\exp\left(\dfrac{-x^2}{2\sigma^2}\right), & x \geqslant 0, \\ 0, & x < 0, \end{cases}$ 若对输出结果测量了三次,设得到的三个结果 X_1, X_2, X_3 是相互独立的随机变量,并且都服从参数 $\sigma = 0.5$ 的瑞利分布,求 $Z = \max\{X_1, X_2, X_3\}$ 的分布函数.

解 当 $\sigma = 0.5$ 时,$f_X(x) = \begin{cases} 4x\,e^{-2x^2}, & x \geqslant 0, \\ 0, & x < 0, \end{cases}$ 设其分布函数为 $F_X(x)$,则

$$F_X(x) = \begin{cases} \displaystyle\int_0^x 4t\,e^{-2t^2}\,dt = 1 - e^{-2x^2}, & x \geqslant 0, \\ 0, & x < 0, \end{cases}$$

因此,$Z = \max\{X_1, X_2, X_3\}$ 的分布函数为

$$F_{\max}(z) = F_X^3(z) = \begin{cases} (1 - e^{-2z^2})^3, & z \geqslant 0, \\ 0, & z < 0. \end{cases}$$

例 4 （1996 数四）设一电路有三个同种电子元件,其工作状态相互独立,且无故障工作时间都服从参数为 $\lambda > 0$ 的指数分布.当三个元件都无故障时,电路正常工作;否则,整个电路不能正常工作.试求电路正常工作的时间 T 的概率分布.

解　设这三个元件的无故障工作时间分别为 X_1,X_2,X_3,则 X_1,X_2,X_3 独立同分布,且 $T = \min\{X_1, X_2, X_3\}$. 而 X_1 的密度函数和分布函数分别为

$$f(x) = \begin{cases} \lambda e^{-\lambda x}, & x > 0, \\ 0, & x \leqslant 0, \end{cases} \quad F(x) = \begin{cases} 1 - e^{-\lambda x}, & x > 0, \\ 0, & x \leqslant 0, \end{cases}$$

则 T 的分布函数为

$$\begin{aligned} F_T(t) &= P\{T \leqslant t\} = P\{\min\{X_1, X_2, X_3\} \leqslant t\} \\ &= 1 - P\{\min\{X_1, X_2, X_3\} > t\} \\ &= 1 - P\{X_1 > t, X_2 > t, X_3 > t\} \quad (X_1, X_2, X_3 \text{ 相互独立}) \\ &= 1 - P\{X_1 > t\}P\{X_2 > t\}P\{X_3 > t\} \quad (X_1, X_2, X_3 \text{ 同分布}) \\ &= 1 - [P\{X_1 > t\}]^3 = 1 - [1 - P\{X_1 \leqslant t\}]^3 = 1 - [1 - F(t)]^3 \\ &= \begin{cases} 1 - e^{-3\lambda t}, & t > 0, \\ 0, & t \leqslant 0, \end{cases} \end{aligned}$$

故 T 的密度函数为 $f_T(t) = F'_T(t) = \begin{cases} 3\lambda e^{-3\lambda t}, & t > 0, \\ 0, & t \leqslant 0. \end{cases}$

总结:(1) $X \sim p(\lambda_1)$,$Y \sim p(\lambda_2)$,则 $Z = X + Y \sim p(\lambda_1 + \lambda_2)$.

(2) $X \sim B(n_1, p)$,$Y \sim B(n_2, p)$,则 $Z = X + Y \sim B(n_1 + n_2, p)$.

(3) $X \sim N(\mu_1, \sigma_1^2)$,$Y \sim N(\mu_2, \sigma_2^2)$,则 $Z = X + Y \sim N(\mu_1 + \mu_2, \sigma_1^2 + \sigma_2^2)$.

(4) $X \sim E(\lambda_1)$,$Y \sim E(\lambda_2)$,则 $Z = \min\{X, Y\} \sim E(\lambda_1 + \lambda_2)$.

3.6.3　积的分布 $Z = XY$ 及商的分布 $Z = X/Y$

先求 $Z = XY$ 的密度函数.

分布函数法.

$$F_Z(z) = P\{Z \leqslant z\} = P\{XY \leqslant z\} = \iint\limits_{xy \leqslant z} f(x, y)\mathrm{d}x\,\mathrm{d}y,$$

$xy \leqslant z$ 相当于域 D:$\begin{cases} y \leqslant \dfrac{z}{x}, & \text{当 } x > 0, \\[2mm] y \geqslant \dfrac{z}{x}, & \text{当 } x < 0, \end{cases}$

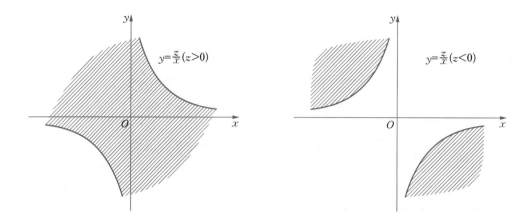

$$F_Z(z) = \int_{-\infty}^{0} \mathrm{d}x \int_{\frac{z}{x}}^{+\infty} f(x,y)\mathrm{d}y + \int_{0}^{+\infty} \mathrm{d}x \int_{-\infty}^{\frac{z}{x}} f(x,y)\mathrm{d}y$$

（交换积分次序，变量替换. 令 $y = \dfrac{u}{x}$,

$$\int_{\frac{z}{x}}^{+\infty} f(x,y)\mathrm{d}y \xlongequal{y=\frac{u}{x}} \int_{z}^{-\infty} f\left(x,\frac{u}{x}\right)\frac{1}{x}\mathrm{d}u = -\int_{-\infty}^{z} \frac{1}{x}f\left(x,\frac{u}{x}\right)\mathrm{d}u,$$

$$\int_{-\infty}^{\frac{z}{x}} f(x,y)\mathrm{d}y \xlongequal{y=\frac{u}{x}} \int_{-\infty}^{z} f\left(x,\frac{u}{x}\right)\frac{1}{x}\mathrm{d}u)$$

$$= -\int_{-\infty}^{0} \mathrm{d}x \int_{-\infty}^{z} \frac{1}{x}f\left(x,\frac{u}{x}\right)\mathrm{d}u + \int_{0}^{+\infty} \mathrm{d}x \int_{-\infty}^{z} \frac{1}{x}f\left(x,\frac{u}{x}\right)\mathrm{d}u$$

$$= -\int_{-\infty}^{z} \left[\int_{-\infty}^{0} \frac{1}{x}f\left(x,\frac{u}{x}\right)\mathrm{d}x\right]\mathrm{d}u + \int_{-\infty}^{z} \left[\int_{0}^{+\infty} \frac{1}{x}f\left(x,\frac{u}{x}\right)\mathrm{d}x\right]\mathrm{d}u,$$

$$F'_Z(z) = f_Z(z) = -\int_{-\infty}^{0} \frac{1}{x}f\left(x,\frac{z}{x}\right)\mathrm{d}x + \int_{0}^{+\infty} \frac{1}{x}f\left(x,\frac{z}{x}\right)\mathrm{d}x$$

$$= \int_{-\infty}^{+\infty} \left|\frac{1}{x}\right| f\left(x,\frac{z}{x}\right)\mathrm{d}x.$$

类似可得 $f_Z(z) = \displaystyle\int_{-\infty}^{+\infty} \left|\frac{1}{y}\right| f\left(\frac{z}{y},y\right)\mathrm{d}y.$

特别地，当 X 与 Y 相互独立时，还可写成

$$f_Z(z) = \int_{-\infty}^{+\infty} \left|\frac{1}{x}\right| f_X(x) f_Y\left(\frac{z}{x}\right)\mathrm{d}x.$$

再求 $Z = \dfrac{X}{Y}$ 的密度函数.

分布函数法.

$$F_Z(z) = P\{Z \leqslant z\} = P\left\{\frac{X}{Y} \leqslant z\right\} = \iint\limits_{\frac{x}{y} \leqslant z} f(x,y)\mathrm{d}x\,\mathrm{d}y,$$

$\dfrac{x}{y} \leqslant z$ 相当于 $\begin{cases} x \leqslant yz, & \text{当 } y > 0, \\ x \geqslant yz, & \text{当 } y < 0, \end{cases}$

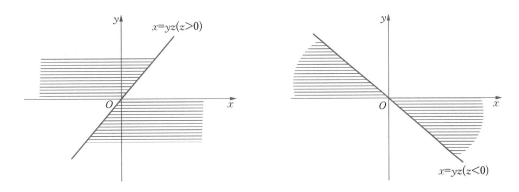

$$F_Z(z) = \int_{-\infty}^{0} \mathrm{d}y \int_{yz}^{+\infty} f(x,y)\mathrm{d}x + \int_{0}^{+\infty} \mathrm{d}y \int_{-\infty}^{yz} f(x,y)\mathrm{d}x$$

（变量代换. 令 $x = yu$,

$$\int_{yz}^{+\infty} f(x,y)\mathrm{d}x \xrightarrow{x = yu} \int_{z}^{-\infty} f(yu,y)y\,\mathrm{d}u,$$

$$\int_{-\infty}^{yz} f(x,y)\mathrm{d}x \xrightarrow{x = yu} \int_{-\infty}^{z} f(yu,y)y\,\mathrm{d}u\bigg)$$

$$= \int_{-\infty}^{0} \mathrm{d}y \int_{z}^{-\infty} f(uy,y)y\,\mathrm{d}u + \int_{0}^{+\infty} \mathrm{d}y \int_{-\infty}^{z} f(uy,y)y\,\mathrm{d}u$$

（交换积分次序）

$$= -\int_{-\infty}^{z} \left(\int_{-\infty}^{0} f(uy,y)y\,\mathrm{d}y\right)\mathrm{d}u + \int_{-\infty}^{z} \left(\int_{0}^{+\infty} f(uy,y)y\,\mathrm{d}y\right)\mathrm{d}u,$$

$$F_Z'(z) = f_Z(z) = -\int_{-\infty}^{0} f(yz,y)y\,\mathrm{d}y + \int_{0}^{+\infty} f(yz,y)y\,\mathrm{d}y$$

$$= \int_{-\infty}^{+\infty} |y| f(yz,y)\mathrm{d}y.$$

【例题精讲】

例 1 (X,Y) 在 $D = \{(x,y) \mid 0 \leqslant x \leqslant 2, 0 \leqslant y \leqslant 1\}$ 上服从均匀分布,求长为 X,Y 的矩形面积 $Z = XY$ 的密度函数 $f_Z(z)$.

解 (X,Y) 的联合密度函数为 $f(x,y)=\begin{cases} \dfrac{1}{2}, & (x,y)\in D, \\ 0, & (x,y)\notin D. \end{cases}$

先求分布函数.

① 当 $z<0$ 时,$F_Z(z)=P\{Z\leqslant z\}=P\{\varnothing\}=0$.

② 当 $z\geqslant 2$ 时,$F_Z(z)=P\{\Omega\}=1$.

③ 当 $0\leqslant z<2$ 时,

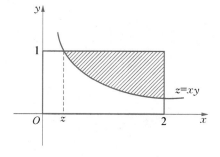

$$F_Z(z)=P\{Z\leqslant z\}=P\{XY\leqslant z\}=1-P\{XY>z\}$$

$$=1-\iint\limits_{xy>z}\frac{1}{2}\mathrm{d}x\,\mathrm{d}y$$

$$=1-\frac{1}{2}\int_z^2\mathrm{d}x\int_{\frac{z}{x}}^1\mathrm{d}y=\frac{1}{2}z(1+\ln 2-\ln z).$$

故 $f_Z(z)=F_Z'(z)=\begin{cases} \dfrac{1}{2}(\ln 2-\ln z), & 0<z<2, \\ 0, & \text{其他}. \end{cases}$

例 2 设 X 与 Y 相互独立,且分别服从 $N(0,1)$,求 $Z=\dfrac{X}{Y}$ 的 $f_Z(z)$.

解 X 与 Y 的联合密度为 $f(x,y)=\dfrac{1}{2\pi}\mathrm{e}^{-\frac{1}{2}(x^2+y^2)}$,由公式得

$$f_Z(z)=\int_{-\infty}^{+\infty}|y|f(yz,y)\mathrm{d}y=\frac{1}{2\pi}\int_{-\infty}^{+\infty}|y|\,\mathrm{e}^{-\frac{1}{2}(y^2z^2+y^2)}\mathrm{d}y$$

$$=\frac{1}{\pi}\int_0^{+\infty}y\mathrm{e}^{-\frac{1}{2}(1+z^2)y^2}\mathrm{d}y=\frac{1}{\pi(1+z^2)},\ -\infty<z<+\infty.$$

3.6.4 离散与连续混合型随机变量函数的分布

方法:分布函数法,但先对离散型随机变量进行讨论,以离散型随机变量可能取值的事件构成一个完备事件组,利用全概率公式将混合型随机变量函数的分布用连续型随机变量的分布函数来表示.(考研中最早出现此类题型在 2003 年数三,当年会做的同学不多,因为之前参考书上很少涉及,课上也没讲,该题型来源于某 985 高校数学专业研究生复试的考题.后面 2008 年数一、三、四大题又考.2009 年数一、三以选择题出现,2014 年考大题,最近几年又考查,希望考生引起注意,好好备考.)

【例题精讲】

例 1 (2003 数三)设 X 与 Y 相互独立,其中 Y 的密度函数为 $f(y)$,而 X 的概率分布

为 $P\{X=1\}=0.3$，$P\{X=2\}=0.7$，求 $U=X+Y$ 的概率密度 $g(u)$.

解 设 $F(y)$ 为 Y 的分布函数，$G(u)$ 为 U 的分布函数，则

$$G(u)=P\{U\leqslant u\}=P\{X+Y\leqslant u\}=P\{X+Y\leqslant u,\ X=1\}+P\{X+Y\leqslant u,\ X=2\}$$
$$=P\{Y\leqslant u-1,\ X=1\}+P\{Y\leqslant u-2,\ X=2\}.$$

由于 X 与 Y 相互独立，则

$$G(u)=P\{X=1\}P\{Y\leqslant u-1\}+P\{X=2\}P\{Y\leqslant u-2\}$$
$$=0.3F(u-1)+0.7F(u-2),$$

所以 $U=X+Y$ 的概率密度为

$$g(u)=G'(u)=0.3F'(u-1)+0.7F'(u-2)$$
$$=0.3f(u-1)+0.7f(u-2),\ -\infty<u<+\infty.$$

例2 （2008 数一、三、四）设 X 与 Y 相互独立，且 X 的概率分布为 $P\{X=i\}=\dfrac{1}{3}$，

$i=-1,0,1$，Y 的概率密度 $f_Y(y)=\begin{cases}1,&0\leqslant y<1,\\0,&\text{其他},\end{cases}$ 记 $Z=X+Y$，求 $f_Z(z)$.

解 $F_Z(z)=P\{Z\leqslant z\}=P\{X+Y\leqslant z\}$
$$=P\{X+Y\leqslant z,\ X=-1\}+P\{X+Y\leqslant z,\ X=0\}+P\{X+Y\leqslant z,\ X=1\}$$
$$=P\{Y\leqslant z+1,\ X=-1\}+P\{Y\leqslant z,\ X=0\}+P\{Y\leqslant z-1,\ X=1\}$$
$$=P\{Y\leqslant z+1\}P\{X=-1\}+P\{Y\leqslant z\}P\{X=0\}+P\{Y\leqslant z-1\}P\{X=1\}$$
$$=\frac{1}{3}(P\{Y\leqslant z+1\}+P\{Y\leqslant z\}+P\{Y\leqslant z-1\})$$
$$=\frac{1}{3}[F_Y(z+1)+F_Y(z)+F_Y(z-1)].$$

$$f_Z(z)=F'_Z(z)=\frac{1}{3}[f_Y(z+1)+f_Y(z)+f_Y(z-1)].$$

由于 $f_Y(z)=\begin{cases}1,&0\leqslant z<1,\\0,&\text{其他},\end{cases}$ $f_Y(z+1)=\begin{cases}1,&0\leqslant z+1<1\\0,&\text{其他}\end{cases}=\begin{cases}1,&-1\leqslant z<0,\\0,&\text{其他},\end{cases}$

$f_Y(z-1)=\begin{cases}1,&0\leqslant z-1<1\\0,&\text{其他}\end{cases}=\begin{cases}1,&1\leqslant z<2,\\0,&\text{其他},\end{cases}$

则 Z 的概率密度为 $f_Z(z)=\begin{cases}\dfrac{1}{3},&-1\leqslant z<2,\\0,&\text{其他}.\end{cases}$

例3 （2009 数一、三）设 X 与 Y 相互独立，且 $X\sim N(0,1)$，Y 的分布为 $P\{Y=0\}=$

$P\{Y=1\}=\dfrac{1}{2}$,记 $F_Z(z)$ 是 $Z=XY$ 的分布函数,则 $F_Z(z)$ 的间断点个数为( ).

(A) 0   (B) 1   (C) 2   (D) 3

解 $\quad F_Z(z)=P\{Z\leqslant z\}=P\{XY\leqslant z\}=P\{XY\leqslant z,Y=0\}+P\{XY\leqslant z,Y=1\}$

$$=P\{0\leqslant z,Y=0\}+P\{X\leqslant z,Y=1\}$$

$$=P\{0\leqslant z\}P\{Y=0\}+P\{X\leqslant z\}P\{Y=1\}$$

$$=\frac{1}{2}\big[P\{0\leqslant z\}+P\{X\leqslant z\}\big]=\frac{1}{2}P\{0\leqslant z\}+\frac{1}{2}\Phi(z).$$

由于当 $z<0$ 时,$P\{0\leqslant z\}=0$;当 $z\geqslant 0$ 时,$P\{0\leqslant z\}=1$,则

$$F_Z(z)=\begin{cases}\dfrac{1}{2}\Phi(z), & z<0,\\[3mm]\dfrac{1}{2}\big[1+\Phi(z)\big], & z\geqslant 0,\end{cases}$$

由此可知,$z=0$ 是函数 $F_Z(z)$ 的唯一间断点,则答案为(B).

例 4 $\quad X$ 与 Y 相互独立,$Y\sim\begin{bmatrix}-1 & 1\\[2mm]\dfrac{1}{4} & \dfrac{3}{4}\end{bmatrix}$.

(1) 如果 X 服从参数为 λ 的泊松分布,求 $Z=XY$ 的概率分布;

(2) 如果 X 服从标准正态分布,求 $Z=XY$ 的概率密度.

解 (1) 已知 $P\{X=k\}=\dfrac{\lambda^k}{k!}\mathrm{e}^{-\lambda}(k=0,1,\cdots)$,$Y$ 可能取值为 $1,-1$,X 与 Y 独立,故 $Z=XY$ 可能取值为 $0,\pm1,\pm2,\cdots,\pm k,\cdots$,其概率分布为

$$P\{Z=XY=0\}=P\{X=0\}=\mathrm{e}^{-\lambda},$$

$$P\{XY=k\}=P\{X=k\}P\{Y=1\}=\frac{3}{4}\cdot\frac{\lambda^k}{k!}\mathrm{e}^{-\lambda},$$

$$P\{XY=-k\}=P\{X=k\}P\{Y=-1\}=\frac{1}{4}\cdot\frac{\lambda^k}{k!}\mathrm{e}^{-\lambda},\ k=1,2,3,\cdots.$$

(2) 先求 $Z=XY$ 的分布函数.

$$F_Z(z)=P\{XY\leqslant z\}=P\{XY\leqslant z,Y=-1\}+P\{XY\leqslant z,Y=1\}$$

$$=P\{-X\leqslant z,Y=-1\}+P\{X\leqslant z,Y=1\}$$

$$=P\{Y=-1\}P\{X\geqslant -z\}+P\{Y=1\}P\{X\leqslant z\}$$

$$=\frac{1}{4}\big[1-P\{X<-z\}\big]+\frac{3}{4}P\{X\leqslant z\}=\frac{1}{4}\big[1-\Phi(-z)\big]+\frac{3}{4}\Phi(z)$$

$$=\frac{1}{4}\Phi(z)+\frac{3}{4}\Phi(z)=\Phi(z),$$

即 $Z=XY$ 服从标准正态分布,其密度函数 $f_Z(z)=\dfrac{1}{\sqrt{2\pi}}\mathrm{e}^{-\frac{1}{2}z^2}$.

例 5 已知 X 与 Y 独立,X 在 $[0,1]$ 上服从均匀分布,Y 的分布函数为 $F_Y(y)$.

令 $Z=\begin{cases} Y, & X\leqslant\dfrac{1}{2}, \\[2mm] X, & X>\dfrac{1}{2}, \end{cases}$ 求 Z 的分布函数 $F_Z(z)$.

解 $X\sim f_X(x)=\begin{cases} 1, & 0\leqslant x\leqslant 1, \\ 0, & \text{其他}, \end{cases}$ $Z=\begin{cases} Y, & X\leqslant\dfrac{1}{2}, \\[2mm] X, & X>\dfrac{1}{2}, \end{cases}$ 应用全概率公式及 X 与 Y

的独立性可求得 Z 的分布函数

$$
\begin{aligned}
F_Z(z) &= P\{Z\leqslant z\} = P\left\{Z\leqslant z,\, X\leqslant\frac{1}{2}\right\} + P\left\{Z\leqslant z,\, X>\frac{1}{2}\right\} \\[2mm]
&= P\left\{X\leqslant\frac{1}{2}\right\} P\{Y\leqslant z\} + P\left\{X\leqslant z,\, X>\frac{1}{2}\right\} \\[2mm]
&= \frac{1}{2}F_Y(z) + P\left\{X\leqslant z,\, X>\frac{1}{2}\right\} \\[2mm]
&= \begin{cases} \dfrac{1}{2}F_Y(z), & z<\dfrac{1}{2} \\[2mm] \dfrac{1}{2}F_Y(z) + P\left\{\dfrac{1}{2}<X\leqslant z\right\}, & \dfrac{1}{2}\leqslant z<1 \\[2mm] \dfrac{1}{2}F_Y(z) + P\left\{\dfrac{1}{2}<X\leqslant 1\right\}, & z\geqslant 1 \end{cases} \\[2mm]
&= \begin{cases} \dfrac{1}{2}F_Y(z), & z<\dfrac{1}{2}, \\[2mm] \dfrac{1}{2}F_Y(z) + z - \dfrac{1}{2}, & \dfrac{1}{2}\leqslant z<1, \\[2mm] \dfrac{1}{2}F_Y(z) + \dfrac{1}{2}, & z\geqslant 1. \end{cases}
\end{aligned}
$$

例 6 X 与 Y 独立,$X\sim\begin{bmatrix} 0 & 1 \\ \dfrac{1}{4} & \dfrac{3}{4} \end{bmatrix}$,$Y$ 服从参数为 1 的指数分布,记 $U=\begin{cases} 0, & X<Y, \\ 1, & X\geqslant Y, \end{cases}$

$V=\begin{cases} 0, & X<2Y, \\ 1, & X\geqslant 2Y, \end{cases}$ 求 (U,V) 的联合分布.

解 (U, V)是离散型随机变量,X 是离散型的,X 与 Y 独立.

由全概公式,

$$P\{U=0\}=P\{X<Y\}=P\{X<Y, X=0\}+P\{X<Y, X=1\}$$
$$=P\{Y>0, X=0\}+P\{Y>1, X=1\}$$
$$=P\{X=0\}P\{Y>0\}+P\{X=1\}P\{Y>1\}$$
$$=\frac{1}{4}\times 1+\frac{3}{4}\int_1^{+\infty}e^{-y}dy=\frac{1}{4}+\frac{3}{4}e^{-1},$$

$$P\{U=1\}=1-P\{U=0\}=\frac{3}{4}-\frac{3}{4}e^{-1},$$

$$P\{V=0\}=P\{X<2Y\}=P\{X<2Y, X=0\}+P\{X<2Y, X=1\}$$
$$=P\{Y>0, X=0\}+P\left\{Y>\frac{1}{2}, X=1\right\}$$
$$=\frac{1}{4}+\frac{3}{4}\int_{\frac{1}{2}}^{+\infty}e^{-y}dy=\frac{1}{4}+\frac{3}{4}e^{-\frac{1}{2}},$$

$$P\{V=1\}=1-P\{V=0\}=\frac{3}{4}-\frac{3}{4}e^{-\frac{1}{2}}.$$

又 $P\{U=0, V=1\}=P\{X<Y, X\geqslant 2Y\}=0$,所以$(U, V)$的联合分布为

V \\ U	0	1	$p._j$
0	$\frac{1}{4}+\frac{3}{4}e^{-1}$	$\frac{3}{4}e^{-\frac{1}{2}}-\frac{3}{4}e^{-1}$	$\frac{1}{4}+\frac{3}{4}e^{-\frac{1}{2}}$
1	0	$\frac{3}{4}-\frac{3}{4}e^{-\frac{1}{2}}$	$\frac{3}{4}-\frac{3}{4}e^{-\frac{1}{2}}$
$p_i.$	$\frac{1}{4}+\frac{3}{4}e^{-1}$	$\frac{3}{4}-\frac{3}{4}e^{-1}$	1

【强 化 篇】

【公式总结】

联合分布函数 $\begin{cases}\text{联合分布函数 } F(x, y)=P\{X\leqslant x, Y\leqslant y\}\\ \text{边缘分布函数 } F_X(x)=F(x, +\infty), F_Y(y)=F(+\infty, y)\\ \text{独立性 } F(x, y)=F_X(x)F_Y(y)\end{cases}$

离散型随机变量
- 联合分布律 $P\{X = x_i, Y = y_j\} = p_{ij}$
- 边缘分布律 $P\{X = x_i\} = p_{i\cdot},\ P\{Y = y_i\} = p_{\cdot j}$
- 条件概率 $P\{X = x_i \mid Y = y_j\} = \dfrac{p_{ij}}{p_{\cdot j}},\ P\{Y = y_j \mid X = x_i\} = \dfrac{p_{ij}}{p_{i\cdot}}$
- 独立性 $p_{ij} = p_{i\cdot}\,p_{\cdot j}$

连续型随机变量
- 概率密度 $f(x, y)$
  - $\displaystyle\int_{-\infty}^{+\infty}\int_{-\infty}^{+\infty} f(x, y)\mathrm{d}x\,\mathrm{d}y = 1$
  - $P\{(X, Y) \in D\} = \displaystyle\iint_{D} f(x, y)\mathrm{d}\sigma$
- 边缘概率密度
  - $f_X(x) = \displaystyle\int_{-\infty}^{+\infty} f(x, y)\mathrm{d}y$
  - $f_Y(y) = \displaystyle\int_{-\infty}^{+\infty} f(x, y)\mathrm{d}x$
- 条件概率密度
  - $f_{X|Y}(x \mid y) = \dfrac{f(x, y)}{f_Y(y)}$
  - $f_{Y|X}(y \mid x) = \dfrac{f(x, y)}{f_X(x)}$
- 独立性 $f(x, y) = f_X(x)f_Y(y)$
- 两个常见分布
  - $f(x, y) = \begin{cases} \dfrac{1}{S_G}, & (x, y) \in G \\ 0, & (x, y) \notin G \end{cases}$
  - $(X, Y) \sim N(\mu_1, \mu_2; \sigma_1^2, \sigma_2^2; \rho)$

随机变量函数 $Z = g(X, Y)$
- 离散型:罗列
- 混合型:将离散型罗列
- 连续型
  - 分布函数法:$F_Z(z) = P\{Z \leqslant z\} = P\{g(X, Y) \leqslant z\}$
    $= \displaystyle\iint_{g(x, y)\leqslant z} f(x, y)\mathrm{d}x\,\mathrm{d}y,\ f_Z(z) = F_Z'(z)$
  - 最值分布:$F_{\max}(z) = [F(z)]^n,\ F_{\min}(z) = 1 - [1 - F(z)]^n$
  - 公式法
    - $Z = aX + bY(a, b \neq 0)$:$f_Z(z) = \displaystyle\int_{-\infty}^{+\infty} \dfrac{1}{|b|} f\left(x, \dfrac{z - ax}{b}\right)\mathrm{d}x$
    - 或 $f_Z(z) = \displaystyle\int_{-\infty}^{+\infty} \dfrac{1}{|a|} f\left(\dfrac{z - by}{a}, y\right)\mathrm{d}y$
    - $Z = XY$:$f_Z(z) = \displaystyle\int_{-\infty}^{+\infty} \dfrac{1}{|x|} f\left(x, \dfrac{z}{x}\right)\mathrm{d}x$
    - 或 $f_Z(z) = \displaystyle\int_{-\infty}^{+\infty} \dfrac{1}{|y|} f\left(\dfrac{z}{y}, y\right)\mathrm{d}y$
    - $Z = \dfrac{Y}{X}$:$f_Z(z) = \displaystyle\int_{-\infty}^{+\infty} |x| f(x, xz)\mathrm{d}x$

3.7 典型题型一 二维联合分布函数

【例题精讲】

例 1 $F(x, y) = \begin{cases} 1, & x+y \geqslant 1, \\ 0, & x+y < 1 \end{cases}$，能否成为某二维随机变量的分布函数？

解 $F(1, 1) - F(1, 0) - F(0, 1) + F(0, 0) = -1 < 0$，不满足性质(5)，虽然满足(1)(2)(3)(4)，也不能成为分布函数.

例 2 (1995 数三) $f(x, y) = \begin{cases} 4xy, & 0 \leqslant x \leqslant 1, 0 \leqslant y \leqslant 1, \\ 0, & 其他, \end{cases}$ 求 $F(x, y)$.

解 $F(x, y) = P\{X \leqslant x, Y \leqslant y\}$
$$= \iint\limits_{D} f(u, v) \mathrm{d}u \mathrm{d}v.$$

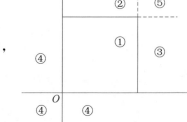

根据 $f(x, y) \neq 0$ 的区域 $D = \{(x, y) \mid 0 \leqslant x \leqslant 1,$ $0 \leqslant y \leqslant 1\}$，由右图，应分五种情形：

① $0 < x \leqslant 1, 0 < y \leqslant 1$；

② $0 < x \leqslant 1, y > 1$；

③ $x > 1, 0 < y \leqslant 1$；

④ $x \leqslant 0$ 或 $y \leqslant 0$；

⑤ $x > 1, y > 1$.

当 $0 < x \leqslant 1, 0 < y \leqslant 1$ 时，$F(x, y) = \int_0^x \int_0^y 4uv \mathrm{d}u \mathrm{d}v = x^2 y^2$；

当 $0 < x \leqslant 1, y > 1$ 时，$F(x, y) = \int_0^x \int_0^1 4uv \mathrm{d}u \mathrm{d}v = x^2$；

当 $x > 1, 0 < y \leqslant 1$ 时，$F(x, y) = \int_0^1 \int_0^y 4uv \mathrm{d}u \mathrm{d}v = y^2$；

当 $x \leqslant 0$ 或 $y \leqslant 0$ 时，$F(x, y) = 0$；

当 $x > 1, y > 1$ 时，$F(x, y) = \int_0^1 \int_0^1 4uv \mathrm{d}u \mathrm{d}v = 1$.

例 3 设随机变量 X_1, X_2, X_3 相互独立，其中 X_1 与 X_2 均服从标准正态分布，X_3 的概率分布为 $P\{X_3 = 0\} = P\{X_3 = 1\} = \dfrac{1}{2}$，$Y = X_3 X_1 + (1 - X_3) X_2$.

(1) 求二维随机变量 (X_1, Y) 的分布函数，结果用标准正态分布函数 $\Phi(x)$ 表示；

(2) 证明随机变量 Y 服从标准正态分布.

(1) 解 $F(x, y) = P\{X_1 \leqslant x, Y \leqslant y\}$

$$= \frac{1}{2} P\{X_1 \leqslant x, X_2 \leqslant y\} + \frac{1}{2} P\{X_1 \leqslant x, X_1 \leqslant y\}$$

$$= \frac{1}{2} \Phi(x) \Phi(y) + \frac{1}{2} \Phi(\min\{x, y\})$$

$$= \begin{cases} \frac{1}{2} \Phi(x)[1 + \Phi(y)], & x \leqslant y, \\ \frac{1}{2} \Phi(y)[1 + \Phi(x)], & x > y. \end{cases}$$

(2) 证 $F_Y(y) = F_{X_1, Y}(+\infty, y) = \frac{1}{2} \Phi(y)[1 + \Phi(+\infty)] = \Phi(y)$，故 Y 服从标准正态分布.

3.8 典型题型二 二维离散型随机变量

例 1 (2005 数一、三、四)(X, Y) 的联合概率分布为

X \ Y	0	1
0	0.4	a
1	b	0.1

且已知事件 $\{X = 0\}$ 与 $\{X + Y = 1\}$ 相互独立,则( ).

(A) $a = 0.2, b = 0.3$ (B) $a = 0.4, b = 0.1$

(C) $a = 0.3, b = 0.2$ (D) $a = 0.1, b = 0.4$

解 由 (X, Y) 的联合分布律知 $a + 0.4 + b + 0.1 = 1 \Rightarrow a + b = 0.5$.

$P\{X = 0, X + Y = 1\} = P\{X = 0\}P\{X + Y = 1\}$,

$P\{X = 0\} = a + 0.4, P\{X + Y = 1\} = a + b = 0.5$,

$P\{X = 0, X + Y = 1\} = P\{X = 0, Y = 1\} = a \Rightarrow a = 0.5(a + 0.4) \Rightarrow a = 0.4 \Rightarrow b = 0.1$.

所以答案为(B).

例 2 将一枚均匀硬币连掷三次,以 X 表示三次试验中出现正面的次数,Y 表示出现正面的次数与出现反面的次数的差的绝对值,求 (X, Y) 的联合分布律.

解 $X: 0, 1, 2, 3, X \sim B\left(3, \frac{1}{2}\right); Y: 1, 3$.

$(X, Y): (0, 1), (1, 1), (2, 1), (3, 1), (0, 3), (1, 3), (2, 3), (3, 3)$.

$$P\{X=0,Y=1\}=P\{\varnothing\}=0.$$

$$P\{X=1,Y=1\}=P\{X=1\}=C_3^1\frac{1}{2}\left(\frac{1}{2}\right)^2=\frac{3}{8}.$$

$$P\{X=2,Y=1\}=P\{X=2\}=C_3^2\left(\frac{1}{2}\right)^2\frac{1}{2}=\frac{3}{8}.$$

$$P\{X=3,Y=1\}=P\{\varnothing\}=0.$$

同理得到 $P\{X=0,Y=3\}=\dfrac{1}{8}$，$P\{X=1,Y=3\}=0$，$P\{X=2,Y=3\}=0$，$P\{X=3,Y=3\}=\dfrac{1}{8}$.

Y \ X	0	1	2	3
1	0	$\dfrac{3}{8}$	$\dfrac{3}{8}$	0
3	$\dfrac{1}{8}$	0	0	$\dfrac{1}{8}$

例 3 已知随机变量 X 与 Y 的概率分布分别为 $P\{X=-1\}=\dfrac{1}{4}$，$P\{X=0\}=\dfrac{1}{2}$，$P\{X=1\}=\dfrac{1}{4}$，$P\{Y=0\}=\dfrac{1}{4}$，$P\{Y=1\}=\dfrac{1}{2}$，$P\{Y=2\}=\dfrac{1}{4}$，并且 $P\{X+Y=1\}=1$.

(1) 求 (X,Y) 的联合分布. (2) X 与 Y 是否独立？为什么？

解 (1) 由题设 $P\{X+Y=1\}=1$，即

$$P\{X=-1,Y=2\}+P\{X=0,Y=1\}+P\{X=1,Y=0\}=1,$$

故其余分布值为零，即

$$P\{X=-1,Y=0\}+P\{X=-1,Y=1\}+P\{X=0,Y=0\}+P\{X=0,Y=2\}$$
$$+P\{X=1,Y=1\}+P\{X=1,Y=2\}=0,$$

由此可求得联合分布为

X \ Y	0	1	2	$P\{X=i\}$
-1	0	0	$\dfrac{1}{4}$	$\dfrac{1}{4}$

(续表)

X \ Y	0	1	2	$P\{X=i\}$
0	0	$\dfrac{1}{2}$	0	$\dfrac{1}{2}$
1	$\dfrac{1}{4}$	0	0	$\dfrac{1}{4}$
$P\{Y=j\}$	$\dfrac{1}{4}$	$\dfrac{1}{2}$	$\dfrac{1}{4}$	

(2) 因为 $P\{X=-1, Y=0\}=0 \neq P\{X=-1\}P\{Y=0\}=\dfrac{1}{4}\times\dfrac{1}{4}=\dfrac{1}{16}$，所以 X 与 Y 不独立.

注　设 $P\{X=i, Y=j\}=p_{ij}$，$i, j=1, 2, \cdots$，只有证实了对于所有的 i, j 都有等式成立，才能说 X 与 Y 相互独立. 而只要知道存在某一对 i, j，有

$$P\{X=i, Y=j\} \neq P\{X=i\}P\{Y=j\},$$

就可断言 X 与 Y 不是相互独立的，如本题.

例 4　设随机变量 $X_i \sim \begin{bmatrix} -1 & 0 & 1 \\ \dfrac{1}{4} & \dfrac{1}{2} & \dfrac{1}{4} \end{bmatrix}$ $(i=1, 2)$，且满足条件 $P\{X_1+X_2=0\}=1$，则 $P\{X_1=X_2\}=$ _____.

解　由 $P\{X_1+X_2=0\}=1$，可得 $P\{X_1+X_2\neq0\}=0$，即

$$P\{X_1=-1, X_2=-1\}=P\{X_1=-1, X_2=0\}=P\{X_1=0, X_2=-1\}=0,$$

$$P\{X_1=0, X_2=1\}=P\{X_1=1, X_2=0\}=P\{X_1=1, X_2=1\}=0.$$

结合边缘分布律，可得联合分布为

X_1 \ X_2	-1	0	1
-1	0	0	$\dfrac{1}{4}$
0	0	$\dfrac{1}{2}$	0
1	$\dfrac{1}{4}$	0	0

因此

$$P\{X_1 = X_2\} = 0 + \frac{1}{2} + 0 = \frac{1}{2}.$$

例5 已知 $P\{X=0\} = \frac{1}{4}$，$P\{X=1\} = \frac{3}{4}$，$P\left\{Y=-\frac{1}{2}\right\} = 1$. 又 n 维向量 $\boldsymbol{\alpha}_1$，$\boldsymbol{\alpha}_2$，$\boldsymbol{\alpha}_3$ 线性无关，则向量组 $\boldsymbol{\alpha}_1 + \boldsymbol{\alpha}_2$，$\boldsymbol{\alpha}_2 + 2\boldsymbol{\alpha}_3$，$X\boldsymbol{\alpha}_3 + Y\boldsymbol{\alpha}_1$ 线性相关的概率为_____.

解 要使 $(\boldsymbol{\alpha}_1 + \boldsymbol{\alpha}_2, \boldsymbol{\alpha}_2 + 2\boldsymbol{\alpha}_3, X\boldsymbol{\alpha}_3 + Y\boldsymbol{\alpha}_1) = (\boldsymbol{\alpha}_1, \boldsymbol{\alpha}_2, \boldsymbol{\alpha}_3) \begin{bmatrix} 1 & 0 & Y \\ 1 & 1 & 0 \\ 0 & 2 & X \end{bmatrix}$ 线性相关，则

$$\begin{vmatrix} 1 & 0 & Y \\ 1 & 1 & 0 \\ 0 & 2 & X \end{vmatrix} = X + 2Y = 0,$$

因此

$$P\{X + 2Y = 0\} = P\left\{X=1, Y=-\frac{1}{2}\right\} = P\{X=1\}P\left\{Y=-\frac{1}{2}\right\} = \frac{3}{4}.$$

注 概率为 1 的事件与任意事件相互独立.

例6 以 X 表示某医院一天出生的婴儿数，Y 表示其中男婴的个数，已知 (X, Y) 的分布律为

$$P\{X=n, Y=m\} = \frac{e^{-14}(7.14)^m(6.86)^{n-m}}{m!(n-m)!}, \quad n=0, 1, 2, \cdots; \; m=0, 1, 2, \cdots, n.$$

(1) 求边缘分布律；

(2) 求条件分布律；

(3) 求当 $X=20$ 时，Y 的条件分布律.

解 (1) $P\{X=n\} = \sum_{m=0}^{n} P\{X=n, Y=m\} = \sum_{m=0}^{n} \frac{e^{-14}(7.14)^m(6.86)^{n-m}}{m!(n-m)!}$

$$= \sum_{m=0}^{\infty} \frac{n!}{m!(n-m)!} \frac{e^{-14}(7.14)^m(6.86)^{n-m}}{n!}$$

$$= \frac{(7.14+6.86)^n e^{-14}}{n!} = \frac{14^n e^{-14}}{n!}, \quad n=0, 1, 2, \cdots.$$

$P\{Y=m\} = \sum_{n=m}^{\infty} P\{X=n, Y=m\} = \sum_{n=m}^{\infty} \frac{(6.86)^{n-m}(7.14)^m e^{-14}}{m!(n-m)!}$

$$= \sum_{n=0}^{\infty} \frac{(6.86)^n(7.14)^m}{m!n!} e^{-14} = \frac{(7.14)^m e^{-7.14}}{m!}, \quad m=0, 1, 2, \cdots.$$

$\left(\sum\limits_{n=0}^{\infty}\dfrac{(6.86)^n}{n!}\mathrm{e}^{-6.86}\right.$ 可以理解成某离散型随机变量 X 服从参数为 6.86 的泊松分布, 由

分布律的规范性可得 $\left. 1. \right)$

(2) 对于 $m=0,\ 1,\ 2,\ \cdots,$

$$P\{X=n \mid Y=m\}=\frac{P\{X=n,\ Y=m\}}{P\{Y=m\}}=\frac{\dfrac{\mathrm{e}^{-14}(7.14)^m(6.86)^{n-m}}{m!(n-m)!}}{\dfrac{(7.14)^m\mathrm{e}^{-7.14}}{m!}}$$

$$=\frac{(6.86)^{n-m}\mathrm{e}^{-6.86}}{(n-m)!}\ (n=m,\ m+1,\ \cdots).$$

对于 $n=0,\ 1,\ 2,\ \cdots,$

$$P\{Y=m \mid X=n\}=\frac{P\{X=n,\ Y=m\}}{P\{X=n\}}=\frac{\dfrac{\mathrm{e}^{-14}(7.14)^m(6.86)^{n-m}}{m!(n-m)!}}{\dfrac{(14)^n\mathrm{e}^{-14}}{n!}}$$

$$=\mathrm{C}_n^m\frac{(7.14)^m(6.86)^{n-m}}{(7.14+6.86)^m \cdot (7.14+6.86)^{n-m}}$$

$$\left[\text{因为 } \mathrm{C}_n^m=\frac{n!}{m!(n-m)!},\text{把 } 14^n \text{ 分解成}(7.14+6.86)^m \cdot (7.14+6.86)^{n-m}\right]$$

$$=\mathrm{C}_n^m\left(\frac{7.14}{7.14+6.86}\right)^m\left(\frac{6.86}{7.14+6.86}\right)^{n-m}$$

$$=\mathrm{C}_n^m(0.51)^m(0.49)^{n-m},\ m=0,\ 1,\ \cdots,\ n.$$

(3) 当 $X=20$ 时, $P\{Y=m \mid X=20\}=\mathrm{C}_{20}^m(0.51)^m(0.49)^{20-m},\ m=0,\ 1,\ \cdots,\ 20.$

3.9　典型题型三　二维连续型随机变量

例 1　设随机变量 X 与 Y 相互独立, 且分别服从参数为 1 与参数为 4 的指数分布, 则 $P\{X<Y\}=(\qquad).$

(A) $\dfrac{1}{5}$ 　　　　(B) $\dfrac{1}{3}$ 　　　　(C) $\dfrac{2}{3}$ 　　　　(D) $\dfrac{4}{5}$

解　由条件可知 $X,\ Y$ 的概率密度函数分别为

$$f_X(x)=\begin{cases}\mathrm{e}^{-x}, & x>0,\\ 0, & x\leqslant 0,\end{cases}\ f_Y(y)=\begin{cases}4\mathrm{e}^{-4y}, & y>0,\\ 0, & y\leqslant 0.\end{cases}$$

又二者独立,所以其联合密度函数为

$$f(x,y)=f_X(x)f_Y(y)=\begin{cases}4e^{-(x+4y)}, & x>0,y>0,\\ 0, & 其他,\end{cases}$$

从而

$$P\{X<Y\}=\iint\limits_{0<x<y}4e^{-(x+4y)}\,\mathrm{d}x\,\mathrm{d}y=\int_0^{+\infty}\mathrm{d}x\int_x^{+\infty}4e^{-(x+4y)}\,\mathrm{d}y=\frac{1}{5},$$

所以选(A).

例 2 设二维随机变量(X,Y)的概率密度为$f(x,y)=\begin{cases}k, & 0<x^2<y<x<1,\\ 0, & 其他,\end{cases}$则

常数$k=(\quad)$.

(A) 5   (B) 6   (C) 7   (D) 8

解 由规范性可知

$$\int_{-\infty}^{+\infty}\int_{-\infty}^{+\infty}f(x,y)\,\mathrm{d}x\,\mathrm{d}y=k\int_0^1\mathrm{d}x\int_{x^2}^x\mathrm{d}y=\frac{k}{6}=1,$$

解得$k=6$.

例 3 设二维随机变量(X,Y)的概率密度为$f(x,y)=\begin{cases}6(1-y), & 0<x<y<1,\\ 0, & 其他,\end{cases}$则

$P\{X+Y<1\}=(\quad)$.

(A) $\dfrac{1}{2}$ (B) $\dfrac{3}{4}$ (C) $\dfrac{2}{3}$ (D) $\dfrac{3}{8}$

解 $P\{X+Y<1\}=\iint\limits_{x+y<1}f(x,y)\,\mathrm{d}x\,\mathrm{d}y=6\int_0^{0.5}\mathrm{d}x\int_x^{1-x}(1-y)\,\mathrm{d}y=\frac{3}{4}$.

选(B).

例 4 设二维随机变量(X,Y)的联合概率密度为

$$f(x,y)=\begin{cases}6e^{-(2x+3y)}, & x>0,\ y>0,\\ 0, & 其他.\end{cases}$$

(1) 求(X,Y)的边缘概率密度$f_X(x)$,$f_Y(y)$;

(2) 求条件概率密度$f_{Y|X}(y|x)$.

解 (1) $f_X(x)=\displaystyle\int_{-\infty}^{+\infty}f(x,y)\,\mathrm{d}y$.

当$x>0$时,有$f_X(x)=\displaystyle\int_0^{+\infty}6e^{-(2x+3y)}\,\mathrm{d}y=2e^{-2x}$,因此有

$$f_X(x) = \begin{cases} 2e^{-2x}, & x > 0, \\ 0, & x \leqslant 0. \end{cases}$$

同理,可得

$$f_Y(y) = \begin{cases} 3e^{-3y}, & y > 0, \\ 0, & y \leqslant 0. \end{cases}$$

(2) 因为 $f_{Y|X}(y \mid x) = \dfrac{f(x, y)}{f_X(x)}$,所以当 $x > 0$ 时,有

$$f_{Y|X}(y \mid x) = f_Y(y) = \begin{cases} 3e^{-3y}, & y > 0, \\ 0, & y \leqslant 0. \end{cases}$$

例 5 设二维随机变量 (X, Y) 的概率密度为 $f(x, y) = \begin{cases} 1, & 0 < x < 1, |y| < x, \\ 0, & 其他. \end{cases}$ 求条件概率密度 $f_{Y|X}(y \mid x)$, $f_{X|Y}(x \mid y)$.

解 $f_X(x) = \displaystyle\int_{-\infty}^{+\infty} f(x, y)\mathrm{d}y = \begin{cases} \displaystyle\int_{-x}^{x} \mathrm{d}y = 2x, & 0 < x < 1, \\ 0, & 其他. \end{cases}$

$$f_Y(y) = \int_{-\infty}^{+\infty} f(x, y)\mathrm{d}x = \begin{cases} \displaystyle\int_{-y}^{1} \mathrm{d}x = 1 + y, & -1 < y < 0, \\ \displaystyle\int_{y}^{1} \mathrm{d}x = 1 - y, & 0 \leqslant y < 1, \\ 0, & 其他. \end{cases}$$

当 $f_X(x) > 0$ 时,$f_{Y|X}(y \mid x) = \dfrac{f(x, y)}{f_X(x)} = \begin{cases} \dfrac{1}{2x}, & 0 < x < 1, |y| < x, \\ 0, & 其他. \end{cases}$

当 $f_Y(y) > 0$ 时,$f_{X|Y}(x \mid y) = \dfrac{f(x, y)}{f_Y(y)} = \begin{cases} \dfrac{1}{1+y}, & 0 < x < 1, -x < y < 0, \\ \dfrac{1}{1-y}, & 0 < x < 1, 0 \leqslant y < x, \\ 0, & 其他. \end{cases}$

例 6 (2010 数一、三)设 $f(x, y) = Ae^{-2x^2 + 2xy - y^2}$,$-\infty < x, y < +\infty$,求:(1) A;(2) $f_X(x)$.

解 由 $f_X(x) = \displaystyle\int_{-\infty}^{+\infty} f(x, y)\mathrm{d}y = A\int_{-\infty}^{+\infty} e^{-2x^2 + 2xy - y^2}\mathrm{d}y$

$$= A\int_{-\infty}^{+\infty} e^{-(y^2 - 2xy + x^2) - x^2}\mathrm{d}y = Ae^{-x^2}\int_{-\infty}^{+\infty} e^{-(y-x)^2}\mathrm{d}y$$

$$\xrightarrow{\text{令}\ y - x = t} Ae^{-x^2}\int_{-\infty}^{+\infty} e^{-t^2}\mathrm{d}t = Ae^{-x^2}\sqrt{\pi}.$$

$$\left[\, \diamondsuit\ I=\int_{-\infty}^{+\infty}\mathrm{e}^{-x^2}\,\mathrm{d}x\,,\ I^2=\iint\limits_{D}\mathrm{e}^{-x^2}\,\mathrm{e}^{-y^2}\,\mathrm{d}x\,\mathrm{d}y=\int_{0}^{2\pi}\mathrm{d}\theta\int_{0}^{+\infty}\mathrm{e}^{-r^2}r\,\mathrm{d}r=\pi,\ \text{故}\ I=\sqrt{\pi}.\right.$$

$$\text{或者}\int_{-\infty}^{+\infty}\mathrm{e}^{-t^2}\,\mathrm{d}t=\sqrt{\pi}\ \frac{1}{\sqrt{2\pi}\,\dfrac{1}{\sqrt{2}}}\int_{-\infty}^{+\infty}\mathrm{e}^{-\frac{1}{2}\frac{t^2}{\left(\frac{1}{\sqrt{2}}\right)^2}}\,\mathrm{d}t=\sqrt{\pi}\ (\text{构造正态分布的概率密度函数}).\ \Big]$$

再由

$$\int_{-\infty}^{+\infty}f_X(x)\,\mathrm{d}x=1\Rightarrow\int_{-\infty}^{+\infty}A\sqrt{\pi}\,\mathrm{e}^{-x^2}\,\mathrm{d}x=1,$$

$$A\sqrt{\pi}\,\sqrt{\pi}=1\Rightarrow A=\frac{1}{\pi},$$

$$f_X(x)=\frac{1}{\sqrt{\pi}}\mathrm{e}^{-x^2},\ -\infty<x<+\infty.$$

例 7 (2013 数三)设 (X,Y) 是二维随机变量,且 $f_X(x)=\begin{cases}3x^2, & 0<x<1,\\ 0, & \text{其他}.\end{cases}$ 在给定 $X=x\ (0<x<1)$ 的条件下,Y 的条件概率密度为

$$f_{Y|X}(y\mid x)=\begin{cases}\dfrac{3y^2}{x^3}, & 0<y<x,\\[2mm] 0, & \text{其他}.\end{cases}$$

求:(1) $f(x,y)$;(2) $f_Y(y)$;(3) $P\{X>2Y\}$.

解 (1) $f(x,y)=f_X(x)f_{Y|X}(y\mid x)=\begin{cases}\dfrac{9y^2}{x}, & 0<x<1,\ 0<y<x,\\[2mm] 0, & \text{其他}.\end{cases}$

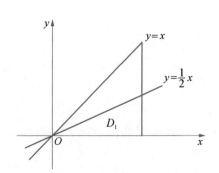

(2) $f_Y(y)=\displaystyle\int_{-\infty}^{+\infty}f(x,y)\,\mathrm{d}x$

$\qquad =\begin{cases}\displaystyle\int_{y}^{1}\dfrac{9y^2}{x}\,\mathrm{d}x, & 0<y<1\\[3mm] 0, & \text{其他}\end{cases}$

$\qquad =\begin{cases}-9y^2\ln y, & 0<y<1,\\[2mm] 0, & \text{其他}.\end{cases}$

(3) $P\{X>2Y\}=\displaystyle\iint\limits_{D_1}\dfrac{9y^2}{x}\,\mathrm{d}x\,\mathrm{d}y=\int_{0}^{1}\left(\int_{0}^{\frac{x}{2}}\dfrac{9y^2}{x}\,\mathrm{d}y\right)\mathrm{d}x$

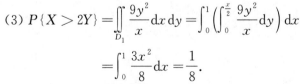

$\qquad =\displaystyle\int_{0}^{1}\dfrac{3x^2}{8}\,\mathrm{d}x=\dfrac{1}{8}.$

3.10 典型题型四　两个常见的连续型随机变量

例1　设随机变量 X 与 Y 相互独立,且都服从区间 $(0,1)$ 内的均匀分布,则下列服从相应区间或区域上均匀分布的是(　　).

(A) X^2　　　　　(B) $X-Y$　　　　　(C) $X+Y$　　　　　(D) (X,Y)

解　由第二章的学习可知 X^2 不服从均匀分布;应用独立和卷积公式可知, $X+Y$ 与 $X-Y$ 都不服从均匀分布;由 X,Y 的独立性知, (X,Y) 的联合密度 $f(x,y)=$ $\begin{cases} 1, & 0<x<1,0<y<1, \\ 0, & \text{其他}, \end{cases}$ 因此 (X,Y) 服从区域 $D=\{(x,y)\mid 0<x<1,0<y<1\}$ 上的二维均匀分布,应选(D).

例2　设平面区域 D 由曲线 $y=\dfrac{1}{x}$ 及直线 $y=0$, $x=1$, $x=\mathrm{e}^2$ 所围成,二维随机变量 (X,Y) 在区域 D 上服从均匀分布,则 (X,Y) 关于 X 的边缘概率密度在 $x=2$ 处的值为_____.

解　由题意易得

$$f(x,y)=\begin{cases} \dfrac{1}{2}, & (x,y)\in D, \\ 0, & \text{其他}. \end{cases}$$

$$f_X(x)=\int_{-\infty}^{+\infty}f(x,y)\mathrm{d}y=\begin{cases} \displaystyle\int_0^{\frac{1}{x}}\dfrac{1}{2}\mathrm{d}y=\dfrac{1}{2x}, & 1<x<\mathrm{e}^2, \\ 0, & \text{其他}. \end{cases}$$

故

$$f_X(2)=\dfrac{1}{2\times 2}=\dfrac{1}{4}.$$

例3　设 $(X,Y)\sim N(\mu_1,\mu_2;\sigma_1^2,\sigma_2^2;\rho)$,则 X 与 Y 相互独立的充要条件是 $\rho=0$.

证　由 $(X,Y)\sim N(\mu_1,\mu_2;\sigma_1^2,\sigma_2^2;\rho)$ 知 $X\sim N(\mu_1,\sigma_1^2)$, $Y\sim N(\mu_2,\sigma_2^2)$. 设 (X,Y) 的密度函数为 $f(x,y)$,相应的边缘概率密度分别为 $f_X(x)$ 和 $f_Y(y)$. 因此,若 X 与 Y 独立,有 $f(x,y)=f_X(x)f_Y(y)$. 令 $x=\mu_1$, $y=\mu_2$ 可得 $\dfrac{1}{\sqrt{1-\rho^2}}=1$,即 $\rho=0$.

另一方面,若 $\rho=0$,则显然有 $f(x,y)=f_X(x)f_Y(y)$ 对任意 $x,y\in\mathbf{R}$ 都成立,故 X 与 Y 相互独立.

例4　设二维随机变量 $(X,Y)\sim N(0,0;1,1;0)$,则概率 $P\left\{\dfrac{X}{Y}<0\right\}$ 为(　　).

(A) $\dfrac{1}{4}$ (B) $\dfrac{1}{2}$ (C) $\dfrac{1}{3}$ (D) $\dfrac{1}{2\pi}$

解 因为 $(X,Y) \sim N(0,0;1,1;0)$，所以 $X \sim N(0,1)$，$Y \sim N(0,1)$，且 X 与 Y 独立.

$$\begin{aligned}
P\left\{\dfrac{X}{Y} < 0\right\} &= P\{(X>0,Y<0) \bigcup (X<0,Y>0)\} \\
&= P\{X>0,Y<0\} + P\{X<0,Y>0\} \\
&= P\{X>0\}P\{Y<0\} + P\{X<0\}P\{Y>0\} \\
&= \dfrac{1}{2} \times \dfrac{1}{2} + \dfrac{1}{2} \times \dfrac{1}{2} = \dfrac{1}{2}.
\end{aligned}$$

故选(B).

例5 设随机变量 X，Y 相互独立，且 X 服从正态分布 $N(0,\sigma_1^2)$，Y 服从正态分布 $N(0,\sigma_2^2)$，则概率 $P\{|X-Y|<1\}$（   ）.

(A) 随 σ_1 与 σ_2 的减少而增加

(B) 随 σ_1 与 σ_2 的增加而增加

(C) 随 σ_1 的增加而减少，随 σ_2 的减少而增加

(D) 随 σ_1 的增加而增加，随 σ_2 的减少而减少

解 若随机变量 X，Y 相互独立，且 $X \sim N(\mu_1,\sigma_1^2)$，$Y \sim N(\mu_2,\sigma_2^2)$，则随机变量 $Z = aX+bY$（其中 a，b 为常数）仍然服从正态分布，且 $Z \sim N(a\mu_1+b\mu_2,a^2\sigma_1^2+b^2\sigma_2^2)$. 故 $X-Y \sim N(0,\sigma_1^2+\sigma_2^2)$，因而可得随着 σ_1，σ_2 减少而增加.

例6 已知随机变量 X 与 Y 相互独立，且都服从正态分布 $N\left(\mu,\dfrac{1}{2}\right)$. 如果 $P\{X+Y \leqslant 1\} = \dfrac{1}{2}$，则 $\mu = ($ $)$.

(A) -1 (B) 0 (C) $\dfrac{1}{2}$ (D) 1

解 利用正态分布的性质，则不需要进行二重积分的计算，甚至定积分都不需要计算. 易知 X 与 Y 相互独立，则 $X+Y \sim N(2\mu,1)$. 因此 $2\mu=1$，则 $\mu=\dfrac{1}{2}$. 选(C).

🏷 3.11 典型题型五 离散型随机变量的函数分布

例1 已知随机变量 X 与 Y 相互独立且都服从参数为 $\dfrac{1}{2}$ 的 0-1 分布，即 $P\{X=0\}=$

$P\{X=1\}=\dfrac{1}{2}$，$P\{Y=0\}=P\{Y=1\}=\dfrac{1}{2}$，定义随机变量 $Z=\begin{cases}1,\text{当 }X+Y\text{ 为偶数,}\\0,\text{当 }X+Y\text{ 为奇数,}\end{cases}$ 求 Z 的

分布及 (X,Z) 的联合分布,并问 X 与 Z 是否独立?

解　由于 (X,Y) 是二维离散随机变量,因此由边缘分布及相互独立可求得联合分布;应用解题一般模式,即可求得 Z 及 (X,Z) 的分布,进而判断 X,Z 是否独立.

由题设知 $(X,Y)\sim\begin{bmatrix}(0,0)&(0,1)&(1,0)&(1,1)\\[1mm]\dfrac{1}{4}&\dfrac{1}{4}&\dfrac{1}{4}&\dfrac{1}{4}\end{bmatrix}$，将其写成矩阵形式,求 Z 及

(X,Z) 的分布.

p_{ij}	$\dfrac{1}{4}$	$\dfrac{1}{4}$	$\dfrac{1}{4}$	$\dfrac{1}{4}$
(X,Y)	$(0,0)$	$(0,1)$	$(1,0)$	$(1,1)$
Z	1	0	0	0
(X,Z)	$(0,1)$	$(0,0)$	$(1,0)$	$(1,1)$

由此可得 Z 服从参数 $p=\dfrac{1}{2}$ 的 0-1 分布;(X,Z) 的联合概率分布为

X ＼ Z	0	1	
0	$\dfrac{1}{4}$	$\dfrac{1}{4}$	$\dfrac{1}{2}$
1	$\dfrac{1}{4}$	$\dfrac{1}{4}$	$\dfrac{1}{2}$
	$\dfrac{1}{2}$	$\dfrac{1}{2}$	

因 $P\{X=i,Z=j\}=\dfrac{1}{4}=\dfrac{1}{2}\times\dfrac{1}{2}=P\{X=i\}P\{Z=j\}(i,j=0,1)$，故 X 与 Z 独立.

例 2　设 X 与 Y 是相互独立的随机变量,且 $X\sim p(\lambda_1)$，$Y\sim p(\lambda_2)$，则 $Z=X+Y\sim$ $p(\lambda_1+\lambda_2)$（该性质称为泊松分布对参数有可加性）.

证　X,Y 的所有可能取值均为 $0,1,2,\cdots$，因此,Z 的所有可能取值也是 $0,1,2,\cdots$，故 Z 为离散型随机变量,且对任意 $n\geqslant0$，有

$$P\{Z=n\}=P\{X+Y=n\}=P\left(\bigcup_{k=0}^{n}\{X=k,Y=n-k\}\right)$$

$$=\sum_{k=0}^{n}P\{X=k,Y=n-k\}=\sum_{k=0}^{n}P\{X=k\}P\{Y=n-k\}$$

$$= \sum_{k=0}^{\infty} \frac{\lambda_1^k}{k!} e^{-\lambda_1} \frac{\lambda_2^{n-k}}{(n-k)!} e^{-\lambda_2} = \frac{e^{-(\lambda_1+\lambda_2)}}{n!} \sum_{k=0}^{n} C_n^k \lambda_1^k \lambda_2^{n-k}$$

$$= \frac{(\lambda_1+\lambda_2)^n}{n!} e^{-(\lambda_1+\lambda_2)}.$$

即 $Z = X + Y \sim p(\lambda_1 + \lambda_2)$.

例 3 设 X 与 Y 是两个独立的随机变量,均服从二项分布,试验次数分别为 n_1 和 n_2, 成功率为 p,即 $X \sim B(n_1, p)$, $Y \sim B(n_2, p)$,则 $X+Y$ 的和 Z 服从试验次数为 n_1+n_2,成功率为 p 的二项分布,即 $Z \sim B(n_1+n_2, p)$.

证 因 $P\{X=i\} = C_{n_1}^i p^i (1-p)^{n_1-i}$, $P\{Y=j\} = C_{n_2}^j p^j (1-p)^{n_2-j}$,故

$$P\{Z=k\} = \boxed{\sum_{i=0}^{k} P\{X=i\} P\{Y=k-i\}} = P\{X+Y=k\}$$

$$= \sum_{i=0}^{k} P\{X=i, Y=k-i\} = \sum_{i=0}^{k} P\{X=i\} P\{Y=k-i\}$$

$$= \sum_{i=0}^{k} C_{n_1}^i p^i q^{n_1-i} C_{n_2}^{k-i} p^{k-i} q^{n_2-k+i} = \left(\sum_{i=0}^{k} C_{n_1}^i C_{n_2}^{k-i} \right) p^k q^{n_1+n_2-k}$$

$$= C_{n_1+n_2}^k p^k q^{n_1+n_2-k}, \quad k=0, 1, 2, \cdots, n_1+n_2, \quad q=1-p.$$

即 $Z = X + Y \sim B(n_1+n_2, p)$.

由此可见,二项分布也具有可加性.

🏷 3.12 典型题型六 连续型随机变量的函数分布

例 1 设二维随机变量 (X, Y) 的概率密度为

$$f(x, y) = \begin{cases} 1, & 0 < x < 1, 0 < y < 2x, \\ 0 & \text{其他}. \end{cases}$$

求:(1) (X, Y) 的边缘概率密度 $f_X(x)$, $f_Y(y)$;(2) $Z = 2X - Y$ 的概率密度 $f_Z(z)$; (3) $P\left\{Y \leqslant \frac{1}{2} \middle| X \leqslant \frac{1}{2}\right\}$.

解 (1) 当 $0 < x < 1$ 时, $f_X(x) = \int_{-\infty}^{+\infty} f(x, y) \mathrm{d}y = \int_0^{2x} \mathrm{d}y = 2x$;

当 $x \leqslant 0$ 或 $x \geqslant 1$ 时, $f_X(x) = 0$,故 $f_X(x) = \begin{cases} 2x, & 0 < x < 1, \\ 0, & \text{其他}. \end{cases}$

当 $0 < y < 2$ 时, $f_Y(y) = \int_{-\infty}^{+\infty} f(x, y) \mathrm{d}x = \int_{\frac{y}{2}}^1 \mathrm{d}x = 1 - \frac{y}{2}$;

当 $y \leqslant 0$ 或 $y \geqslant 2$ 时，$f_Y(y) = 0$，故 $f_Y(y) = \begin{cases} 1 - \dfrac{y}{2}, & 0 < y < 2, \\ 0, & 其他. \end{cases}$

（2）方法一：由 $z = 2x - y$，得 $y = 2x - z$，于是 $f_Z(z) = \displaystyle\int_{-\infty}^{+\infty} f(x, 2x - z) \mathrm{d}x$，有效区域是：

$$0 < x < 1, \ 0 < y < 2x \Leftrightarrow 0 < x < 1, \ 0 < 2x - z < 2x \Leftrightarrow 0 < x < 1, \ x > \frac{z}{2}.$$

当 $0 < \dfrac{z}{2} < 1$，即 $0 < y < 2$ 时，$f_Z(z) = \displaystyle\int_{-\infty}^{+\infty} f(x, 2x - z)\mathrm{d}x = \int_{\frac{z}{2}}^{1} \mathrm{d}x = 1 - \frac{z}{2}$.

故

$$f_Z(z) = \begin{cases} 1 - \dfrac{z}{2}, & 0 < z < 2, \\ 0, & 其他. \end{cases}$$

方法二：当 $z < 0$ 时，$F_Z(z) = 0$；当 $z \geqslant 2$ 时，$F_Z(z) = 1$.

当 $0 \leqslant z < 2$ 时，$F_Z(z) = P\{2X - Y \leqslant z\} \displaystyle\iint_{2x - y \leqslant z} f(x, y)\mathrm{d}x\mathrm{d}y = z - \frac{z^2}{4}$，故

$$f_Z(z) = F'_Z(z) = \begin{cases} 1 - \dfrac{z}{2}, & 0 < z < 2, \\ 0, & 其他. \end{cases}$$

（3）$P\left\{ Y \leqslant \dfrac{1}{2} \,\bigg|\, X \leqslant \dfrac{1}{2} \right\} = \dfrac{P\left\{ X \leqslant \dfrac{1}{2}, Y \leqslant \dfrac{1}{2} \right\}}{P\left\{ X \leqslant \dfrac{1}{2} \right\}} = \dfrac{\dfrac{3}{16}}{\dfrac{1}{4}} = \dfrac{3}{4}$.

例 2 设随机变量 X 与 Y 独立，X 服从正态分布 $N(\mu, \sigma^2)$，Y 服从 $[-\pi, \pi]$ 上的均匀分布，求 $Z = X + Y$ 的概率分布密度［计算结果用标准正态分布函数 $\Phi(x)$ 表示］．

解 X 与 Y 的概率密度分别为

$$f_X(x) = \frac{1}{\sqrt{2\pi}\,\sigma} \mathrm{e}^{-\frac{(x-\mu)^2}{2\sigma^2}} \ (-\infty < x < +\infty), \quad f_Y(y) = \begin{cases} \dfrac{1}{2\pi}, & -\pi \leqslant y \leqslant \pi, \\ 0, & 其他. \end{cases}$$

由于 X 与 Y 独立，可用卷积公式求 $Z = X + Y$ 的概率密度，注意到 $f_Y(y)$ 仅在 $[-\pi, \pi]$ 上才取非零值，因此 Z 的概率密度为

$$f_Z(z) = \int_{-\infty}^{+\infty} f_X(z - y) f_Y(y)\mathrm{d}y = \int_{-\pi}^{\pi} f_X(z - y) f_Y(y)\mathrm{d}y$$

$$= \frac{1}{2\pi} \int_{-\pi}^{\pi} \frac{1}{\sqrt{2\pi}\sigma} e^{-\frac{(z-y-\mu)^2}{2\sigma^2}} \, dy.$$

令 $t = \dfrac{z-y-\mu}{\sigma}$，则有

$$f_Z(z) = \frac{1}{2\pi} \int_{\frac{z-\pi-\mu}{\sigma}}^{\frac{z+\pi-\mu}{\sigma}} \frac{1}{\sqrt{2\pi}} e^{-\frac{t^2}{2}} \, dt = \frac{1}{2\pi} \left[\Phi\left(\frac{z+\pi-\mu}{\sigma}\right) - \Phi\left(\frac{z-\pi-\mu}{\sigma}\right) \right].$$

注 本题也可以利用分布函数定义法求解，留给读者自练.

例 3 设二维随机变量 (X, Y) 的概率密度为 $f(x, y) = \begin{cases} 2e^{-(x+2y)}, & x > 0, y > 0, \\ 0, & \text{其他,} \end{cases}$ 求 $Z = X + 2Y$ 的分布函数.

解 $F_Z(z) = P\{Z \leqslant z\} = P\{X + 2Y \leqslant z\} = \iint\limits_{x+2y \leqslant z} f(x, y) \, dx \, dy.$

当 $z < 0$ 时，$P\{Z \leqslant z\} = 0$；

当 $z \geqslant 0$ 时，

$$P\{Z \leqslant z\} = \int_0^z dx \int_0^{\frac{z-x}{2}} 2e^{-(x+2y)} \, dy$$

$$= \int_0^z e^{-x} \, dx \int_0^{\frac{z-x}{2}} 2e^{-2y} \, dy = \int_0^z (e^{-x} - e^{-z}) \, dx = 1 - e^{-z} - z e^{-z}.$$

所以 $Z = X + 2Y$ 的分布函数 $F_Z(z) = \begin{cases} 0, & z < 0, \\ 1 - e^{-z} - z e^{-z}, & z \geqslant 0. \end{cases}$

例 4 设随机变量 X, Y 相互独立，它们的概率密度均为 $f(x) = \begin{cases} e^{-x}, & x > 0, \\ 0, & \text{其他,} \end{cases}$ 求 $Z = \dfrac{Y}{X}$ 的概率密度.

解 $f_X(x) = \begin{cases} e^{-x}, & x > 0, \\ 0, & \text{其他,} \end{cases}$ $\quad f_Y(y) = \begin{cases} e^{-y}, & y > 0, \\ 0, & \text{其他.} \end{cases}$

由公式 $f_Z(z) = \int_{-\infty}^{+\infty} |x| f_X(x) f_Y(xz) \, dx$，仅当 $\begin{cases} x > 0, \\ xz > 0, \end{cases}$ 即 $\begin{cases} x > 0, \\ z > 0, \end{cases}$ 时，上述积分的被积函数不等于零，于是当 $z > 0$ 时有 $f_Z(z) = \int_0^{+\infty} x e^{-x} e^{-xz} \, dx = \int_0^{+\infty} x e^{-x(z+1)} \, dx = \dfrac{1}{(z+1)^2}.$

当 $z \leqslant 0$ 时，$f_Z(z) = 0$，即

$$f_Z(z) = \begin{cases} \dfrac{1}{(z+1)^2}, & z > 0, \\ 0, & z \leqslant 0. \end{cases}$$

例5 设 X，Y 是相互独立的随机变量，它们都服从正态分布 $N(0, \sigma^2)$，求随机变量 $Z = \sqrt{X^2 + Y^2}$ 的概率密度函数.

解 先求 Z 的分布函数. 由 $Z = \sqrt{X^2 + Y^2} \geqslant 0$ 知，当 $z < 0$ 时，$F_Z(z) = 0$；当 $z \geqslant 0$ 时，有

$$F_Z(z) = P\{Z \leqslant z\} = P\{\sqrt{X^2 + Y^2} \leqslant z\} = P\{X^2 + Y^2 \leqslant z^2\} = \iint\limits_{x^2+y^2 \leqslant z^2} f(x, y) \mathrm{d}x \mathrm{d}y$$

$$= \iint\limits_{x^2+y^2 \leqslant z^2} \frac{1}{2\pi\sigma^2} \mathrm{e}^{-\frac{x^2+y^2}{2\sigma^2}} \mathrm{d}x \mathrm{d}y = \int_0^{2\pi} \mathrm{d}\theta \int_0^z \frac{1}{2\pi\sigma^2} \mathrm{e}^{-\frac{r^2}{2\sigma^2}} r \mathrm{d}r = 2\pi \cdot \frac{1}{2\pi} (-\mathrm{e}^{-\frac{r^2}{2\sigma^2}}) \Big|_0^z = 1 - \mathrm{e}^{-\frac{z^2}{2\sigma^2}}.$$

将 $F_Z(z)$ 关于 z 求导，可得概率密度函数：$f_Z(z) = \begin{cases} \dfrac{z}{\sigma^2} \mathrm{e}^{-\frac{z^2}{2\sigma^2}}, & z > 0, \\ 0, & \text{其他.} \end{cases}$

3.13 典型题型七 最大值与最小值的分布

例1 设随机变量 X 与 Y 独立，且均服从 $[0, 3]$ 上的均匀分布，则
$P\{\max\{X, Y\} \leqslant 1\} = \underline{\qquad}$，$P\{\min\{X, Y\} \leqslant 1\} = \underline{\qquad}$.

解 因为 X 与 Y 独立，$X \sim U(0, 3)$，$Y \sim U(0, 3)$，所以

$$P\{\max\{X, Y\} \leqslant 1\} = P\{X \leqslant 1, Y \leqslant 1\} = P\{X \leqslant 1\}P\{Y \leqslant 1\} = \frac{1}{3} \times \frac{1}{3} = \frac{1}{9},$$

$$P\{\min\{X, Y\} \leqslant 1\} = 1 - P\{\min\{X, Y\} > 1\} = 1 - P\{X > 1, Y > 1\}$$

$$= 1 - P\{X > 1\}P\{Y > 1\} = 1 - \frac{2}{3} \times \frac{2}{3} = \frac{5}{9}.$$

例2 设随机变量 X 与 Y 相互独立，X 服从二项分布 $B\left(4, \dfrac{1}{2}\right)$，$Y$ 服从 $\lambda = 1$ 的泊松分布，则概率 $P\{1 < \max\{X, Y\} \leqslant 3\} = \underline{\qquad}$.

解 考虑差事件，有

$$P\{1 < \max\{X, Y\} \leqslant 3\} = P\{\max\{X, Y\} \leqslant 3\} - P\{\max\{X, Y\} \leqslant 1\}$$

$$= P\{X \leqslant 3\} P\{Y \leqslant 3\} - P\{X \leqslant 1\} P\{Y \leqslant 1\},$$

又

$$P\{X \leqslant 3\} = 1 - P\{X = 4\} = \frac{15}{16}, \ P\{X \leqslant 1\} = \frac{1}{16} + C_4^1 \frac{1}{2} \left(\frac{1}{2}\right)^3 = \frac{5}{16},$$

$$P\{Y \leqslant 3\} = \sum_{k=0}^{3} \frac{e^{-1}}{k!} = \frac{8}{3e}, \ P\{Y \leqslant 1\} = \sum_{k=0}^{1} \frac{e^{-1}}{k!} = \frac{2}{e},$$

所以 $P\{1 < \max\{X, Y\} \leqslant 3\} = \frac{15}{16} \cdot \frac{8}{3e} - \frac{5}{16} \cdot \frac{2}{e} = \frac{15}{8e}.$

例 3 设总体 X 的概率密度为 $f(x, \theta) = \begin{cases} \dfrac{3x^2}{\theta^3}, & 0 < x < \theta, \\ 0, & \text{其他,} \end{cases}$ 其中 $\theta \in (0, +\infty)$ 为未

知参数,X_1, X_2, X_3 为来自总体 X 的简单随机样本,令 $T = \max\{X_1, X_2, X_3\}$.

(1) 求 T 的概率密度;(2) 确定 a,使得 $E(aT) = \theta$.

解 (1) 总体 X 的分布函数为 $F(x) = \begin{cases} 0, & x \leqslant 0, \\ \dfrac{x^3}{\theta^3}, & 0 < x < \theta, \\ 1 & x \geqslant \theta, \end{cases}$ 从而 T 的分布函数为

$$F_T(z) = [F(z)]^3 = \begin{cases} 0, & z \leqslant 0, \\ \dfrac{z^9}{\theta^9}, & 0 < z < \theta, \\ 1 & z \geqslant \theta. \end{cases}$$

所以 T 的概率密度为 $f_T(z) = \begin{cases} \dfrac{9z^8}{\theta^9}, & 0 < z < \theta, \\ 0, & \text{其他.} \end{cases}$

(2) $$E(T) = \int_{-\infty}^{+\infty} z f_T(z) dz = \int_0^\theta \frac{9z^9}{\theta^9} dz = \frac{9}{10} \theta,$$

从而 $E(aT) = \frac{9}{10} a\theta$. 令 $E(aT) = \theta$,得 $a = \frac{10}{9}$. 所以当 $a = \frac{10}{9}$ 时,$E(aT) = \theta$.

🏷 3.14 典型题型八 混合型随机变量的函数分布

例 1 已知随机变量 X 与 Y 相互独立,X 服从参数为 λ 的指数分布,又

$$P\{Y=-1\}=\frac{1}{4}, \ P\{Y=1\}=\frac{3}{4},$$

则 $P\{XY\leqslant 2\}=$ _____.

解 $P\{XY\leqslant 2\}=P\{XY\leqslant 2, Y=-1\}+P\{XY\leqslant 2, Y=1\}$

$$=P\{X\geqslant -2, Y=-1\}+P\{X\leqslant 2, Y=1\}$$

$$=\frac{1}{4}+\frac{3}{4}(1-\mathrm{e}^{-2\lambda})=1-\frac{3\mathrm{e}^{-2\lambda}}{4}.$$

例 2 设 $P\{X=0\}=\dfrac{1}{4}$, $P\{X=1\}=\dfrac{3}{4}$, Y 的概率密度为 $f_Y(y)=\begin{cases}3y^2, & 0<y<1,\\ 0, & \text{其他},\end{cases}$ 且 X, Y 相互独立. 设 $Z=X+Y$, 求 Z 的概率密度.

解 Z 的分布函数

$$F_Z(z)=P\{Z\leqslant z\}=P\{X+Y\leqslant z\}$$

$$=P\{X+Y\leqslant z, X=0\}+P\{X+Y\leqslant z, X=1\}$$

$$=P\{Y\leqslant z, X=0\}+P\{Y\leqslant z-1, X=1\}$$

$$=P\{Y\leqslant z\}P\{X=0\}+P\{Y\leqslant z-1\}P\{X=1\}$$

$$=\frac{1}{4}\int_{-\infty}^{z} f_Y(y)\mathrm{d}y+\frac{3}{4}\int_{-\infty}^{z-1} f_Y(y)\mathrm{d}y.$$

则 Z 的概率密度

$$f_Z(z)=F'_Z(z)=\frac{1}{4}f_Y(z)+\frac{3}{4}f_Y(z-1)=\begin{cases}\dfrac{3z^2}{4}, & 0<z<1,\\[2mm] \dfrac{9(z-1)^2}{4}, & 1<z<2,\\[2mm] 0, & \text{其他}.\end{cases}$$

例 3 设随机变量 X 与 Y 相互独立, X 服从参数为 1 的指数分布, Y 的概率分布为 $P\{Y=-1\}=p$, $P\{Y=1\}=1-p(0<p<1)$, 令 $Z=XY$.

(1) 求 Z 的概率密度. (2) p 为何值时, X 与 Z 不相关? (3) X 与 Z 是否相互独立?

解 (1) Z 的分布函数为 $F_Z(z)=P\{XY\leqslant z\}=P\{Y=-1, X\geqslant -z\}+P\{Y=1, X\leqslant z\}$.

由于 X 与 Y 相互独立, 且 X 的分布函数为

$$F_X(x)=\begin{cases}1-\mathrm{e}^{-x}, & x>0,\\ 0, & x\leqslant 0,\end{cases}$$

因此

$$F_Z(z) = p[1 - F_X(-z)] + (1-p)F_X(z) = \begin{cases} p\mathrm{e}^z, & z < 0, \\ p + (1-p)(1-\mathrm{e}^{-z}), & z \geqslant 0. \end{cases}$$

所以,Z 的概率密度为

$$f_Z(z) = F'_Z(z) = \begin{cases} p\mathrm{e}^z, & z < 0, \\ (1-p)\mathrm{e}^{-z}, & z \geqslant 0. \end{cases}$$

(2) 当 $\mathrm{Cov}(X, Z) = E(XZ) - E(X) \cdot E(Z) = E(X^2) \cdot E(Y) - [E(X)]^2 \cdot E(Y) = D(X) \cdot E(Y) = 0$ 时,X 与 Z 不相关. 因为 $D(X) = 1$,$E(Y) = 1 - 2p$,故 $p = \dfrac{1}{2}$.

(3) 不独立. 因为

$$P\{0 \leqslant X \leqslant 1, Z \leqslant 1\} = P\{0 \leqslant X \leqslant 1, XY \leqslant 1\} = P\{0 \leqslant X \leqslant 1\},$$

而

$$P\{Z \leqslant 1\} = F_Z(1) = (1-p)(1-\mathrm{e}^{-1}) \neq 1,$$

故

$$P\{0 \leqslant X \leqslant 1, Z \leqslant 1\} \neq P\{0 \leqslant X \leqslant 1\} \cdot P\{Z \leqslant 1\},$$

所以 X 与 Z 不独立.

例 4 设二维随机变量 (X, Y) 在区域 $D = \{(x, y) \mid 0 < x < 1, x^2 < y < \sqrt{x}\}$ 上服从均匀分布,令 $U = \begin{cases} 1, & X \leqslant Y, \\ 0, & X > Y. \end{cases}$

(1) 写出 (X, Y) 的概率密度 $f(x, y)$.

(2) 问 U 与 X 是否相互独立? 并说明理由.

(3) 求 $Z = U + X$ 的分布函数 $F(z)$.

解 (1) 区域 D 的面积 $S(D) = \displaystyle\int_0^1 (\sqrt{x} - x^2)\mathrm{d}x = \dfrac{1}{3}$. 因为 $f(x, y)$ 服从区域 D 上的均匀分布,所以 $f(x, y) = \begin{cases} 3, & x^2 < y < \sqrt{x}, \\ 0, & \text{其他.} \end{cases}$

(2) $P\left\{U \leqslant \dfrac{1}{2}, X \leqslant \dfrac{1}{2}\right\} = P\left\{U = 0, X \leqslant \dfrac{1}{2}\right\} = P\left\{X > Y, X \leqslant \dfrac{1}{2}\right\}$

$$= \int_0^{\frac{1}{2}} \mathrm{d}x \int_{x^2}^x 3\mathrm{d}y = \dfrac{1}{4}.$$

$$P\left\{U \leqslant \frac{1}{2}\right\} = P\{U=0\} = P\{X>Y\} = \frac{1}{2}, \; P\left\{X \leqslant \frac{1}{2}\right\} = \int_0^{\frac{1}{2}} \mathrm{d}x \int_{x^2}^{\sqrt{x}} 3\mathrm{d}y = \frac{\sqrt{2}}{2} - \frac{1}{8}.$$

因为 $P\left\{U \leqslant \dfrac{1}{2}, X \leqslant \dfrac{1}{2}\right\} \neq P\left\{U \leqslant \dfrac{1}{2}\right\} P\left\{X \leqslant \dfrac{1}{2}\right\}$，故 U 与 X 不独立.

(3) $F(z) = P\{Z \leqslant z\}$

$$= P\{U+X \leqslant z \mid U=0\} P\{U=0\} + P\{U+X \leqslant z \mid U=1\} P\{U=1\}$$

$$= \frac{P\{U+X \leqslant z, U=0\}}{P\{U=0\}} P\{U=0\} + \frac{P\{U+X \leqslant z, U=1\}}{P\{U=1\}} P\{U=1\}$$

$$= P\{X \leqslant z, X>Y\} + P\{1+X \leqslant z, X \leqslant Y\}.$$

又① 当 $z<0$ 时，$F_Z(z) = P(\varnothing) + P(\varnothing) = 0$；

② 当 $0 \leqslant z < 1$ 时，$F_Z(z) = P\{X \leqslant z, X>Y\} + P(\varnothing) = \displaystyle\int_0^z \mathrm{d}x \int_{x^2}^x 3\mathrm{d}y = \frac{3}{2}z^2 - z^3$；

③ 当 $1 \leqslant z < 2$ 时，$F_Z(z) = P\{\Omega, X>Y\} + P\{X+1 \leqslant z, X \leqslant Y\} = \dfrac{1}{2} +$

$\displaystyle\int_0^{z-1} \mathrm{d}x \int_x^{\sqrt{x}} 3\mathrm{d}y = \frac{1}{2} + 2(z-1)^{\frac{3}{2}} - \frac{3}{2}(z-1)^2$；

④ 当 $z \geqslant 2$ 时，$F_Z(z) = 1$.

所以，

$$F(z) = \begin{cases} 0, & z<0, \\ \dfrac{3}{2}z^2 - z^3, & 0 \leqslant z < 1, \\ \dfrac{1}{2} + 2(z-1)^{\frac{3}{2}} - \dfrac{3}{2}(z-1)^2, & 1 \leqslant z < 2, \\ 1, & z \geqslant 2. \end{cases}$$

第四章　随机变量数字特征

知识结构

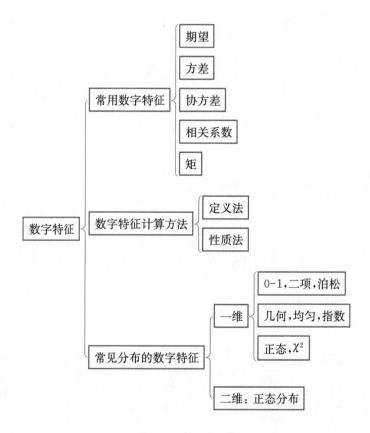

数 一 考 点	年份及分值分布
期望、方差、标准差、协方差、相关系数的性质与计算（23 次）	1987, 2021；　2001；　2008, 2009, 2016, 2019, 2020；　1989, 1993, 1994, 1996； 　2 分　　　　3 分　　　　　　4 分　　　　　　　　　6 分 2002；　1990；　2015；　1997, 2003；　2000, 2012；　2014；　2022；　2004, 2011 7 分　　8 分　　9 分　　　10 分　　　　11 分　　　12 分　　14 分　　17 分
一维随机变量的期望与方差（6 次）	1992, 1995；　2010, 2017, 2019；　2018 　3 分　　　　　4 分　　　　　5 分
二维随机变量的期望与方差（3 次）	1996；　2018；　1998 3 分　　5 分　　6 分

数 三 考 点	年份及分值分布
期望、方差、标准差、协方差、相关系数的性质与计算（22 次）	1995, 2001；　2003, 2007, 2008, 2019；　1992；　2000, 2011 　3 分　　　　　　　4 分　　　　　　5 分　　6 分 1991, 1999, 2006, 2020；　2015, 2016；　2002, 2010, 2014；　2012；　2021； 　　　　9 分　　　　　　10 分　　　　　11 分　　　12 分　　13 分 2022；　2004 14 分　17 分
一维随机变量的期望与方差（10 次）	2000；　1987, 2008, 2013, 2017；　1997, 2018；　1996；　1993, 1994 3 分　　　　　4 分　　　　　　6 分　　7 分　　8 分
多维随机变量的期望与方差（7 次）	2000；　1987；　2018；　1997；　1996；　1993, 1994 3 分　　4 分　　5 分　　6 分　　7 分　　　7 分

【基础篇】

◎ 4.1 数 学 期 望

4.1.1 期望的定义

"数学期望"的概念源于历史上一个著名的分赌本问题.

引例 赌王争霸(King of Gamblers). 在 17 世纪中叶,一位赌徒向法国数学家帕斯卡 (1623—1662)提出一个问题:有一天,屠屠和涛哥相遇,两者除了讲课,业余爱好打麻将,赌技半斤八两,却都自称赌王. 当天两人各出 100 元,约定赌满 5 局,胜 3 局以上者为赌王,200 元也都归他. 当涛哥胜 2 局屠屠胜 1 局时,有学生来问屠屠阅读题,因此要终止游戏,但因为胜负未决,这 200 元赌金应如何分配才公平?

分析 平均分:对涛哥不公,因其赢面较大. 全归涛哥:对屠屠不公,屠屠仍有可能赢.

张雪峰扯着嗓子说:涛哥得 $200 \times \dfrac{2}{3}$,屠屠得 $200 \times \dfrac{1}{3}$.

接下来我就为他们三个上了一堂概率课:

假设两人继续赌下去,赌完 5 局,以 A 表涛哥胜,B 表屠屠胜,则余下最后 2 局的结果为$\{AA,AB,BA,BB\}$,加上之前已赌过的 3 局,前 3 种结果均为涛哥胜,最后一种结果为屠屠胜. 这就是说,不仅要考虑到已赌局数,还应设想下去再赌可能出现的结果(因两人对再赌下去的结果都有一种"期望"),这样,涛哥胜的概率为 $\dfrac{3}{4}$,屠屠胜的概率为 $\dfrac{1}{4}$. 涛哥最终所得 X 就是一个随机变量,其可能取值为 0 或 200,分布列为

X	0	200
P	$\dfrac{1}{4}$	$\dfrac{3}{4}$

因此,涛哥的"期望"所得应为 $0 \times \dfrac{1}{4} + 200 \times \dfrac{3}{4} = 150$ 元.

屠屠的"期望"所得应为 $0 \times \dfrac{3}{4} + 200 \times \dfrac{1}{4} = 50$ 元.

因此,随机变量 X 的所有可能取值 x_k 与相应取值概率 p_k 的乘积的累加,便是期望,记为 $E(X)$(E-expectation).事实上,从其计算方法上看,就是随机变量取值的加权平均,权重即相应的概率.下面引入严格的数学定义.

定义 1 离散型随机变量的期望.

X 的分布律为 $P\{X=x_k\}=p_k$,若级数 $\sum\limits_{k=1}^{\infty}x_kp_k$ 绝对收敛(absolutely converge),即

$$E(X)=x_1p_1+x_2p_2+\cdots+x_np_n+\cdots=\sum_{k=1}^{\infty}x_kp_k,$$

称为 X 的数学期望.若 $\sum\limits_{k=1}^{\infty}x_kp_k$ 不绝对收敛,则称 X 的期望不存在.

定义 2 连续型随机变量的期望(积分).

X 的密度函数为 $f_X(x)$,若广义积分 $\int_{-\infty}^{+\infty}xf_X(x)\mathrm{d}x$ 绝对收敛,则 $E(X)=\int_{-\infty}^{+\infty}xf_X(x)\mathrm{d}x$.

下面来计算一些常用分布的数学期望.

(1) 两点分布. $P\{X=1\}=p$,$P\{X=0\}=1-p$,则

$$E(X)=1\times p+0\times(1-p)=p.$$

即 0-1 分布的数学期望恰为 X 取 1 的概率 p.

(2) 二项分布. $X\sim B(n,p)$,$P\{X=k\}=\mathrm{C}_n^kp^kq^{n-k}$.

X	0	1	2	$\cdots$	k	$\cdots$	n
p_k	q^n	$\mathrm{C}_n^1p^1q^{n-1}$	$\mathrm{C}_n^2p^2q^{n-2}$	$\cdots$	$\mathrm{C}_n^kp^kq^{n-k}$	$\cdots$	p^n

解法 1:

$$E(X)=\sum_{k=0}^{n}x_kp_k=\sum_{k=0}^{n}kp_k=\sum_{k=0}^{n}k\mathrm{C}_n^kp^kq^{n-k}$$

$$=\sum_{k=0}^{n}k\,\frac{n!}{k!(n-k)!}p^kq^{n-k}$$

$$=np\sum_{k=0}^{n}\frac{(n-1)!}{(k-1)!\,[(n-1)-(k-1)]!}p^{k-1}q^{(n-1)-(k-1)}$$

$$=np\sum_{k=1}^{n}\mathrm{C}_{n-1}^{k-1}p^{k-1}q^{(n-1)-(k-1)}=np(p+q)^{n-1}=np\cdot1^{n-1}=np.$$

解法 2(利用期望的性质):

把 X 看作一个复杂的随机变量,构造随机试验,独立重复做 n 次,每次事件 A 或 $\overline{A}$ 发生,$P(A)=p$.

令 $X_i = \begin{cases} 1, 第\,i\,次\,A\,发生, \\ 0, 第\,i\,次\,\overline{A}\,发生, \end{cases}$ $i = 1, 2, \cdots, n,$ 易知 $X_1, X_2, \cdots, X_n$ 相互独立，$X_i \sim$

$\begin{pmatrix} 0 & 1 \\ 1-p & p \end{pmatrix}$.

$$E(X_i) = p,$$
$$E(X) = E(X_1 + X_2 + \cdots + X_n) = np.$$

(3) 泊松分布. $X \sim p(\lambda)$：$P\{X = k\} = \dfrac{\lambda^k}{k!}\mathrm{e}^{-\lambda}$, $\lambda > 0$.

X	0	1	2	$\cdots$	k	$\cdots$
p_k	$\mathrm{e}^{-\lambda}$	$\lambda\mathrm{e}^{-\lambda}$	$\dfrac{\lambda^2}{2}\mathrm{e}^{-\lambda}$	$\cdots$	$\dfrac{\lambda^k}{k!}\mathrm{e}^{-\lambda}$	$\cdots$

$$E(X) = \sum_{k=0}^{\infty} x_k p_k = \sum_{k=0}^{\infty} k \frac{\lambda^k}{k!}\mathrm{e}^{-\lambda} = \sum_{k=1}^{\infty} \frac{\lambda\lambda^{k-1}}{(k-1)!}\mathrm{e}^{-\lambda} = \mathrm{e}^{-\lambda}\lambda \sum_{k=1}^{\infty} \frac{\lambda^{k-1}}{(k-1)!}$$
$$= \lambda\mathrm{e}^{-\lambda}\mathrm{e}^{\lambda} = \lambda \cdot 1 = \lambda.$$

(4) 几何分布. X：$P\{X = k\} = q^{k-1}p$, $k = 1, 2, \cdots$.

$$E(X) = \sum_{k=1}^{\infty} x_k p_k = \sum_{k=1}^{\infty} kq^{k-1}p = p\sum_{k=1}^{\infty} kq^{k-1} = p\sum_{k=1}^{\infty} (q^k)' = p\left(\sum_{k=1}^{\infty} q^k\right)'$$
$$= p\left(\frac{q}{1-q}\right)' = \frac{p}{(1-q)^2} = \frac{p}{p^2} = \frac{1}{p}.$$

注　利用了高等数学幂级数求和相关知识.

(5) 超几何分布. $X \sim P\{X = k\} = \dfrac{C_M^k C_{N-M}^{n-k}}{C_N^n}$.

N 只球中有 M 只白球，任取 n 只恰好有 k 只白球的概率.

X	0	1	2	$\cdots$	k	$\cdots$	l
p_k	$\dfrac{C_M^0 C_{N-M}^n}{C_N^n}$	$\dfrac{C_M^1 C_{N-M}^{n-1}}{C_N^n}$	$\dfrac{C_M^2 C_{N-M}^{n-2}}{C_N^n}$	$\cdots$	$\dfrac{C_M^k C_{N-M}^{n-k}}{C_N^n}$	$\cdots$	$\dfrac{C_M^l C_{N-M}^{n-l}}{C_N^n}$

$$E(X) = \sum_{k=0}^{l} k\,\frac{C_M^k C_{N-M}^{n-k}}{C_N^n} = \frac{nM}{N} \text{（此过程过于复杂，读者记其结果即可）}.$$

下面为几种连续型随机变量的数学期望.

(6) 均匀分布. $X \sim U(a, b)$.

$$f_X(x) = \begin{cases} \dfrac{1}{b-a}, & x \in [a, b], \\ 0, & \text{其他}. \end{cases}$$

$$E(X) = \int_{-\infty}^{+\infty} x f(x) \mathrm{d}x = \int_a^b \frac{x}{b-a} \mathrm{d}x = \frac{1}{b-a} \int_a^b x \, \mathrm{d}x$$

$$= \frac{1}{b-a} \cdot \frac{1}{2} x^2 \Big|_a^b = \frac{b^2 - a^2}{2(b-a)} = \frac{a+b}{2}.$$

(7) 指数分布. $X \sim E(\lambda), f_X(x) = \begin{cases} \lambda \mathrm{e}^{-\lambda x}, & x > 0, \\ 0, & x \leqslant 0. \end{cases}$

$$E(X) = \int_{-\infty}^{+\infty} x f(x) \mathrm{d}x = \int_0^{+\infty} x \lambda \mathrm{e}^{-\lambda x} \mathrm{d}x = -\int_0^{+\infty} x \, \mathrm{d}\mathrm{e}^{-\lambda x}$$

$$= -x \mathrm{e}^{-\lambda x} \Big|_0^{+\infty} + \int_0^{+\infty} \mathrm{e}^{-\lambda x} \mathrm{d}x = 0 - \frac{1}{\lambda} \mathrm{e}^{-\lambda x} \Big|_0^{+\infty}$$

$$= -\frac{1}{\lambda}(0 - 1) = \frac{1}{\lambda},$$

其中 $\lim\limits_{x \to +\infty} x \mathrm{e}^{-\lambda x} = \lim\limits_{x \to +\infty} \dfrac{x}{\mathrm{e}^{\lambda x}} \xlongequal{\text{L}'} \lim\limits_{x \to +\infty} \dfrac{1}{\lambda \mathrm{e}^{\lambda x}} = 0.$

(8) 正态分布. $X \sim N(\mu, \sigma^2)$, $f_X(x) = \dfrac{1}{\sqrt{2\pi} \sigma} \mathrm{e}^{-\frac{(x-\mu)^2}{2\sigma^2}}$, $-\infty < x < +\infty$.

$$E(X) = \int_{-\infty}^{+\infty} x f(x) \mathrm{d}x$$

$$= \int_{-\infty}^{+\infty} x \frac{1}{\sqrt{2\pi} \sigma} \mathrm{e}^{-\frac{(x-\mu)^2}{2\sigma^2}} \mathrm{d}x \xlongequal[\substack{\mathrm{d}x = \sigma \mathrm{d}t \\ x = \mu + \sigma t}]{\diamondsuit\, t = \frac{x-\mu}{\sigma}} \int_{-\infty}^{+\infty} (\mu + \sigma t) \frac{1}{\sqrt{2\pi} \sigma} \mathrm{e}^{-\frac{t^2}{2}} \sigma \mathrm{d}t$$

$$= \frac{\mu}{\sqrt{2\pi}} \int_{-\infty}^{+\infty} \mathrm{e}^{-\frac{t^2}{2}} \mathrm{d}t + \int_{-\infty}^{+\infty} \frac{\sigma t}{\sqrt{2\pi}} \mathrm{e}^{-\frac{t^2}{2}} \mathrm{d}t \text{（奇函数对称区间积分为 0）}$$

$$= \frac{\mu}{\sqrt{2\pi}} \sqrt{2\pi} + 0 = \mu.$$

(9) 瑞利分布. $f_X(x) = \begin{cases} \dfrac{x}{\sigma^2} \mathrm{e}^{-\frac{x^2}{2\sigma^2}}, & x > 0, \\ 0, & x \leqslant 0. \end{cases}$

$$E(X) = \int_{-\infty}^{+\infty} x f(x) \mathrm{d}x = \int_0^{+\infty} \frac{x^2}{\sigma^2} \mathrm{e}^{-\frac{x^2}{2\sigma^2}} \mathrm{d}x$$

$$= \int_0^{+\infty} (-x) \mathrm{d}\mathrm{e}^{-\frac{x^2}{2\sigma^2}} = -x \mathrm{e}^{-\frac{x^2}{2\sigma^2}} \Big|_0^{+\infty} + \int_0^{+\infty} \mathrm{e}^{-\frac{x^2}{2\sigma^2}} \mathrm{d}x$$

$$=0+\sqrt{2}\sigma\int_0^{+\infty}\mathrm{e}^{-\left(\frac{x}{\sqrt{2}\sigma}\right)^2}\mathrm{d}\frac{x}{\sqrt{2}\sigma}$$

$$=\sqrt{2}\sigma\int_0^{+\infty}\mathrm{e}^{-t^2}\mathrm{d}t=\sqrt{2}\sigma\cdot\frac{\sqrt{\pi}}{2}=\sqrt{\frac{\pi}{2}}\sigma.$$

【例题精讲】

例1 已知随机变量 X 的分布律为

X	-1	0	1	2
P	0.1	0.2	0.3	0.4

，求 $E(X)$.

解 $E(X)=-1\cdot0.1+0\cdot0.2+1\cdot0.3+2\cdot0.4=1.$

例2 （1987 数一）$X\sim f(x)=\dfrac{1}{\sqrt{\pi}}\mathrm{e}^{-x^2+2x-1}$，$-\infty<x<+\infty$，则 $E(X)=$_____.

解 由 $f(x)=\dfrac{1}{\sqrt{2\pi}\cdot\dfrac{1}{\sqrt{2}}}\mathrm{e}^{-\frac{(x-1)^2}{2\left(\frac{1}{\sqrt{2}}\right)^2}}$，知 $X\sim N\left(1,\dfrac{1}{2}\right)\Rightarrow E(X)=1.$

例3 设试验成功的概率为 $\dfrac{3}{4}$，失败的概率为 $\dfrac{1}{4}$，独立重复试验直到成功 2 次为止. 以 X 表示所需要进行的试验次数，求 X 的概率分布及数学期望.

解 由条件可知，X 的分布律为

$$P\{X=k\}=\mathrm{C}_{k-1}^1\left(\frac{3}{4}\right)^2\left(\frac{1}{4}\right)^{k-2},\ k=2,3,\cdots,$$

所以

$$E(X)=\sum_{k=2}^{\infty}k\mathrm{C}_{k-1}^1\left(\frac{3}{4}\right)^2\left(\frac{1}{4}\right)^{k-2}=\sum_{k=2}^{\infty}k(k-1)\left(\frac{3}{4}\right)^2\left(\frac{1}{4}\right)^{k-2}.$$

令

$$s(x)=\sum_{k=2}^{\infty}k(k-1)x^{k-2},\ s_1(x)=\sum_{k=2}^{\infty}kx^{k-1},\ s_2(x)=\sum_{k=2}^{\infty}x^k=\frac{x^2}{1-x},\ -1<x<1,$$

则

$$s_1(x)=\left(\frac{x^2}{1-x}\right)',\ s(x)=\left(\frac{x^2}{1-x}\right)''=\frac{2}{(1-x)^3},\ -1<x<1.$$

故

$$E(X)=\left(\frac{3}{4}\right)^2\cdot\frac{2}{\left(1-\dfrac{1}{4}\right)^3}=\frac{8}{3}.$$

4.1.2 期望的性质

（1）$E(c)=c$，即常数期望为其本身.

证　$P\{X=c\}=1$，$E(X)=c\times 1=c$.

(2) $E(cX)=cE(X)$.

对离散型，$E(cX)=\sum cx_k p_k=c\sum x_k p_k=cE(X)$.

对连续型，$E(cX)=\int_{-\infty}^{+\infty}cxf(x)\mathrm{d}x=c\int_{-\infty}^{+\infty}xf(x)\mathrm{d}x=cE(X)$.

(3) 和的分配律：

$$E(X+Y)=E(X)+E(Y).$$

对连续型，$\displaystyle E(X+Y)=\iint\limits_{D}(x+y)f(x,y)\mathrm{d}x\,\mathrm{d}y$

$$=\iint\limits_{D}xf(x,y)\mathrm{d}x\,\mathrm{d}y+\iint\limits_{D}yf(x,y)\mathrm{d}x\,\mathrm{d}y$$

$$=\int_{-\infty}^{+\infty}x\,\mathrm{d}x\int_{-\infty}^{+\infty}f(x,y)\mathrm{d}y+\int_{-\infty}^{+\infty}y\,\mathrm{d}y\int_{-\infty}^{+\infty}f(x,y)\mathrm{d}x$$

$$=\int_{-\infty}^{+\infty}xf_X(x)\mathrm{d}x+\int_{-\infty}^{+\infty}yf_Y(y)\mathrm{d}y=E(X)+E(Y).$$

对离散型随机变量，有 $P\{X=x_i,Y=y_j\}=p_{ij}$，

$$P\{X=x_i\}=p_{i\cdot},\ P\{Y=y_j\}=p_{\cdot j}.$$

$$E(X+Y)=\sum_{i,j}(x_i+y_j)p_{ij}=\sum_{i,j}x_i p_{ij}+\sum_{i,j}y_j p_{ij}$$

$$=\sum_i x_i\sum_j p_{ij}+\sum_j y_j\sum_i p_{ij}=\sum x_i p_{i\cdot}+\sum y_j p_{\cdot j}$$

$$=E(X)+E(Y).$$

注　① 由(2)(3)可得 $E(aX+bY)=aE(X)+bE(Y)$.

② 还可推广为 $E(X_1+X_2+\cdots+X_n)=E(X_1)+E(X_2)+\cdots+E(X_n)$，该性质无须 $X_1,X_2,\cdots,X_n$ 独立.解题过程中经常利用该性质，把一个复杂随机变量化为若干个简单随机变量之和(见后面例题).

(4) 若 X 与 Y 独立，则积的期望等于各自期望之乘积，即 $E(XY)=E(X)E(Y)$.

证　① 当 X 与 Y 独立时，$f(x,y)=f_X(x)f_Y(y)$.

$$E(XY)=\iint\limits_{D}xyf(x,y)\mathrm{d}x\,\mathrm{d}y=\iint\limits_{D}xyf_X(x)f_Y(y)\mathrm{d}x\,\mathrm{d}y$$

$$=\int_{-\infty}^{+\infty}xf_X(x)\mathrm{d}x\int_{-\infty}^{+\infty}yf_Y(y)\mathrm{d}y=E(X)E(Y).$$

② 若 X,Y 为离散型，则

$$E(XY)=\sum x_i y_i p_{ij}=\sum x_i y_j p_{i\cdot}\,p_{\cdot j}=\sum x_i p_{i\cdot}\sum y_j p_{\cdot j}=E(X)E(Y).$$

【例题精讲】

例 1 （1990 数一）$X \sim p(2)$，$Z = 3X - 2$，则 $E(Z) = $＿＿＿＿．

解 $X \sim p(2)$，则 $E(X) = 2$，且 $E(Z) = E(3X - 2) = 3E(X) - 2 = 3 \times 2 - 2 = 4$．

例 2 （1992 数三、四）一台设备由三大部件组成，在设备运转中各部件需要调整的概率相应为 0.1，0.2，0.3，假设各部件相互独立，以 X 表示需要调整的部件数，试求 $E(X)$．

解法 1 设 $A_i = $ "第 i 个部件需要调整"，则 $P(A_1) = 0.1$，$P(A_2) = 0.2$，$P(A_3) = 0.3$，$X = 0$，1，2，3，则

$$P\{X = 0\} = P(\overline{A_1}\,\overline{A_2}\,\overline{A_3}) = 0.9 \times 0.8 \times 0.7 = 0.504,$$

$$P\{X = 1\} = P(A_1\overline{A_2}\,\overline{A_3} \bigcup \overline{A_1}A_2\overline{A_3} \bigcup \overline{A_1}\,\overline{A_2}A_3)$$

$$= 0.1 \times 0.8 \times 0.7 + 0.9 \times 0.2 \times 0.7 + 0.9 \times 0.8 \times 0.3 = 0.398,$$

$$P\{X = 2\} = P(A_1A_2\overline{A_3} \bigcup A_1\overline{A_2}A_3 \bigcup \overline{A_1}A_2A_3) = 0.092,$$

$$P\{X = 3\} = P(A_1A_2A_3) = 0.006,$$

$$E(X) = 1 \times 0.398 + 2 \times 0.092 + 3 \times 0.006 = 0.6.$$

解法 2 X_i 表示第 i 个部件需要调整的次数．

X_1	0	1
P	0.9	0.1

X_2	0	1
P	0.8	0.2

X_3	0	1
P	0.7	0.3

$$E(X_1) = 0.1, \quad E(X_2) = 0.2, \quad E(X_3) = 0.3.$$

由 $X = X_1 + X_2 + X_3$，且 X_1，X_2，X_3 独立，则

$$E(X) = E(X_1) + E(X_2) + E(X_3) = 0.1 + 0.2 + 0.3 = 0.6.$$

注 解法 2 明显简单，要学会"化整为零"求期望与方差．

例 3 设随机变量 X 与 Y 相互独立，且 $E(X)$ 与 $E(Y)$ 存在，记 $U = \max\{X, Y\}$，$V = \min\{X, Y\}$，则 $E(UV) = ($　　$)$．

(A) $E(U) \cdot E(V)$ (B) $E(X) \cdot E(Y)$

(C) $E(U) \cdot E(Y)$ (D) $E(X) \cdot E(V)$

解 $U = \max\{X, Y\} = \dfrac{1}{2}[(X + Y) + |X - Y|]$，

$V = \min\{X, Y\} = \dfrac{1}{2}[(X + Y) - |X - Y|]$，

$UV = \dfrac{1}{4}[(X + Y)^2 - |X - Y|^2] = XY$，

$E(UV) = E(XY)(X 与 Y 独立) = E(X)E(Y)$．

选(B).

4.1.3 随机变量函数的期望

定理 1 $P\{X=x_i\}=p_i$, $i=1, 2, \cdots$, $y=g(x)$ 是连续函数,若级数 $\sum\limits_{i=1}^{\infty} g(x_i)p_i$ 绝对收敛,则 $Y=g(X)$ 的期望存在,且 $E(Y)=E[g(X)]=\sum\limits_{i=1}^{\infty} g(x_i)p_i$.

定理 2 $X \sim f(x)$, $y=g(x)$,若 $\int_{-\infty}^{+\infty} g(x)f(x)\mathrm{d}x$ 绝对收敛,则 $Y=g(X)$ 的期望存在,且

$$E(Y)=E[g(X)]=\int_{-\infty}^{+\infty} g(x)f(x)\mathrm{d}x.$$

定理 3 设二维离散型随机变量(X, Y)的分布律为 $P\{X=x_i, Y=y_j\}=p_{ij}$, $i, j=1$, $2, \cdots$, $z=g(x, y)$ 是二元连续函数,若级数 $\sum\limits_{i=1}^{\infty}\sum\limits_{j=1}^{\infty} g(x_i, y_j)p_{ij}$ 绝对收敛,则 $Z=g(X, Y)$ 的期望存在,且

$$E(Z)=E[g(X, Y)]=\sum\limits_{i=1}^{\infty}\sum\limits_{j=1}^{\infty} g(x_i, y_j)p_{ij}.$$

定理 4 $(X, Y) \sim f(x, y)$, $z=g(x, y)$,若 $\iint\limits_{D} g(x, y)f(x, y)\mathrm{d}x\mathrm{d}y$ 绝对收敛,则 $Z=g(X, Y)$ 的期望存在,且

$$E(Z)=E[g(X, Y)]=\iint\limits_{D} g(x, y)f(x, y)\mathrm{d}x\mathrm{d}y.$$

特别地,若 $g(X, Y)=X$,或 $g(X, Y)=Y$,则在连续场合(在离散场合类似),有

$$E(X)=\int_{-\infty}^{+\infty}\int_{-\infty}^{+\infty} xf(x, y)\mathrm{d}x\mathrm{d}y=\int_{-\infty}^{+\infty} xf_X(x)\mathrm{d}x,$$

$$E(Y)=\int_{-\infty}^{+\infty}\int_{-\infty}^{+\infty} yf(x, y)\mathrm{d}x\mathrm{d}y=\int_{-\infty}^{+\infty} yf_Y(y)\mathrm{d}y.$$

【例题精讲】

例 1 设 X 的概率分布为

X	-1	0	2	3
P	0.1	0.2	0.3	0.4

$Y = (X-1)^2$，求 Y 的期望 $E(Y)$.

解　$E(Y) = E[(X-1)^2] = 4 \times 0.1 + 1 \times 0.2 + 1 \times 0.3 + 4 \times 0.4 = 2.5$.

例 2　(1992)设随机变量 X 服从参数为 1 的指数分布,则 $E(X + e^{-2X}) = $ _____ .

解　$E(X + e^{-2X}) = \int_{-\infty}^{+\infty} (x + e^{-2x}) f(x) dx = \int_0^{+\infty} (x + e^{-2x}) e^{-x} dx = 1 - \frac{1}{3} e^{-3x} \Big|_0^{+\infty} = \frac{4}{3}$.

例 3　(1) $X \sim p(\lambda)$，$Y = X^2$，求 $E(Y)$；(2) $X \sim B(n, p)$，$Y = e^{3X} - 1$，求 $E(Y)$.

解　(1) $E(Y) = E(X^2) = \sum_{k=0}^{\infty} k^2 \frac{\lambda^k}{k!} e^{-\lambda} = \sum_{k=1}^{\infty} k \frac{\lambda^k}{(k-1)!} e^{-\lambda}$

$$= \sum_{k=1}^{\infty} (k-1) \frac{\lambda^k}{(k-1)!} e^{-\lambda} + \sum_{k=1}^{\infty} \frac{\lambda^k}{(k-1)!} e^{-\lambda}$$

$$= \lambda^2 \sum_{k=2}^{\infty} \frac{\lambda^{k-2}}{(k-2)!} e^{-\lambda} + \lambda \sum_{k=1}^{\infty} \frac{\lambda^{k-1}}{(k-1)!} e^{-\lambda}$$

$$= \lambda^2 \sum_{k=0}^{\infty} \frac{\lambda^k}{k!} e^{-\lambda} + \lambda \sum_{k=0}^{\infty} \frac{\lambda^k}{k!} e^{-\lambda}$$

$$= \lambda^2 + \lambda.$$

注　在级数求和中,注意下标的变化的运算规律. 即：

$$\sum_{n=1}^{\infty} u_n = \sum_{n=0}^{\infty} u_{n+1} = \sum_{n=2}^{\infty} u_{n-1}.$$

(2) X 的分布列为 $P\{X = k\} = C_n^k p^k (1-p)^{n-k}$，$k = 0, 1, \cdots, n$，

$$E(Y) = E(e^{3X} - 1) = \sum_{k=0}^{\infty} (e^{3k} - 1) C_n^k p^k (1-p)^{n-k}$$

$$= \sum_{k=0}^{\infty} e^{3k} C_n^k p^k (1-p)^{n-k} - \sum_{k=0}^{\infty} C_n^k p^k (1-p)^{n-k}$$

$$= \sum_{k=0}^{\infty} C_n^k (e^3 p)^k (1-p)^{n-k} - 1$$

$$= (p e^3 + 1 - p)^n - 1.$$

例 4　(1) $X \sim E(\lambda)$，求 $E(X^2)$；(2) $X \sim U(0, \pi)$，求 $Y = \sin X$ 的期望.

解　(1) X 的密度函数为 $f_X(x) = \begin{cases} \lambda e^{-\lambda x}, & x > 0, \\ 0, & x \leqslant 0, \end{cases}$

$E(X^2) = \int_{-\infty}^{+\infty} x^2 f(x) dx$

$$= \int_0^{+\infty} x^2 \lambda e^{-\lambda x} dx = -\int_0^{+\infty} x^2 de^{-\lambda x}$$

$$= -x^2 e^{-\lambda x} \Big|_0^{+\infty} + 2 \int_0^{+\infty} x e^{-\lambda x} dx$$

$$= 0 - \frac{2}{\lambda} \int_0^{+\infty} x de^{-\lambda x}$$

$$= -\frac{2}{\lambda} x \mathrm{e}^{-\lambda x} \Big|_0^{+\infty} + \frac{2}{\lambda} \int_0^{+\infty} \mathrm{e}^{-\lambda x} \mathrm{d}x$$

$$= 0 + \frac{2}{\lambda} \left(-\frac{1}{\lambda} \mathrm{e}^{-\lambda x} \right) \Big|_0^{+\infty} = \frac{2}{\lambda^2}.$$

(2) X 的密度函数为 $f(x) = \begin{cases} \dfrac{1}{\pi}, & 0 < x < \pi, \\ 0, & \text{其他}, \end{cases}$

$$E(Y) = \int_{-\infty}^{+\infty} \sin x \, f(x) \mathrm{d}x = \int_0^{\pi} \sin x \, \frac{1}{\pi} \mathrm{d}x = \frac{2}{\pi}.$$

例 5 (1) 设 (X, Y) 的联合分布列为

Y \ X	1	2	3
−1	0	$\dfrac{1}{5}$	$\dfrac{2}{15}$
2	$\dfrac{1}{6}$	$\dfrac{1}{4}$	$\dfrac{1}{4}$

求 $Z = X^2 Y$ 的数学期望.

(2) 设 $(X, Y) \sim N(0, 0; 1, 1; 0)$，$Z = \sqrt{X^2 + Y^2}$，求 $E(Z)$.

(3) 设 $(X, Y) \sim f(x, y) = \begin{cases} 2 - x - y, & 0 < x < 1, 0 < y < 1, \\ 0, & \text{其他}. \end{cases}$ 求 $E(X)$，$E(XY)$.

解 (1) $E(Z) = \displaystyle\sum_{i=1, 2, 3} \sum_{j=-1, 2} i^2 j P\{X = i, Y = j\}$

$$= 1^2 \times (-1) \times 0 + 2^2 \times (-1) \times \frac{1}{5} + 3^2 \times (-1) \times \frac{2}{5} + 1^2 \times 2 \times \frac{1}{6} +$$

$$2^2 \times 2 \times \frac{1}{4} + 3^2 \times 2 \times \frac{1}{4} = \frac{29}{6}.$$

(2) $(X, Y) \sim f(x, y) = \dfrac{1}{2\pi} \mathrm{e}^{-\frac{x^2 + y^2}{2}}$,

$$E(Z) = E(\sqrt{X^2 + Y^2}) = \iint_D \sqrt{x^2 + y^2} \, \frac{1}{2\pi} \mathrm{e}^{-\frac{x^2 + y^2}{2}} \mathrm{d}x \mathrm{d}y$$

$$= \frac{1}{2\pi} \int_0^{2\pi} \mathrm{d}\theta \int_0^{+\infty} r \mathrm{e}^{-\frac{r^2}{2}} r \mathrm{d}r = \int_0^{+\infty} r^2 \mathrm{e}^{-\frac{r^2}{2}} \mathrm{d}r$$

$$= \int_0^{+\infty} (-r) \mathrm{d}\mathrm{e}^{-\frac{r^2}{2}} = -r \mathrm{e}^{-\frac{r^2}{2}} \Big|_0^{+\infty} + \int_0^{+\infty} \mathrm{e}^{-\frac{r^2}{2}} \mathrm{d}r$$

$$= \frac{1}{2} \int_{-\infty}^{+\infty} \mathrm{e}^{-\frac{r^2}{2}} \mathrm{d}r = \frac{1}{2} \sqrt{2\pi} \int_{-\infty}^{+\infty} \frac{1}{\sqrt{2\pi}} \mathrm{e}^{-\frac{r^2}{2}} \mathrm{d}r = \frac{\sqrt{2\pi}}{2}.$$

(3) $E(X) = \iint\limits_{D} x f(x, y) \mathrm{d}x \mathrm{d}y = \int_0^1 \left(\int_0^1 x(2-x-y) \mathrm{d}y \right) \mathrm{d}x$

$$= \int_0^1 \left(\frac{3}{2}x - x^2 \right) \mathrm{d}x = \frac{5}{12}.$$

$E(XY) = \iint\limits_{D} xy(2-x-y) \mathrm{d}x \mathrm{d}y = \int_0^1 \left(\int_0^1 xy(2-x-y) \mathrm{d}y \right) \mathrm{d}x$

$$= \int_0^1 \left(\frac{2}{3}x - \frac{1}{2}x^2 \right) \mathrm{d}x = \frac{1}{6}.$$

4.2 方　　差

先看一个例子,两组学生考研数学成绩如下:

A	110	120	120	125	125	130	130	135	140	125
B	90	100	120	125	125	130	135	145	145	145

不难发现,两组考生有相同的平均分,即 $E(A) = E(B) = 126$,直观上 B 比 A 与平均分 126 有较大的偏离,A 组考生成绩相对集中. 还有,在任何一个测量问题中,我们都会遇到误差,西方有句谚语——"任何比喻都是蹩脚的",意思就是说,无论多么恰当形象生动的比喻,本体和喻体之间仍然有巨大的鸿沟,不可能做到天衣无缝,正如世上没有两片完全相同的叶子.

人们除了关心一个随机变量的期望,往往还关心这个变量分布的分散程度. 那么,如何刻画一个变量分布的分散程度呢? 考虑 X 与 $E(X)$ 之间的差异 $X - E(X)$,$X - E(X)$ 有正有负,为了消除符号的影响,采用 $[X - E(X)]^2$ 的形式,然后求它的期望 $E\{[X - E(X)]^2\}$,并命名为随机变量的"方差"(variance 或 deviation).

4.2.1 定义

设 X 是一个随机变量,若 $E\{[X - E(X)]^2\}$ 存在,则称为 X 的方差,记为 $D(X)$,即 $D(X) = E\{[X - E(X)]^2\}$.

称 $\sigma_X = \sqrt{D(X)}$ 为 X 的均方差或标准差.

从方差定义可以看出,$D(X)$ 实际上是 X 的函数 $Y = [X - E(X)]^2$ 的数学期望,由 4.1 内容可得

$$D(X) = E\{[X-E(X)]^2\} = \begin{cases} \sum\limits_{i=1}^{\infty} [x_i - E(X)]^2 P\{X = x_i\}, & \text{如果 } X \text{ 为离散型随机变量,} \\ \int_{-\infty}^{+\infty} [x_i - E(X)]^2 f(x) \mathrm{d}x, & \text{如果 } X \text{ 为连续型随机变量.} \end{cases}$$

注　意义:如果 $D(X)$ 值大,表示 X 取值分散程度大;如果 $D(X)$ 值小,表示 X 取值比较集中.

4.2.2　公式

$$D(X) = E(X^2) - E^2(X).$$

证
$$\begin{aligned} D(X) &= E\{[X-E(X)]^2\} \\ &= E[X^2 - 2XE(X) + E^2(X)] \\ &= E(X^2) - 2E[XE(X)] + E[E^2(X)] \\ &= E(X^2) - 2E(X)E(X) + E^2(X) \\ &= E(X^2) - E^2(X). \end{aligned}$$

注　$E(X) = c$ 为常数.

4.2.3　性质

(1) c 为常数,方差为 0: $D(c) = 0$.

证　$D(c) = E(c^2) - E^2(c) = c^2 - c^2 = 0$.

(2) $D(cX) = c^2 D(X)$,即方差并非线性特性,常数提到括号外面要平方,计算时值得注意.

证
$$\begin{aligned} D(cX) &= E[(cX)^2] - [E(cX)]^2 \\ &= E(c^2 X^2) - [cE(X)]^2 = c^2 E(X^2) - c^2 E^2(X) \\ &= c^2 [E(X^2) - E^2(X)] = c^2 D(X). \end{aligned}$$

(3) 和的方差:

$$D(X+Y) = D(X) + D(Y) + 2E\{[X-E(X)][Y-E(Y)]\}.$$

证
$$\begin{aligned} D(X+Y) &= E(X+Y)^2 - [E(X+Y)]^2 \\ &= E(X^2 + Y^2 + 2XY) - [E(X) + E(Y)]^2 \\ &= E(X^2) + E(Y^2) + 2E(XY) - E^2(X) - E^2(Y) - 2E(X)E(Y) \\ &= E(X^2) - E^2(X) + E(Y^2) - E^2(Y) + 2[E(XY) - E(X)E(Y)] \\ &= D(X) + D(Y) + 2E\{[X-E(X)][Y-E(Y)]\}, \end{aligned}$$

这里 $E\{[X-E(X)][Y-E(Y)]\} = E(XY) - E(X)E(Y)$,

左边$=E[XY-XE(Y)-YE(X)+E(X)E(Y)]$

$\qquad =E(XY)-E(X)E(Y)-E(Y)E(X)+E(X)E(Y)$

$\qquad =E(XY)-E(X)E(Y).$

当 X 与 Y 独立时，$E(XY)=E(X)E(Y)$，从而

$$D(X+Y)=D(X)+D(Y).$$

此外，$D(aX\pm bY)=a^2 D(X)+b^2 D(Y)\pm 2ab\mathrm{Cov}(X,Y).$

(4) 如果 X 与 Y 独立，则

$$D(XY)=D(X)D(Y)+D(X)[E(Y)]^2+D(Y)[E(X)]^2\geqslant D(X)D(Y).$$

证 $\quad D(XY)=E[(XY)^2]-[E(XY)]^2$

$\qquad\qquad\quad =E(X^2 Y^2)-[E(X)E(Y)]^2$

$\qquad\qquad\quad =E(X^2)E(Y^2)-E^2(X)E^2(Y)$

$\qquad\qquad\quad =[D(X)+E^2(X)][(D(Y)+E^2(Y)]-E^2(X)E^2(Y)$

$\qquad\qquad\quad =D(X)D(Y)+D(X)E^2(Y)+D(Y)E^2(X)+$

$\qquad\qquad\qquad E^2(X)E^2(Y)-E^2(X)E^2(Y)$

$\qquad\qquad\quad =D(X)D(Y)+D(X)E^2(Y)+E^2(X)D(Y).$

(5) 若 $D(X)$ 存在，则对任意实数 c 都有

$$D(X)=E\{[X-E(X)]^2\}\leqslant E[(X-c)^2].$$

证 $\quad E[(X-c)^2]=E(X^2)-2cE(X)+c^2$

$\qquad\qquad\qquad\quad =E(X^2)-E^2(X)+[E(X)-c]^2$

$\qquad\qquad\qquad\quad \geqslant E(X^2)-E^2(X)=D(X).$

4.2.4 常见随机变量的方差

(1) 离散型随机变量.

① 两点分布：$X\sim 0\text{-}1$，分布律为

X	1	0
p_k	p	q

$$E(X)=p,$$
$$D(X)=E(X^2)-E^2(X)$$
$$=1\cdot p+0\cdot q-p^2$$
$$=p-p^2=p(1-p)=pq.$$

② 二项分布：$X \sim B(n, p)$，$P\{X = k\} = C_n^k p^k q^{n-k}$.

将二项分布随机变量 X 分解为 n 个两点分布随机变量 X_k 之和，令 $X_k = \begin{cases} 1, 若 A 发生, \\ 0, 若 A 不发生, \end{cases}$ $k = 1, 2, \cdots, n$，则 $X = X_1 + X_2 + \cdots + X_n$，$E(X_k) = p$，$D(X_k) = pq$，

$$D(X) = D(X_1) + D(X_2) + \cdots + D(X_n) = npq.$$

③ 泊松分布：$X \sim p(\lambda)$，$P\{X = k\} = \dfrac{\lambda^k}{k!} e^{-\lambda}$ $(k = 0, 1, 2, \cdots)$.

由 4.1.3 中例 3(1) 可得 $E(X^2) = \lambda^2 + \lambda$，故

$$D(X) = E(X^2) - E^2(X) = \lambda^2 + \lambda - \lambda^2 = \lambda.$$

结论：泊松分布期望与方差相等.

④ 几何分布：$X \sim G(p)$，$P\{X = k\} = q^{k-1} p$ $(k = 0, 1, 2, \cdots)$.

$$E(X) = \frac{1}{p},$$

$$E(X^2) = E[X(X+1) - X] = E[X(X+1)] - E(X)$$

$$= \sum_{k=0}^{\infty} k(k+1) q^{k-1} p - \frac{1}{p}$$

$$= p \left(\sum_{k=0}^{\infty} q^{k+1} \right)'' - \frac{1}{p} = p \left(\frac{1}{1-q} \right)'' - \frac{1}{p} = p \cdot \frac{2}{(1-q)^3} - \frac{1}{p}$$

$$= \frac{2}{p^2} - \frac{1}{p},$$

故 $D(X) = E(X^2) - E^2(X) = \dfrac{2}{p^2} - \dfrac{1}{p} - \dfrac{1}{p^2} = \dfrac{1}{p^2} - \dfrac{1}{p} = \dfrac{1-p}{p^2} = \dfrac{q}{p^2}$.

（2）连续型随机变量.

① 均匀分布：$X \sim U(a, b)$，

$$f(x) = \begin{cases} \dfrac{1}{b-a}, & a < x < b, \\ 0, & 其他. \end{cases}$$

$$E(X) = \frac{b+a}{2},$$

$$E(X^2) = \int_{-\infty}^{+\infty} x^2 f(x) \mathrm{d}x = \int_a^b \frac{x^2}{b-a} \mathrm{d}x = \frac{1}{b-a} \cdot \frac{1}{3} (b^3 - a^3) = \frac{a^2 + b^2 + ab}{3}.$$

$$D(X) = E(X^2) - E^2(X) = \frac{a^2 + b^2 + ab}{3} - \left(\frac{a+b}{2} \right)^2 = \frac{(b-a)^2}{12}.$$

② 指数分布：$X \sim E(\lambda)$, $f_X(x) = \begin{cases} \lambda e^{-\lambda x}, & x > 0, \\ 0, & x \leqslant 0. \end{cases}$

$$E(X) = \frac{1}{\lambda}.$$

由 4.1.3 中例 4(1)可得 $E(X^2) = \dfrac{2}{\lambda^2}$,

$$D(X) = E(X^2) - E^2(X) = \frac{2}{\lambda^2} - \frac{1}{\lambda^2} = \frac{1}{\lambda^2}.$$

③ 正态分布：$X \sim N(\mu, \sigma^2)$, $f_X(x) = \dfrac{1}{\sqrt{2\pi}\,\sigma} e^{-\frac{(x-\mu)^2}{2\sigma^2}}$ $(-\infty < x < +\infty)$.

$$E(X) = \mu,$$

$$E(X^2) = \frac{1}{\sqrt{2\pi}\,\sigma} \int_{-\infty}^{+\infty} x^2 e^{-\frac{(x-\mu)^2}{2\sigma^2}} \mathrm{d}x \xhookrightarrow{\frac{x-\mu}{\sigma}=t} \frac{1}{\sqrt{2\pi}} \int_{-\infty}^{+\infty} (\mu + t\sigma)^2 e^{-\frac{t^2}{2}} \mathrm{d}x$$

$$= \frac{1}{\sqrt{2\pi}} \int_{-\infty}^{+\infty} (\mu^2 + t^2\sigma^2 + 2\mu t\sigma) e^{-\frac{t^2}{2}} \mathrm{d}t$$

$$= \frac{\mu^2}{\sqrt{2\pi}} \int_{-\infty}^{+\infty} e^{-\frac{t^2}{2}} \mathrm{d}t + \frac{\sigma^2}{\sqrt{2\pi}} \int_{-\infty}^{+\infty} t^2 e^{-\frac{t^2}{2}} \mathrm{d}t + \frac{2\mu\sigma}{\sqrt{2\pi}} \int_{-\infty}^{+\infty} t\, e^{-\frac{t^2}{2}} \mathrm{d}t$$

$$= \mu^2 + \sigma^2 + 0,$$

$$D(X) = E(X^2) - E^2(X) = \mu^2 + \sigma^2 - \mu^2 = \sigma^2.$$

注　$X \sim N(0,1)$, $E(X) = 0$, $D(X) = 1$.

④ 瑞利分布（了解）：$f_X(x) = \begin{cases} \dfrac{x}{\sigma^2} e^{-\frac{x^2}{2\sigma^2}}, & x > 0, \\ 0, & x \leqslant 0. \end{cases}$

$$E(X^2) = \int_0^{+\infty} \frac{x^3}{\sigma^2} e^{-\frac{x^2}{2\sigma^2}} \mathrm{d}x = -\int_0^{+\infty} x^2 \mathrm{d}e^{-\frac{x^2}{2\sigma^2}}$$

$$= -x^2 e^{-\frac{x^2}{2\sigma^2}} \Big|_0^{+\infty} + 2\int_0^{+\infty} x\, e^{-\frac{x^2}{2\sigma^2}} \mathrm{d}x$$

$$= 0 - 2\sigma^2 \int_0^{+\infty} e^{-\frac{x^2}{2\sigma^2}} \mathrm{d}\frac{x^2}{2\sigma^2} = -2\sigma^2 e^{-\frac{x^2}{2\sigma^2}} \Big|_0^{+\infty}$$

$$= -2\sigma^2 (0 - 1) = 2\sigma^2,$$

$E(X)=\sqrt{\dfrac{\pi}{2}}\sigma$（前面算过），故

$$D(X)=E(X^2)-E^2(X)=2\sigma^2-\dfrac{\pi}{2}\sigma^2=\left(2-\dfrac{\pi}{2}\right)\sigma^2.$$

【例题精讲】

例 1 已知随机变量 X 的分布律为

X	-1	0	1	2
P	0.1	0.2	0.3	0.4

，求 $D(X)$.

解 $E(X)=1$，$E(X^2)=2$，$D(X)=E(X^2)-[E(X)]^2=2-1=1$.

例 2 （2000 数三、四）$X\sim U[-1,2]$，令 $Y=\begin{cases}1,&X>0,\\0,&X=0,\\-1,&X<0,\end{cases}$ $D(Y)=\underline{\qquad}$.

解 $E(Y)=1\cdot P\{Y=1\}+0\cdot P\{Y=0\}+(-1)P\{Y=-1\}$

$\qquad=1\cdot P\{X>0\}+(-1)P\{X<0\}=\dfrac{2}{3}-\dfrac{1}{3}=\dfrac{1}{3}$,

$E(Y^2)=1^2\cdot P\{Y=1\}+(-1)^2P\{Y=-1\}$

$\qquad=P\{X>0\}+P\{X<0\}=\dfrac{2}{3}+\dfrac{1}{3}=1$.

故 $D(Y)=E(Y^2)-[E(Y)]^2=1-\left(\dfrac{1}{3}\right)^2=\dfrac{8}{9}$.

例 3 （1997 数一）X，Y 独立，$D(X)=4$，$D(Y)=2$，则 $D(3X-2Y)=($).

(A) 8 　　　(B) 16 　　　(C) 28 　　　(D) 44

解 因 X，Y 独立，故 $D(3X-2Y)=3^2D(X)+2^2D(Y)=9\times4+4\times2=44$.

例 4 （1990 数四）设 $X\sim B(n,p)$，且 $E(X)=2.4$，$D(X)=1.44$，则 n，p 为( ).

(A) $n=4$，$p=0.6$ 　　　　　(B) $n=6$，$p=0.4$

(C) $n=8$，$p=0.3$ 　　　　　(D) $n=24$，$p=0.1$

解 由 $X\sim B(n,p)\Rightarrow E(X)=np$，$D(X)=np(1-p)$. $np=2.4$，$np(1-p)=1.44\Rightarrow p=0.4$，$n=6$，答案为(B).

例 5 （2004 数一、三、四）设 $X\sim E(\lambda)$，则 $P\{X>\sqrt{D(X)}\}=\underline{\qquad}$.

解 $D(X)=\dfrac{1}{\lambda^2}$，$\quad P\{X>\sqrt{D(X)}\}=P\left\{X>\dfrac{1}{\lambda}\right\}$

$\qquad=\int_{\frac{1}{\lambda}}^{+\infty}\lambda e^{-\lambda x}\,dx=-e^{-\lambda x}\Big|_{\frac{1}{\lambda}}^{+\infty}=e^{-1}$.

例 6 (1989 数三)设随机变量 X_1，X_2，X_3 相互独立，其中 X_1 在$[0，6]$上服从均匀分布，X_2 服从正态分布 $N(0，2^2)$，X_3 服从参数为 $\lambda=3$ 的泊松分布，记 $Y=X_1-2X_2+3X_3$，则 $D(Y)=$_____.

解 由已知条件知，$X_1 \sim U(0，6)$，则有 $D(X_1)=\dfrac{(6-0)^2}{12}=3$，$X_2 \sim N(0，2^2)$，则有 $D(X_2)=4$，$X_3 \sim p(3)$，则有 $D(X_3)=3$.

由题意有，

$$D(Y)=D(X_1-2X_2+3X_3)=D(X_1)+4D(X_2)+9D(X_3)=46.$$

例 7 设随机变量 X 的概率分布为 $P\{X=k\}=\dfrac{C}{k!}$，$k=0，1，2，\cdots$，则 $E(X^2)=$

_____.

解 由分布律的性质，$1=\sum\limits_{k=0}^{\infty}P\{X=k\}=\sum\limits_{k=0}^{\infty}\dfrac{C}{k!}=Ce$，所以 $C=e^{-1}$.

于是 $P\{X=k\}=\dfrac{e^{-1}}{k!}=\dfrac{1^k}{k!}e^{-1}$，即 X 服从参数为 1 的泊松分布，从而

$$E(X^2)=D(X)+[E(X)]^2=1+1^2=2.$$

例 8 $X \sim f(x)=Ae^{-\left(\frac{x+1}{2}\right)^2}$，且 $aX+b \sim N(0，1)(a>0)$，求 A，a，b.

解 $f(x)=Ae^{-\frac{1}{2}\left(\frac{x+1}{\sqrt{2}}\right)^2}$，由正态分布概率密度知 $X \sim N(-1，2)$，故

$$A=\frac{1}{\sqrt{2\pi} \cdot \sqrt{2}}=\frac{1}{2\sqrt{\pi}}.$$

又 $aX+b \sim N(aE(X)+b，a^2D(X))$，故

$$\begin{cases}aE(X)+b=0，\\ a^2D(X)=1，\end{cases} \begin{cases}-a+b=0，\\ 2a^2=1，\end{cases} a=b=\frac{1}{\sqrt{2}}.$$

例 9 (1990 数三)已知随机变量 $X \sim N(-3，1)$，$Y \sim N(2，1)$，且 X，Y 相互独立，设随机变量 $Z=X-2Y+7$，则 $Z \sim$_____.

解 由 $X \sim N(-3，1)$，$Y \sim N(2，1)$，知 $E(X)=-3$，$E(Y)=2$，$D(X)=D(Y)=1$，于是

$$E(Z)=E(X-2Y+7)=E(X)-2E(Y)+7=0，$$

$$D(Z)=D(X-2Y+7)=D(X)+4D(Y)=5.$$

又 X，Y 相互独立且服从正态分布，故其线性组合 $Z \sim N(0，5)$.

例 10 （1989 数三）已知随机变量 X 和 Y 的联合概率密度为 $f(x,y) = \begin{cases} e^{-(x+y)}, & 0 < x < +\infty, 0 < y < +\infty, \\ 0, & \text{其他.} \end{cases}$

试求：(1) $P\{X < Y\}$；(2) $E(XY)$.

解 (1) $P\{X < Y\} = \iint\limits_{x < y} f(x,y)\mathrm{d}x\mathrm{d}y = \int_0^{+\infty} \mathrm{d}y \int_0^y e^{-(x+y)}\mathrm{d}x = \int_0^{+\infty} e^{-y}(1 - e^{-y})\mathrm{d}y = \frac{1}{2}$.

(2) $E(XY) = \int_{-\infty}^{+\infty}\int_{-\infty}^{+\infty} xy f(x,y)\mathrm{d}x\mathrm{d}y = \int_0^{+\infty}\int_0^{+\infty} xy e^{-(x+y)}\mathrm{d}x\mathrm{d}y$

$= \int_0^{+\infty} x e^{-x}\mathrm{d}x \int_0^{+\infty} y e^{-y}\mathrm{d}y = 1$.

4.3 协 方 差

对于 (X,Y)，X 与 Y 之间往往存在相互关系，现在来讨论描述 X 与 Y 的"相互关系"的数字特征. 如果 X 与 Y 独立，X 的取值与 Y 的取值没有任何关系，此时有 $E\{[X - E(X)][Y - E(Y)]\} = E(XY) - E(X)E(Y) = 0$. 如果 X 与 Y 之间存在"相互关系"，$E\{[X - E(X)][Y - E(Y)]\}$ 可能不是 0，于是有如下定义：

定义 1 设 (X,Y) 为二维随机变量，若 $E\{[(X - E(X)][Y - E(Y)]\}$ 存在，则称其为 X 与 Y 的协方差，记为 $\mathrm{Cov}(X,Y)$，Cov 为 covariance 的缩写，同根词 covariant 表示协同共变的意思.

计算公式：

$$\mathrm{Cov}(X,Y) = E(XY) - E(X)E(Y).$$

证 $E\{[X - E(X)][Y - E(Y)]\}$

$= E[XY - XE(Y) - YE(X) + E(X)E(Y)]$

$= E(XY) - E(X)E(Y) - E(Y)E(X) + E(X)E(Y)$

$= E(XY) - E(X)E(Y).$

性质：

(1) $\mathrm{Cov}(X,X) = D(X)$.

证 $\mathrm{Cov}(X,X) = E(X^2) - E^2(X) = D(X)$.

(2) 协方差作为数是对称的：

$$\mathrm{Cov}(X,Y) = \mathrm{Cov}(Y,X).$$

证 $\mathrm{Cov}(X,Y) = E(XY) - E(X)E(Y)$

$$=E(YX)-E(Y)E(X)=\text{Cov}(Y,X).$$

（3）线性性质为

$$\text{Cov}(aX+b,cY+d)=ac\text{Cov}(X,Y).$$

证　左边$=E[(aX+b)(cY+d)]-E(aX+b)E(cY+d)$

$$=E(acXY+adX+bcY+bd)-[E(aX)+b][(E(cY)+d]$$

$$=acE(XY)+adE(X)+bcE(Y)+bd-aE(X)cE(Y)-adE(X)-bcE(Y)-bd$$

$$=acE(XY)-acE(X)E(Y)$$

$$=ac\text{Cov}(X,Y).$$

特殊地：$\text{Cov}(aX,bY)=ab\text{Cov}(X,Y).$

（4）分配律：$\text{Cov}(X_1+X_2,Y)=\text{Cov}(X_1,Y)+\text{Cov}(X_2,Y).$

证　$\text{Cov}(X_1+X_2,Y)=E[(X_1+X_2)Y]-E(X_1+X_2)E(Y)$

$$=E(X_1Y+X_2Y)-[E(X_1)+E(X_2)]E(Y)$$

$$=E(X_1Y)+E(X_2Y)-E(X_1)E(Y)-E(X_2)E(Y)$$

$$=\text{Cov}(X_1,Y)+\text{Cov}(X_2,Y).$$

（5）$D(X+Y)=D(X)+D(Y)+2\text{Cov}(X,Y).$

（6）当 X 与 Y 独立时，协方差为 0，即

$$E(XY)=E(X)E(Y)\Rightarrow\text{Cov}(X,Y)=E(XY)-E(X)E(Y)=0.$$

（7）$\text{Cov}(X,c)=0(c$ 为常数$).$

证　$\text{Cov}(X,c)=E(cX)-E(X)E(c)=cE(X)-cE(X)=0.$

（8）协方差的有界性：$[\text{Cov}(X,Y)]^2\leqslant D(X)D(Y)$，等号成立当且仅当 X 与 Y 存在线性关系 $Y=aX+b$ 或 $X=cY+d.$

关于协方差的有界性证明考生可以不掌握，因已超过考研要求（写在这里仅给学有余力的同学参考）.

证　应用最小二乘法，构造辅助变量二次函数，即：

$$0\leqslant f(t)\leqslant E[(X-u_1)t+(Y-u_2)]^2$$

$$=E[(X-u_1)^2t^2]+E[(Y-u_2)^2]+2E[(X-u_1)(Y-u_2)t]$$

$$=t^2D(X)+D(Y)+2t\text{Cov}(X,Y)$$

$$=\sigma_1^2t^2+\sigma_2^2+2t\text{Cov}(X,Y).$$

因二次函数恒非负，故其判别式恒非正，即

$$\Delta=4[\text{Cov}(X,Y)]^2-4\sigma_1^2\sigma_2^2\leqslant0,$$

$[\mathrm{Cov}(X, Y)]^2 \leqslant \sigma_1^2 \sigma_2^2$, 等号成立时, 有 $\mathrm{Cov}(X, Y) = \pm \sigma_1 \sigma_2$, 从而有

$$
\begin{aligned}
f(t) &= E[(X - u_1)t + (Y - u_2)]^2 \\
&= \sigma_1^2 t^2 + 2t \mathrm{Cov}(X, Y) + \sigma_2^2 \\
&= \sigma_1^2 t^2 \pm 2\sigma_1 \sigma_2 + \sigma_2^2 \\
&= (\sigma_1 t \pm \sigma_2)^2.
\end{aligned}
$$

令 $t = t_0 = \mp \dfrac{\sigma_2}{\sigma_1}$, 而 $f(t_0) = 0$, t_0 为零点, 从而

$$
E[(X - u_1)t_0 + (Y - u_2)]^2 = 0 \Rightarrow (X - u_1)t_0 + (Y - u_2) = 0
$$
$$
\Rightarrow Y = -t_0 X + t_0 u_1 + u_2 \Rightarrow X, Y \text{ 间存在线性关系.}
$$

注 用具体例子检验一下, 若 X, Y 间有线性关系, 设 $Y = aX + b$, 则 $D(Y) = a^2 D(X)$, 故 $\mathrm{Cov}(X, Y) = \mathrm{Cov}(X, aX + b) = a\mathrm{Cov}(X, X) = aD(X) = a\sigma_1^2 \Rightarrow [\mathrm{Cov}(X, Y)]^2 = a^2 \sigma_1^4 = \sigma_1^2 a^2 \sigma_1^2 = \sigma_1^2 \sigma_2^2$, 检验完毕.

【例题精讲】

例 1 已知二维随机变量 (X, Y) 的联合分布律为

X \ Y	-1	0	1
0	0.2	0.3	0
1	0.1	0.2	0.2

则 X^2 和 Y^2 的协方差 $\mathrm{Cov}(X^2, Y^2)$ 为 _____.

解 $E(X^2) = 1 \cdot 0.5 = 0.5$, $E(Y^2) = 1 \cdot 0.3 + 1 \cdot 0.2 = 0.5$, $E(X^2 Y^2) = 0.1 + 0.2 = 0.3$.

$$
\mathrm{Cov}(X^2, Y^2) = E(X^2 Y^2) - E(X^2) \cdot E(Y^2) = 0.3 - 0.5^2 = 0.05.
$$

例 2 (1991 数三) 对 X 和 Y, 若 $E(XY) = E(X)E(Y)$, 则( ).

(A) X 与 Y 独立　　　　　　　　(B) $D(X + Y) = D(X) + D(Y)$

(C) X 与 Y 不独立　　　　　　　(D) $D(XY) = D(X)D(Y)$

解 $D(X + Y) = D(X) + D(Y) + 2\mathrm{Cov}(X, Y)$,

$$
\mathrm{Cov}(X, Y) = E(XY) - E(X)E(Y).
$$

由已知 $E(XY) = E(X)E(Y)$, 可知 $D(X + Y) = D(X) + D(Y)$.

答案为(B).

例3 (2004 数一、四)设 $X_1, X_2, \cdots, X_n (n>1)$ 独立同分布,且方差为 $\sigma^2>0$. 令 $Y=\frac{1}{n}\sum_{i=1}^{n}X_i$,则( ).

(A) $\mathrm{Cov}(X_1, Y)=\dfrac{\sigma^2}{n}$ 　　　　(B) $\mathrm{Cov}(X_1, Y)=\sigma^2$

(C) $D(X_1+Y)=\dfrac{n+2}{n}\sigma^2$ 　　　　(D) $D(X_1-Y)=\dfrac{n+1}{n}\sigma^2$

解 已知 $X_1, X_2, \cdots, X_n (n>1)$ 独立同分布,且 $D(X_i)=\sigma^2$, $i=1, 2, \cdots, n$,则当 $i \neq j$ 时,有 $\mathrm{Cov}(X_i, X_j)=0$,所以

$$\mathrm{Cov}(X_1, Y)=\mathrm{Cov}\Big(X_1, \frac{1}{n}\sum_{i=1}^{n}X_i\Big)=\frac{1}{n}\sum_{i=1}^{n}\mathrm{Cov}(X_1, X_i)$$

$$=\frac{1}{n}[\mathrm{Cov}(X_1, X_1)+\mathrm{Cov}(X_1, X_2)+\cdots+\mathrm{Cov}(X_1, X_n)]=\frac{\sigma^2}{n}.$$

答案为(A).

注 $D(X_1+Y)=D(X_1)+D(Y)+2\mathrm{Cov}(X_1, Y)$

$$=\sigma^2+\frac{\sigma^2}{n}+2\cdot\frac{\sigma^2}{n}=\frac{n+3}{n}\sigma^2,$$

$$D(X_1-Y)=D(X_1)+D(Y)-2\mathrm{Cov}(X_1, Y)$$

$$=\sigma^2+\frac{\sigma^2}{n}-2\cdot\frac{\sigma^2}{n}=\frac{n-1}{n}\sigma^2.$$

4.4 相 关 系 数

由协方差的性质(3),我们知道,若 X 与 Y 各自增加到 k 倍,这时 X 与 Y 间的相互关系没有变,而反映其相互关系的协方差却增加到原来的 k^2 倍,即 $\mathrm{Cov}(kX, kY)=k^2\mathrm{Cov}(X, Y)$. 同时,协方差是个有量纲的量,为了克服这一缺点,对协方差进行标准化.

令 $U=\dfrac{X-E(X)}{\sqrt{D(X)}}$, $V=\dfrac{Y-E(Y)}{\sqrt{D(Y)}}$, $\sqrt{D(X)}>0$, $\sqrt{D(Y)}>0$,有

$$E(U)=E\Big(\frac{X-E(X)}{\sqrt{D(X)}}\Big)=\frac{1}{\sqrt{D(X)}}E[X-E(X)]=\frac{1}{\sqrt{D(X)}}[E(X)-E(X)]=0,$$

$$D(U) = D\left(\frac{X - E(X)}{\sqrt{D(X)}}\right) = \frac{1}{D(X)} D[X - E(X)] = \frac{1}{D(X)} D(X) = 1.$$

同理 $E(V) = 0$，$D(V) = 1$，

$$
\begin{aligned}
\text{Cov}(U, V) &= E\{[U - E(U)][V - E(V)]\} = E(UV) \\
&= E\left(\frac{X - E(X)}{\sqrt{D(X)}} \cdot \frac{Y - E(Y)}{\sqrt{D(Y)}}\right) \\
&= \frac{E\{[X - E(X)][Y - E(Y)]\}}{\sqrt{D(X)} \sqrt{D(Y)}} \\
&= \frac{\text{Cov}(X, Y)}{\sqrt{D(X)} \sqrt{D(Y)}}.
\end{aligned}
$$

于是引入了相关系数的概念：

$$\rho_{X,Y} = \frac{\text{Cov}(X, Y)}{\sqrt{D(X)} \sqrt{D(Y)}} = \frac{\text{Cov}(kX, kY)}{\sqrt{D(kX)} \sqrt{D(kY)}},$$

它与 X，Y 本身度量单位无关.

定义 1　随机变量 X，Y 的相关系数定义为

$$\rho_{X,Y} = \frac{\text{Cov}(X, Y)}{\sqrt{D(X)} \sqrt{D(Y)}}. \ [\text{或记为 } \rho(X, Y)]$$

可见,相关系数就是标准化后的协方差.

定义 2　若相关系数或协方差为 0,即

$$\rho_{X,Y} = 0 \Leftrightarrow \text{Cov}(X, Y) = 0,$$

称 X，Y 不相关.

性质：相关系数的有界性：$|\rho_{X,Y}| \leqslant 1$.

证　$\rho(X, Y) = \dfrac{\text{Cov}(X, Y)}{\sqrt{D(X)} \sqrt{D(Y)}}$.

因 $|\text{Cov}(X, Y)|^2 \leqslant D(X)D(Y) = \sigma_1^2 \sigma_2^2$，故

$$|\rho(X, Y)| = \frac{|\text{Cov}(X, Y)|}{\sqrt{D(X)} \sqrt{D(Y)}} \leqslant 1.$$

规范性：$|\rho(X, Y)| = 1$ 的充要条件是 X 与 Y(以概率 1) 存在线性关系：$Y = aX + b$，且 $a > 0$ 时 $\rho(X, Y) = 1$，$a < 0$ 时 $\rho(X, Y) = -1$.

证　由协方差的有界规范性定理,有

$$| \rho(X, Y) | = 1 \Leftrightarrow [\mathrm{Cov}(X, Y)]^2 = \sigma_1^2 \sigma_2^2,$$

即等价于 X 和 Y 存在线性关系. 因为

$$\mathrm{Cov}(X, Y) = \mathrm{Cov}(X, aX + b) = a\mathrm{Cov}(X, X) = aD(X),$$

$$D(Y) = D(aX + b) = a^2 D(X),$$

故

$$\rho(X, Y) = \frac{\mathrm{Cov}(X, Y)}{\sqrt{D(X)}\,\sqrt{D(Y)}} = \frac{aD(X)}{|a|\,D(X)} = \frac{a}{|a|}.$$

从而 $a > 0$ 时, $\rho(X, Y) = 1$; $a < 0$ 时, $\rho(X, Y) = -1$.

结论 1　独立与不相关关系:

(1) X 与 Y 独立,则 X 与 Y 一定不相关;反之不相关,未必独立.

(2) X 与 Y 联合分布是二维正态分布,则 X 与 Y 独立的充要条件是 X 与 Y 不相关.

(3) X 与 Y 都服从 0-1 分布,则 X 与 Y 独立的充要条件是 X 与 Y 不相关.

结论 2　对于随机变量 X 与 Y,下面四个结论是等价的:

(1) X 与 Y 不相关 ($\rho_{X, Y} = 0$);

(2) $\mathrm{Cov}(X, Y) = 0$;

(3) $E(XY) = E(X)E(Y)$;

(4) $D(X \pm Y) = D(X) + D(Y)$.

【例题精讲】

例 1　已知 $\rho_{X, Y} = \dfrac{1}{2}$,则协方差 $\mathrm{Cov}\left(\dfrac{X - E(X)}{\sqrt{D(X)}}, \dfrac{Y - E(Y)}{\sqrt{D(Y)}}\right) = $ _____.

解　由相关系数定义,相关系数就是标准化后的协方差,故原题等于 $\dfrac{1}{2}$.

例 2　(2001 数一、三、四)将一枚硬币重复掷 n 次,以 X 和 Y 分别表示正面向上和反面向上的次数,则 $\rho_{X, Y} = $（　　）.

(A) -1　　　　(B) 0　　　　　(C) 0.5　　　　(D) 1

解　由 $X + Y = n \Rightarrow Y = n - X$, $\mathrm{Cov}(X, X) = D(X)$,

$$\rho_{X, Y} = \frac{\mathrm{Cov}(X, Y)}{\sqrt{D(X)}\,\sqrt{D(Y)}} = \frac{\mathrm{Cov}(X, n - X)}{\sqrt{D(X)}\,\sqrt{D(n - X)}} = \frac{-\mathrm{Cov}(X, X)}{\sqrt{D(X)}\,\sqrt{D(X)}} = -1.$$

注 由 $Y=-X+n \Rightarrow \rho_{X,Y}=-1$.

例 3 若 $X \sim N(0, 1)$, $Y=X^2$, 则 $\rho_{X,Y}=$ _____.

解 $E(XY)=E(X^3)=\int_{-\infty}^{+\infty} x^3 \varphi(x) \mathrm{d}x \xlongequal{\text{奇偶性}} 0$.

$\mathrm{Cov}(X, Y)=E(XY)-E(X)E(Y)=0$, 即 $\rho_{X,Y}=0$, X 与 Y 不相关.

注 本题结果表明:尽管 Y 与 X 之间有很密切的关系 $(Y=X^2)$, 但二者之间的相关系数却为0,即不相关,通过这样一个例子,你能否感悟出相关系数用于刻画两个变量之间的何种关系吗? 它刻画了两个变量间线性关系的近似程度. 一般来说,$|\rho|$ 越接近 1,两个变量之间越近似有线性关系,但也只刻画了变量间线性关系的程度.

例 4 (1995 数三)设 X 与 Y 相互独立同分布,记 $U=X-Y$, $V=X+Y$, 则 U 与 V 必然( ).

(A) 不独立　　　　　　　　　(B) 独立

(C) 相关系数不为零　　　　　(D) 相关系数为零

解 由 X 与 Y 同分布,则 $D(X)=D(Y)$,

$$\mathrm{Cov}(U, V)=\mathrm{Cov}(X-Y, X+Y)$$
$$=\mathrm{Cov}(X, X)+\mathrm{Cov}(X, Y)-\mathrm{Cov}(Y, X)-\mathrm{Cov}(Y, Y)$$
$$=\mathrm{Cov}(X, X)-\mathrm{Cov}(Y, Y)$$
$$=D(X)-D(Y)=0$$
$$\Rightarrow \rho_{U, V}=\frac{\mathrm{Cov}(U, V)}{\sqrt{D(U)} \sqrt{D(V)}}=0.$$

故答案为(D).

例 5 (2007 数一、三、四)设 (X, Y) 服从二维正态分布,且 X 与 Y 不相关,则在 $Y=y$ 的条件下,X 的条件概率密度 $f_{X|Y}(x|y)$ 为( ).

(A) $f_X(x)$ 　　　　　　　　　(B) $f_Y(y)$

(C) $f_X(x)f_Y(y)$ 　　　　　　(D) $\dfrac{f_X(x)}{f_Y(y)}$

解 (X, Y) 服从二维正态分布,且 X 与 Y 不相关,则 X 与 Y 独立,故 $f(x, y)=f_X(x)f_Y(y)$,于是,有

$$f_{X|Y}(x \mid y)=\frac{f(x, y)}{f_Y(y)}=\frac{f_X(x)f_Y(y)}{f_Y(y)}=f_X(x).$$

答案为(A).

【强 化 篇】

【公式总结】

求解方法　　分布已知,利用公式计算

数字特征

性质

期望
$$\begin{cases} E(C) = C \\ E(CX) = CE(X) \\ E(X \pm Y) = E(X) \pm E(Y) \\ 不相关时, E(XY) = E(X)E(Y) \end{cases}$$

方差
$$\begin{cases} D(X) = E(X^2) - [E(X)]^2 \\ D(CX) = C^2 D(X) \\ 不相关时, D(X \pm Y) = D(X) + D(Y) \\ D(X \pm Y) = D(X) + D(Y) \pm 2\mathrm{Cov}(X, Y) \end{cases}$$

协方差
$$\begin{cases} \mathrm{Cov}(X, Y) = E(XY) - E(X)E(Y) \\ \mathrm{Cov}(X, X) = D(X) \\ \mathrm{Cov}(X, C) = 0 \\ \mathrm{Cov}(X, Y) = \mathrm{Cov}(Y, X) \\ \mathrm{Cov}(aX, bY) = ab\mathrm{Cov}(X, Y) \\ \mathrm{Cov}(X_1 + X_2, Y) = \mathrm{Cov}(X_1, Y) + \mathrm{Cov}(X_2, Y) \end{cases}$$

相关系数　　$\rho_{X, Y} = \dfrac{\mathrm{Cov}(X, Y)}{\sqrt{D(X)}\sqrt{D(Y)}}$

常用分布的数字特征

独立
$$\begin{cases} E(XY) = E(X)E(Y) \\ D(X \pm Y) = D(X) + D(Y) \end{cases}$$

不相关
$$\begin{cases} \rho_{X, Y} = 0 \\ \mathrm{Cov}(X, Y) = 0 \\ E(XY) = E(X)E(Y) \\ D(X \pm Y) = D(X) + D(Y) \end{cases}\bigg\} 独立 \Rightarrow 不相关$$

常用分布的期望与方差

分布	分布律或概率密度	数学期望	方差
1. 0-1 分布	$P\{X = k\} = p^k q^{1-k}$, $k = 0, 1, 0 < p < 1$, $p + q = 1$	p	pq
2. 二项分布	$P\{X = k\} = C_n^k p^k q^{n-k}$, $k = 0, 1, 2, \cdots, n$, $0 < p < 1$, $p + q = 1$	np	npq

分布	分布律或概率密度	数学期望	方差
3. 泊松分布	$P\{X=k\}=\dfrac{\lambda^{k}}{k!}\mathrm{e}^{-\lambda}$，$k=0,1,2,\cdots$，$\lambda>0$	λ	λ
4. 正态分布	$f(x)=\dfrac{1}{\sqrt{2\pi}\sigma}\mathrm{e}^{-\frac{(x-\mu)^2}{2\sigma^2}}$，$\sigma>0$，$-\infty<x<+\infty$	μ	σ^2
5. 均匀分布	$\varphi(x)=\begin{cases}\dfrac{1}{b-a}, & a<x<b,\\[2mm] 0, & \text{其他}\end{cases}$	$\dfrac{a+b}{2}$	$\dfrac{(b-a)^2}{12}$
6. 指数分布	$\varphi(x)=\begin{cases}\lambda\mathrm{e}^{-\lambda x}, & x>0,\\[2mm] 0, & x\leqslant 0\end{cases}$（$\lambda>0$ 为参数）	$\dfrac{1}{\lambda}$	$\dfrac{1}{\lambda^{2}}$
7. 几何分布	$P=\{X=k\}=(1-p)^{k-1}p$，$k=1,2,\cdots$，$0<p<1$	$\dfrac{1}{p}$	$\dfrac{1-p}{p^{2}}$

4.5　典型题型一　期望与方差

例1　设随机变量 X 服从参数为 1 的泊松分布，则 $P\{X=E(X^2)\}=$ _____.

解　由 $X\sim p(1)$，可知 $E(X)=D(X)=1$，于是 $E(X^2)=D(X)+[E(X)]^2=2$，因此 $P\{X=2\}=\dfrac{1}{2}\mathrm{e}^{-1}$.

例2　设随机变量 X 服从参数为 λ 的泊松分布，且已知 $E[(X-1)(X-2)]=1$，则 $\lambda=$ _____.

解　因为 $E(X)=D(X)=\lambda$，而 $E[(X-1)(X-2)]=E(X^2-3X+2)$，$E(X^2)=D(X)+[E(X)]^2$，即 $\lambda+\lambda^2-3\lambda+2=1$，解得 $\lambda=1$.

例3　（1987）已知随机变量 X 的概率密度为 $f(x)=\begin{cases}\dfrac{x}{a^2}\mathrm{e}^{-\frac{x^2}{2a^2}}, & x>0,\\[2mm] 0, & x\leqslant 0,\end{cases}$ 求随机变量 $Y=\dfrac{1}{X}$ 的数学期望 $E(Y)$.

解　$E(Y)=E\left(\dfrac{1}{X}\right)=\displaystyle\int_{-\infty}^{+\infty}\dfrac{1}{x}f(x)\mathrm{d}x=\int_{0}^{+\infty}\dfrac{1}{a^2}\mathrm{e}^{-\frac{x^2}{2a^2}}\mathrm{d}x=\dfrac{\sqrt{2}a}{a^2}\int_{0}^{+\infty}\mathrm{e}^{-\left(\frac{x}{\sqrt{2}a}\right)^2}\mathrm{d}\left(\dfrac{x}{\sqrt{2}a}\right)=\dfrac{\sqrt{2\pi}}{2a}.$

注 泊松积分 $\int_0^{+\infty} e^{-x^2} dx = \dfrac{\sqrt{\pi}}{2}$.

例 4 (1996)设随机变量 X, Y 独立且均服从正态分布 $N\left(0, \dfrac{1}{2}\right)$, 则 $E(|X-Y|) =$ _____.

解 记 $Z = X - Y$, $Z = X - Y \sim N(0, 1)$,

$$E(|Z|) = \int_{-\infty}^{+\infty} |z| \frac{1}{\sqrt{2\pi}} e^{-\frac{z^2}{2}} dz = \sqrt{\frac{2}{\pi}} \int_0^{+\infty} z e^{-\frac{z^2}{2}} dz = \sqrt{\frac{2}{\pi}} \left(-e^{-\frac{z^2}{2}} \Big|_0^{+\infty}\right) = \sqrt{\frac{2}{\pi}}.$$

例 5 设二维随机变量 (X, Y) 服从正态分布 $N(\mu, \mu; \sigma^2, \sigma^2; 0)$, 则 $E(XY^2) =$ _____.

解 因为 (X, Y) 服从二维正态分布 $N(\mu, \mu; \sigma^2, \sigma^2; 0)$, 不相关, 所以 X, Y 相互独立, 故

$$E(XY^2) = E(X)E(Y^2) = E(X)\{[E(Y)]^2 + D(Y)\} = \mu(\mu^2 + \sigma^2).$$

例 6 (2013 数三) $X \sim N(0, 1)$ 则 $E(X \cdot e^{2X}) =$ _____.

解 $X \sim N(0, 1)$, $f(x) = \dfrac{1}{\sqrt{2\pi}} e^{-\frac{x^2}{2}}$,

$$E(X \cdot e^{2X}) = \int_{-\infty}^{+\infty} x e^{2x} \frac{1}{\sqrt{2\pi}} e^{-\frac{x^2}{2}} dx = \int_{-\infty}^{+\infty} x \frac{1}{\sqrt{2\pi}} e^{-\frac{1}{2}[(x^2 - 4x + 4) - 4]} dx$$

$$= e^2 \int_{-\infty}^{+\infty} x \frac{1}{\sqrt{2\pi}} e^{-\frac{1}{2}(x-2)^2} dx \xrightarrow{\text{令 } x - 2 = t} e^2 \int_{-\infty}^{+\infty} (t+2) \frac{1}{\sqrt{2\pi}} e^{-\frac{t^2}{2}} dt$$

$$= e^2 \left(\int_{-\infty}^{+\infty} t \cdot \frac{1}{\sqrt{2\pi}} e^{-\frac{t^2}{2}} dt + 2 \int_{-\infty}^{+\infty} \frac{1}{\sqrt{2\pi}} e^{-\frac{t^2}{2}} dt\right) = e^2 (0 + 2 \times 1)$$

$$= 2e^2.$$

例 7 (2009 数一)设 X 的分布函数 $F(x) = 0.3\Phi(x) + 0.7\Phi\left(\dfrac{x-1}{2}\right)$, 其中 $\Phi(x)$ 是标准正态分布函数, 则 $E(X) = $ ( ).

(A) 0　　　　　(B) 0.3　　　　　(C) 0.7　　　　　(D) 1

解 $f(x) = F'(x) = 0.3\varphi(x) + 0.7 \times \dfrac{1}{2}\varphi\left(\dfrac{x-1}{2}\right)$,

$$E(X) = \int_{-\infty}^{+\infty} x \left[0.3\varphi(x) + 0.35\varphi\left(\frac{x-1}{2}\right)\right] dx.$$

由 $\int_{-\infty}^{+\infty} \varphi(x) dx = 1$, $\int_{-\infty}^{+\infty} x\varphi(x) dx = 0$, 从而

$$\int_{-\infty}^{+\infty} x\varphi\left(\frac{x-1}{2}\right)\mathrm{d}x \xlongequal{\diamondsuit u=\frac{x-1}{2}} \int_{-\infty}^{+\infty}(2u+1)\varphi(u)2\mathrm{d}u$$

$$=4\int_{-\infty}^{+\infty}u\varphi(u)\mathrm{d}u+2\int_{-\infty}^{+\infty}\varphi(u)\mathrm{d}u=4\times0+2\times1=2.$$

故 $E(X)=0.35\times2=0.7$.

例 8　(2014 数一、三)设 X 的概率分布为 $P\{X=1\}=P\{X=2\}=\dfrac{1}{2}$,在给定 $X=i$ 的条件下,Y 服从均匀分布 $U(0, i)(i=1, 2)$.

(1) 求 Y 的分布函数 $F_Y(y)$;

(2) 求 $E(Y)$.

解　(1) 令均匀分布 $U(0, 1)$,$U(0, 2)$ 的分布函数分别为 $F_1(y)$ 和 $F_2(y)$,且

$$F_1(y)=\begin{cases}0, & y\leqslant0,\\ y, & 0<y\leqslant1,\\ 1, & y>1,\end{cases} \quad F_2(y)=\begin{cases}0, & y<0,\\ \dfrac{y}{2}, & 0\leqslant y<2,\\ 1, & y\geqslant2.\end{cases}$$

由全概率公式,则 Y 的分布函数为

$$F_Y(y)=P\{Y\leqslant y\}=P\{X=1\}P\{Y\leqslant y \mid X=1\}+P\{X=2\}P\{Y\leqslant y \mid X=2\}$$

$$=\frac{1}{2}\big[P\{Y\leqslant y \mid X=1\}+P\{Y\leqslant y \mid X=2\}\big]$$

$$=\frac{1}{2}\big[F_1(y)+F_2(y)\big]=\begin{cases}0, & y<0,\\ \dfrac{3}{4}y, & 0\leqslant y<1,\\ \dfrac{1}{4}(2+y), & 1\leqslant y<2,\\ 1, & y\geqslant2.\end{cases}$$

(2) Y 的密度函数为

$$f_Y(y)=F'_Y(y)=\begin{cases}\dfrac{3}{4}, & 0\leqslant y<1,\\ \dfrac{1}{4}, & 1\leqslant y<2,\\ 0, & 其他,\end{cases}$$

则 $E(Y)=\displaystyle\int_{-\infty}^{+\infty}yf(y)\mathrm{d}y=\int_0^1\frac{3}{4}y\mathrm{d}y+\int_1^2\frac{1}{4}y\mathrm{d}y=\frac{3}{4}$.

例 9　(2015 数一、三)设 X 的概率密度为

$$f(x) = \begin{cases} 2^{-x}\ln 2, & x > 0, \\ 0, & x \leqslant 0, \end{cases}$$

对 X 进行独立重复的观测,直到两个大于 3 的观测值出现时停止,记 Y 为观测次数.

求:(1) Y 的分布;(2) $E(Y)$.

解 (1) 记事件 $A = \{X > 3\}$,则一次观测值大于 3 的概率为

$$p = P(A) = P\{X > 3\} = \int_3^{+\infty} 2^{-x}\ln 2 \, \mathrm{d}x = -2^{-x} \Big|_3^{+\infty} = \frac{1}{8}.$$

Y 的可能值为 $2, 3, 4, \cdots$,且

$$P\{Y = k\} = (k-1) \cdot p \cdot (1-p)^{k-2} \cdot p = (k-1)(1-p)^{k-2}p^2$$
$$= (k-1)\left(\frac{7}{8}\right)^{k-2}\left(\frac{1}{8}\right)^2, \quad k = 2, 3, \cdots \text{(这是一个帕斯卡分布模型)}.$$

(2) 注意到 $\sum\limits_{k=2}^{\infty}(k-1)(1-p)^{k-2}p^2 = 1$, $E(Y) = \sum\limits_{k=2}^{\infty}kP\{Y=k\} = \sum\limits_{k=2}^{\infty}k(k-1)(1-p)^{k-2}p^2$.

由幂级数求和:$\sum\limits_{k=2}^{\infty}k(k-1)x^{k-2} = \sum\limits_{k=2}^{\infty}(x^k)'' = \left(\sum\limits_{k=2}^{\infty}x^k\right)''$

$$= \left(\sum\limits_{k=0}^{\infty}x^k - 1 - x\right)'' = \left(\sum\limits_{k=0}^{\infty}x^k\right)''$$
$$= \left(\frac{1}{1-x}\right)'' = \left[\frac{1}{(1-x)^2}\right]'$$
$$= \frac{2}{(1-x)^3}.$$

故 $E(Y) = \sum\limits_{k=2}^{\infty}k(k-1)(1-p)^{k-2}p^2 = \dfrac{2}{[1-(1-p)]^3}p^2 = \dfrac{2}{p} = 16.$

例 10 X,Y 互相独立,且 X 与 Y 均服从正态分布 $N\left(1, \dfrac{1}{2}\right)$,令 $Z = X - Y$,则 $E(|Z|) = $＿＿＿＿,$D(|Z|) = $＿＿＿＿.

解 $E(Z) = E(X-Y) = E(X) - E(Y) = 1 - 1 = 0$, $D(Z) = D(X-Y) = D(X) + D(Y) = \dfrac{1}{2} + \dfrac{1}{2} = 1.$

X,Y 互相独立且均服从正态分布,$Z = X - Y$ 仍服从正态分布,则 $Z \sim N(0, 1)$,

$$E(|Z|) = \int_{-\infty}^{+\infty} |z| \frac{1}{\sqrt{2\pi}} e^{-\frac{z^2}{2}} \mathrm{d}z = \sqrt{\frac{2}{\pi}} \int_0^{+\infty} z e^{-\frac{z^2}{2}} \mathrm{d}z = \sqrt{\frac{2}{\pi}},$$

$$D(|Z|) = E(|Z|^2) - [E(|Z|)]^2 = 1 - \frac{2}{\pi}.$$

注 $E(|Z|^2)=E(Z^2)=D(Z)+E^2(Z)=1+0=1.$

例 11 在区间 $[0,a]$ 上任取两点 X,Y,求这两点间距离的数学期望与方差.

解 由题设知,所取两点的坐标 X,Y 相互独立,且都服从区间 $[0,a]$ 上的均匀分布,因此 (X,Y) 的联合密度函数为

$$f(x,y)=\begin{cases}\dfrac{1}{a^2}, & 0\leqslant x\leqslant a,0\leqslant y\leqslant a,\\ 0, & 其他.\end{cases}$$

设 X,Y 两点间距离为 $Z,Z=|X-Y|.$

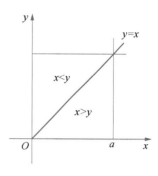

$$\begin{aligned}E(Z)&=E(|X-Y|)=\iint\limits_{D}|x-y|f(x,y)\mathrm{d}x\,\mathrm{d}y\\ &=\frac{1}{a^2}\int_0^a\int_0^a|x-y|\,\mathrm{d}x\,\mathrm{d}y\\ &=\frac{1}{a^2}\left[\int_0^a\mathrm{d}x\int_0^x(x-y)\mathrm{d}y+\int_0^a\mathrm{d}x\int_x^a(y-x)\mathrm{d}y\right]\\ &=\frac{a}{3},\end{aligned}$$

$$E(Z^2)=E(|X-Y|^2)=\iint\limits_{D}|x-y|^2f(x,y)\mathrm{d}x\,\mathrm{d}y=\frac{1}{a^2}\int_0^a\mathrm{d}x\int_0^a(x-y)^2\mathrm{d}y=\frac{a^2}{6},$$

$$D(Z)=E(Z^2)-E^2(Z)=\frac{a^2}{6}-\frac{a^2}{9}=\frac{a^2}{18}.$$

例 12 从区间 $[0,1]$ 上任意抽取 n 个点 $X_1,X_2,\cdots,X_n$,试分别求出最大值和最小值的数学期望和方差.

解 由题意,$X_1,X_2,\cdots,X_n$ 是相互独立的随机变量,均匀分布,其分布函数为

$$F(x)=\begin{cases}0, & x<0,\\ x, & 0\leqslant x<1,\\ 1, & x\geqslant 1.\end{cases}$$

(1) 设 $M=\max\{X_1,X_2,\cdots,X_n\}$,其分布函数、密度函数为

$$F_M(x)=F^n(x)=\begin{cases}0, & x<0,\\ x^n, & 0\leqslant x<1,\\ 1, & x\geqslant 1,\end{cases}\quad f_M(x)=\begin{cases}nx^{n-1}, & 0<x<1,\\ 0, & 其他,\end{cases}$$

所以 $E(M)=\displaystyle\int_0^1 x\cdot nx^{n-1}\mathrm{d}x=\frac{n}{n+1}$,$E(M^2)=\displaystyle\int_0^1 x^2\cdot nx^{n-1}\mathrm{d}x=\frac{n}{n+2}$,$D(M)=E(M^2)-$

$[E(M)]^2=\dfrac{n}{n+2}-\left(\dfrac{n}{n+1}\right)^2=\dfrac{n}{(n+1)^2(n+2)}.$

(2) 记 $N = \min\{X_1, X_2, \cdots, X_n\}$，其分布函数、密度函数分别为

$$F_N(x) = 1 - [1 - F(x)]^n = \begin{cases} 0, & x < 0, \\ 1 - (1-x)^n, & 0 \leqslant x < 1, \\ 1, & x \geqslant 1, \end{cases}$$

$$f_N(x) = \begin{cases} n(1-x)^{n-1}, & 0 < x < 1, \\ 0, & \text{其他}, \end{cases}$$

所以 $E(N) = \int_0^1 xn(1-x)^{n-1}\mathrm{d}x = nB(2, n) = \dfrac{n\Gamma(2)\Gamma(n)}{\Gamma(n+2)} = \dfrac{n(n-1)!}{(n+1)!}$

$$= \frac{1}{n+1},$$

$$E(N^2) = \int_0^1 x^2 n(1-x)^{n-1}\mathrm{d}x = nB(3, n) = \frac{n\Gamma(3)\Gamma(n)}{\Gamma(n+3)}$$

$$= \frac{2n(n-1)!}{(n+2)!} = \frac{2}{(n+1)(n+2)},$$

$$D(N) = E(N^2) - [E(N)]^2 = \frac{2}{(n+1)(n+2)} - \left(\frac{1}{n+1}\right)^2 = \frac{n}{(n+1)^2(n+2)}.$$

以上计算中用到 Γ 函数和 B 函数，及其以下性质：

(1) $\Gamma(x) = \displaystyle\int_0^{+\infty} t^{x-1}\mathrm{e}^{-t}\mathrm{d}t, \ x > 0.$

$\Gamma(s+1) = s\Gamma(s), \ \Gamma(n+1) = n! \ (n \text{ 为正整数}), \Gamma(1) = 1, \ \Gamma\left(\dfrac{1}{2}\right) = \sqrt{\pi}.$ 概率论与数理

统计这门课有部分积分计算利用 Γ 函数去化简很方便.

(2) $B(p, q) = \displaystyle\int_0^1 x^{p-1}(1-x)^{q-1}\mathrm{d}x, \ p > 0, \ q > 0,$

$$B(p, q) = \frac{\Gamma(p)\Gamma(q)}{\Gamma(p+q)}.$$

🏷 4.6 典型题型二 协方差与相关系数

例1 设随机变量 X 和 Y 的相关系数为 $\dfrac{1}{2}$，$E(X) = E(Y) = 0$，$E(X^2) = E(Y^2) = 2$，则

$E(X+Y)^2 = $ _____.

解 由于 $E(X+Y)^2 = E(X^2) + 2E(XY) + E(Y^2)$，而

$$\rho = \frac{\mathrm{Cov}(X, Y)}{\sqrt{D(X)} \cdot \sqrt{D(Y)}} = \frac{E(XY) - E(X) \cdot E(Y)}{\sqrt{D(X)} \cdot \sqrt{D(Y)}} = \frac{E(XY)}{\sqrt{D(X)} \cdot \sqrt{D(Y)}} = 0.5,$$

得

$$E(XY) = 0.5\sqrt{D(X)} \cdot \sqrt{D(Y)}.$$

又由条件可知 $D(X) = D(Y) = 2$,所以 $E(XY) = 1$,故 $E(X+Y)^2 = 6$.

例 2 (2008 数一、三、四)设 $X \sim N(0, 1)$,$Y \sim N(1, 4)$,且 $\rho_{X,Y} = 1$,则( ).

(A) $P\{Y = -2X - 1\} = 1$ \qquad (B) $P\{Y = 2X - 1\} = 1$

(C) $P\{Y = -2X + 1\} = 1$ \qquad (D) $P\{Y = 2X + 1\} = 1$

解 由 $\rho_{X,Y} = 1$,可知(A)(C)不对,且存在常数 a,b,使 $P\{Y = aX + b\} = 1$,即 $Y = aX + b$ $(a > 0)$.

又由 $X \sim N(0, 1)$,$Y \sim N(1, 4) \Rightarrow E(X) = 0$,$E(Y) = 1$,

$$E(Y) = aE(X) + b \Rightarrow b = 1,$$
$$D(Y) = D(aX + b) = a^2 D(X) \Rightarrow a = 2.$$

故答案为(D).

例 3 设随机变量 X 和 Y 独立同分布,且 X 的概率分布为

X	1	2
P	$\frac{2}{3}$	$\frac{1}{3}$

记 $U = \max\{X, Y\}$,$V = \min\{X, Y\}$. 求:(1) (U, V) 的概率分布;(2) U 与 V 的协方差 $\mathrm{Cov}(U, V)$.

解 (1) $P\{U = 1, V = 1\} = P\{X = 1, Y = 1\} = P\{X = 1\} \cdot P\{Y = 1\} = \frac{4}{9}$,

$$P\{U = 2, V = 1\} = P\{X = 1, Y = 2\} + P\{X = 2, Y = 1\} = \frac{4}{9},$$

$$P\{U = 2, V = 2\} = P\{X = 2, Y = 2\} = P\{X = 2\} \cdot P\{Y = 2\} = \frac{1}{9},$$

故 (U, V) 的概率分布为

U \ V	1	2
1	$\frac{4}{9}$	0
2	$\frac{4}{9}$	$\frac{1}{9}$

（2）因为

$$E(U) = \frac{14}{9}, \ E(V) = \frac{10}{9}, \ E(UV) = \frac{16}{9},$$

所以

$$\mathrm{Cov}(U, V) = E(UV) - E(U) \cdot E(V) = \frac{4}{81}.$$

例 4 （2011 数一、三）设 X 与 Y 的概率分布分别为

X	0	1
p_k	$\dfrac{1}{3}$	$\dfrac{2}{3}$

Y	-1	0	1
q_k	$\dfrac{1}{3}$	$\dfrac{1}{3}$	$\dfrac{1}{3}$

且 $P\{X^2 = Y^2\} = 1$.

（1）求 (X, Y) 的概率分布；

（2）求 $Z = XY$ 的分布；

（3）求 $\rho_{X, Y}$.

解 （1）由 $P\{X^2 = Y^2\} = 1 \Rightarrow P\{X^2 \neq Y^2\} = 0$，得

$$P\{X=0, Y=-1\} = P\{X=0, Y=1\} = P\{X=1, Y=0\} = 0.$$

将 (X, Y) 的联合概率分布及边缘分布列成下表：

X \ Y	-1	0	1	p_k
0	0	②$= \dfrac{1}{3}$	0	$\dfrac{1}{3}$
1	①$= \dfrac{1}{3}$	0	③$= \dfrac{1}{3}$	$\dfrac{2}{3}$
q_k	$\dfrac{1}{3}$	$\dfrac{1}{3}$	$\dfrac{1}{3}$	

（2）由 $Z = XY$ 知 Z 的可能取值为 $-1, 0, 1$，且

$$P\{Z=-1\} = P\{XY=-1\} = P\{X=1, Y=-1\} = \frac{1}{3},$$

$$P\{Z=1\} = P\{XY=1\} = P\{X=1, Y=1\} = \frac{1}{3},$$

$$P\{Z=0\} = 1 - P\{Z=-1\} - P\{Z=1\} = 1 - \frac{1}{3} - \frac{1}{3} = \frac{1}{3},$$

则 Z 的分布如下表:

Z	-1	0	1
P	$\dfrac{1}{3}$	$\dfrac{1}{3}$	$\dfrac{1}{3}$

(3) 由 Y 的分布律 $E(Y)=0$, $E(XY)=-1\times\dfrac{1}{3}+0\times\dfrac{1}{3}+1\times\dfrac{1}{3}=0$, $\mathrm{Cov}(X,Y)=$

$E(XY)-E(X)E(Y)=0\Rightarrow\rho_{X,Y}=0$.

例 5 （1991 数三）设 (X,Y) 在圆域 $\{(x,y)\mid x^2+y^2\leqslant r^2\}$ 内服从均匀分布.

(1) 求 X, Y 的相关系数 $\rho_{X,Y}$;

(2) 问 X 与 Y 是否相互独立?

解 (1) $f(x,y)=\begin{cases}\dfrac{1}{\pi r^2}, & x^2+y^2\leqslant r^2,\\[2mm] 0, & x^2+y^2>r^2,\end{cases}$

$$E(XY)=\iint\limits_{D}xyf(x,y)\mathrm{d}x\mathrm{d}y=\iint\limits_{x^2+y^2\leqslant r^2}xy\cdot\frac{1}{\pi r^2}\mathrm{d}x\mathrm{d}y\xrightarrow[\text{奇偶对称}]{\text{由二重积分}}0,$$

$$E(X)=\iint\limits_{D}xf(x,y)\mathrm{d}x\mathrm{d}y=\iint\limits_{x^2+y^2\leqslant r^2}x\cdot\frac{1}{\pi r^2}\mathrm{d}x\mathrm{d}y=0.$$

同理 $E(Y)=0$. 则

$$\mathrm{Cov}(X,Y)=0\Rightarrow\rho_{X,Y}=\frac{\mathrm{Cov}(X,Y)}{\sqrt{D(X)}\sqrt{D(Y)}}=0.$$

(2) $f_X(x)=\displaystyle\int_{-\infty}^{+\infty}f(x,y)\mathrm{d}y=\begin{cases}\dfrac{1}{\pi r^2}\displaystyle\int_{-\sqrt{r^2-x^2}}^{\sqrt{r^2-x^2}}\mathrm{d}y, & |x|\leqslant r\\[3mm] 0, & |x|>r\end{cases}$

$$=\begin{cases}\dfrac{2}{\pi r^2}\sqrt{r^2-x^2}, & |x|\leqslant r,\\[3mm] 0, & |x|>r.\end{cases}$$

同理 $f_Y(y)=\begin{cases}\dfrac{2}{\pi r^2}\sqrt{r^2-y^2}, & |y|\leqslant r,\\[3mm] 0, & |y|>r.\end{cases}$

则当 $x^2+y^2\leqslant r^2$ 时,有 $f_X(x)f_Y(y)\neq f(x,y)$.

故 X 与 Y 不独立.

4.7 典型题型三 综合题

例 1 设随机变量 X 的概率密度为 $f(x) = \dfrac{1}{2}e^{-|x|}$ $(-\infty < x < +\infty)$，试证明：X 与 $|X|$ 不相关，但不相互独立.

证 因为

$$E(X) = \frac{1}{2}\int_{-\infty}^{+\infty} x e^{-|x|} \, dx = 0, \quad E(X|X|) = \frac{1}{2}\int_{-\infty}^{+\infty} x|x| e^{-|x|} \, dx = 0,$$

所以

$$\mathrm{Cov}(X, |X|) = E(X|X|) - E(X)E(|X|) = 0,$$

故 X 与 $|X|$ 不相关.

又对于任意实数 $a > 0$，

$$P\{X \leqslant a\} = \frac{1}{2}\int_{-\infty}^{a} e^{-|x|} \, dx < 1,$$

$$P\{X \leqslant a, |X| \leqslant a\} = P\{|X| \leqslant a\} \neq P\{|X| \leqslant a\} \cdot P\{X \leqslant a\},$$

所以 X 与 $|X|$ 不独立.

例 2 （2016 数一）随机试验 E 有三种两两不相容的结果，A_1，A_2，A_3，且三种结果发生的概率均为 $\dfrac{1}{3}$，将 E 独立重复做 2 次，X 表示 2 次试验中结果 A_1 发生的次数，Y 表示 2 次试验中 A_2 发生的次数，则 X 与 Y 的相关系数为（　　）.

(A) $-\dfrac{1}{2}$ (B) $-\dfrac{1}{3}$ (C) $\dfrac{1}{3}$ (D) $\dfrac{1}{2}$

解法 1 由题设知 (X, Y) 的概率分布为

X ＼ Y	0	1	2
0	$\dfrac{1}{9}$	$\dfrac{2}{9}$	$\dfrac{1}{9}$
1	$\dfrac{2}{9}$	$\dfrac{2}{9}$	0
2	$\dfrac{1}{9}$	0	0

XY	0	1	2	4
P	$\dfrac{7}{9}$	$\dfrac{2}{9}$	0	0

由此分布律可得 $E(X)=E(Y)=\dfrac{2}{3}$，$D(X)=D(Y)=\dfrac{4}{9}$，$E(XY)=\dfrac{2}{9}$，从而

$$\text{Cov}(X,Y)=E(XY)-E(X)E(Y)=-\dfrac{2}{9},$$

$$\rho=\dfrac{\text{Cov}(X,Y)}{\sqrt{D(X)}\sqrt{D(Y)}}=\dfrac{-\dfrac{2}{9}}{\sqrt{\dfrac{4}{9}\times\dfrac{4}{9}}}=-\dfrac{1}{2}.$$

解法 2 记 Z 表示 2 次试验中结果 A_3 发生的次数，一方面由于 $X+Y+Z=2$，从而 X 与 $Y+Z$ 的相关系数为 $\rho_{X,Y+Z}=-1$；另一方面，由题设知 $D(X)=D(Y)=D(Z)=D(Y+Z)$[因 $X=2-Y-Z$，$D(X)=D(2-Y-Z)=D(Y+Z)$]，$\text{Cov}(X,Y)=\text{Cov}(X,Z)$，从而 $\rho_{X,Y}=\rho_{X,Z}$，

$$\rho_{X,Y+Z}=\dfrac{\text{Cov}(X,Y+Z)}{\sqrt{D(X)}\sqrt{D(Y+Z)}}=\dfrac{\text{Cov}(X,Y)+\text{Cov}(X,Z)}{\sqrt{D(X)}\sqrt{D(Y+Z)}}=\rho_{X,Y}+\rho_{X,Z},$$

故 $\rho_{X,Y}=-\dfrac{1}{2}$.

例 3 （2004 数一、三、四）设 A，B 为随机事件，且

$$P(A)=\dfrac{1}{4},\ P(B\mid A)=\dfrac{1}{3},\ P(A\mid B)=\dfrac{1}{2}.$$

令 $X=\begin{cases}1,& A\text{ 发生},\\0,& A\text{ 不发生},\end{cases}$ $Y=\begin{cases}1,& B\text{ 发生},\\0,& B\text{ 不发生},\end{cases}$ 求：

(1) (X,Y) 的概率分布；

(2) $\rho_{X,Y}$；

(3) $Z=X^2+Y^2$ 的分布.

解 （1）由于 $P(AB)=P(A)\cdot P(B\mid A)=\dfrac{1}{4}\times\dfrac{1}{3}=\dfrac{1}{12}$，

$$P(B)=\dfrac{P(AB)}{P(A\mid B)}=\dfrac{\dfrac{1}{12}}{\dfrac{1}{2}}=\dfrac{1}{6},$$

则

$$P\{X=1,Y=1\}=P(AB)=\frac{1}{12},$$

$$P\{X=1,Y=0\}=P(A\overline{B})=P(A)-P(AB)=\frac{1}{4}-\frac{1}{12}=\frac{1}{6},$$

$$P\{X=0,Y=1\}=P(\overline{A}B)=P(B)-P(AB)=\frac{1}{6}-\frac{1}{12}=\frac{1}{12},$$

$$P\{X=0,Y=0\}=1-\frac{1}{12}-\frac{1}{6}-\frac{1}{12}=\frac{2}{3}.$$

故(X,Y)的联合分布律及边缘分布律见下表：

X \ Y	0	1	$p_{i\cdot}$
0	$\frac{2}{3}$	$\frac{1}{12}$	$\frac{3}{4}$
1	$\frac{1}{6}$	$\frac{1}{12}$	$\frac{1}{4}$
$p_{\cdot j}$	$\frac{5}{6}$	$\frac{1}{6}$	1

(2) 由表可知 $E(X)=\frac{1}{4}$，$D(X)=\frac{1}{4}\times\left(1-\frac{1}{4}\right)=\frac{3}{16}$，

$$E(Y)=\frac{1}{6},\ D(Y)=\frac{1}{6}\times\left(1-\frac{1}{6}\right)=\frac{5}{36},$$

$$E(XY)=1\times1\times\frac{1}{12}=\frac{1}{12},$$

$$\mathrm{Cov}(X,Y)=E(XY)-E(X)E(Y)=\frac{1}{12}-\frac{1}{4}\times\frac{1}{6}=\frac{1}{24},$$

则

$$\rho_{X,Y}=\frac{\mathrm{Cov}(X,Y)}{\sqrt{D(X)}\sqrt{D(Y)}}=\frac{\dfrac{1}{24}}{\sqrt{\dfrac{3}{16}}\sqrt{\dfrac{5}{36}}}=\frac{1}{\sqrt{15}}.$$

(3) Z 可能取值为 $0,1,2$,且

$$P\{Z=0\}=P\{X=0,\,Y=0\}=\frac{2}{3},$$

$$P\{Z=1\}=P\{X=0,\,Y=1\}+P\{X=1,\,Y=0\}=\frac{1}{12}+\frac{1}{6}=\frac{1}{4},$$

$$P\{Z=2\}=P\{X=1,\,Y=1\}=\frac{1}{12},$$

则 Z 的分布律为

Z	0	1	2
P	$\frac{2}{3}$	$\frac{1}{4}$	$\frac{1}{12}$

例 4 设 X 与 Y 相互独立,$X\sim N(0,1)$,Y 以 0.5 的概率取值 ± 1,令 $Z=XY$.

证

(1) $Z\sim N(0,1)$;

(2) X 与 Z 既不相关也不独立.

解 (1) 由全概率公式得

$$F_Z(z)=P\{Z\leqslant z\}=P\{XY\leqslant z\}$$

$$=P\{Y=1\}P\{XY\leqslant z\mid Y=1\}+P\{Y=-1\}P\{XY\leqslant z\mid Y=-1\}$$

$$=\frac{1}{2}P\{X\leqslant z\mid Y=1\}+\frac{1}{2}P\{-X\leqslant z\mid Y=-1\}$$

$$=\frac{1}{2}P\{X\leqslant z\}+\frac{1}{2}P\{X\geqslant -z\}$$

$$=\frac{1}{2}\Phi(z)+\frac{1}{2}[1-\Phi(-z)]$$

$$=\frac{1}{2}\Phi(z)+\frac{1}{2}\Phi(z)=\Phi(z),$$

故 $Z\sim N(0,1)$,

(2) 因为 $E(X)=0$, $E(Y)=0$,且 X 与 Y 相互独立,所以 $\mathrm{Cov}(X,Z)=\mathrm{Cov}(X,XY)=E(X^2Y)-E(X)E(XY)=E(X^2)E(Y)-E(X)E(XY)=0$,所以 X 与 Z 不相关.

为了证明 X 与 Z 不独立,考察如下特定事件的概率:

$$P\{X\leqslant 1,\,XY\geqslant 1\}=P\{Y=1\}P\{X\leqslant 1,\,XY\geqslant 1\mid Y=1\}$$

$$+P\{Y=-1\}P\{X\leqslant 1,\,XY\geqslant 1\mid Y=-1\}$$

$$=\frac{1}{2}P\{X\leqslant 1,\,X\geqslant 1\}+\frac{1}{2}P\{X\leqslant 1,\,-X\geqslant 1\}$$

$$=\frac{1}{2}P\{X=1\}+\frac{1}{2}P\{X\leqslant-1\}$$

$$=0+\frac{1}{2}\Phi(-1)=\frac{1}{2}[1-\Phi(1)].$$

考虑到 $Z=XY\sim N(0,1)$，$P\{X\leqslant1\}P\{XY\geqslant1\}=\Phi(1)[1-\Phi(1)]$，而 $\Phi(1)\neq\frac{1}{2}$，故

$$P\{X\leqslant1,XY\geqslant1\}\neq P\{X\leqslant1\}P\{XY\geqslant1\},$$

即 X 与 Z 不独立.

例5 （1994 数一）已知 (X,Y) 服从二维正态分布，且 $X\sim N(1,3^2)$，$Y\sim N(0,4^2)$，X 与 Y 的相关系数 $\rho_{X,Y}=-\frac{1}{2}$，设 $Z=\frac{X}{3}+\frac{Y}{2}$.

(1) 求 $E(Z)$ 和 $D(Z)$；

(2) 求 $\rho_{X,Z}$；

(3) 问 X 与 Z 是否相互独立？为什么？

解 $(X,Y)\sim N\left(1,0;3^2,4^2;-\frac{1}{2}\right)$，且

$$E(X)=1,\ E(Y)=0,\ D(X)=9,\ D(Y)=16,\ \rho_{X,Y}=-\frac{1}{2}.$$

(1) $E(Z)=E\left(\frac{1}{3}X+\frac{1}{2}Y\right)=\frac{1}{3}E(X)+\frac{1}{2}E(Y)=\frac{1}{3}\times1+\frac{1}{2}\times0=\frac{1}{3}$，

$$D(Z)=D\left(\frac{1}{3}X+\frac{1}{2}Y\right)=D\left(\frac{1}{3}X\right)+D\left(\frac{1}{2}Y\right)+2\mathrm{Cov}\left(\frac{1}{3}X,\frac{1}{2}Y\right)$$

$$=\frac{1}{9}D(X)+\frac{1}{4}D(Y)+2\times\frac{1}{3}\times\frac{1}{2}\mathrm{Cov}(X,Y)$$

$$=\frac{1}{9}\times9+\frac{1}{4}\times16+\frac{1}{3}\sqrt{D(X)}\sqrt{D(Y)}\rho_{X,Y}$$

$$=1+4+\frac{1}{3}\times4\times3\times\left(-\frac{1}{2}\right)=3.$$

(2) 由 $\mathrm{Cov}(X,Z)=\mathrm{Cov}\left(X,\frac{1}{3}X+\frac{1}{2}Y\right)$

$$=\frac{1}{3}\mathrm{Cov}(X,X)+\frac{1}{2}\mathrm{Cov}(X,Y)$$

$$= \frac{1}{3}D(X) + \frac{1}{2}\sqrt{D(X)}\sqrt{D(Y)} \cdot \rho_{X,Y}$$

$$= \frac{1}{3} \times 9 + \frac{1}{2} \times 3 \times 4\left(-\frac{1}{2}\right) = 0,$$

则 $\rho_{X,Z} = \dfrac{\mathrm{Cov}(X,Z)}{\sqrt{D(X)}\sqrt{D(Z)}} = 0.$

（3）X 与 Z 相互独立，由 X,Y 服从正态分布知 $Z = \dfrac{X}{3} + \dfrac{Y}{2}$ 也服从正态分布，而两个正态变量相互独立与不相关是等价的，故由 $\rho_{X,Z} = 0$ 即 X 与 Z 不相关，可推出 X 与 Z 相互独立.

或者这样书写解答过程：由 $\begin{bmatrix} X \\ Z \end{bmatrix} = \begin{bmatrix} 1 & 0 \\ \dfrac{1}{3} & \dfrac{1}{2} \end{bmatrix} \begin{bmatrix} X \\ Y \end{bmatrix}$ 且 $\begin{bmatrix} X \\ Y \end{bmatrix}$ 服从二维正态分布，知 $\begin{bmatrix} X \\ Z \end{bmatrix}$ 也服从二维正态分布，再由 $\rho_{X,Z} = 0$，可得 X 与 Z 相互独立.

第五章　大数定律与中心极限定理

知识结构

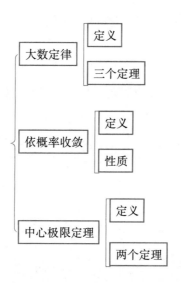

数 一 考 点	年份及分值分布
切比雪夫不等式,大数定律(3 次)	2001；　2003；　2022 3分　　4分　　5分
中心极限定理(1 次)	2020 4分

数 三 考 点	年份及分值分布
切比雪夫不等式,大数定律(4 次)	1989，2001；　2003；　2022 3分　　　　4分　　5分
中心极限定理(4 次)	1999；　1988，1996；　2001 3分　　　6分　　　8分

【基 础 篇】

5.1 切比雪夫不等式

● 问题的引入

已知正常男性成人血液,每毫升中的白细胞数平均是 7 300,标准差为 700. 试估计每毫升血液中白细胞数在(5 200,9 400)之内的概率.

分析 记 X 为正常男性血液每毫升中白细胞数.

由题意知 $E(X)=7\,300$,故所求为 $P\{|X-7\,300|<2\,100\}$. 但不知道 X 的分布,如何计算概率?

定理 1 (切比雪夫不等式)设 X 具有数学期望 $E(X)=\mu$,方差 $D(X)=\sigma^2$,则对任意 $\varepsilon>0$,有

$$P\{|X-\mu|\geqslant\varepsilon\}\leqslant\frac{\sigma^2}{\varepsilon^2} \text{ 或 } P\{|X-\mu|<\varepsilon\}\geqslant1-\frac{\sigma^2}{\varepsilon^2}.$$

证 不妨对连续型随机变量的情况来证明.

设 X 的概率密度为 $F(x)$,则不等式右边为

$$\frac{D(X)}{\varepsilon^2}=\frac{1}{\varepsilon^2}E\{[X-E(X)]^2\}=\frac{1}{\varepsilon^2}\int_{-\infty}^{+\infty}[x-E(X)]^2f(x)\mathrm{d}x,$$

左边

$$P\{|X-\mu|\geqslant\varepsilon\}=\int_{|x-\mu|\geqslant\varepsilon}f(x)\mathrm{d}x^{①}\leqslant\int_{|x-\mu|\geqslant\varepsilon}\frac{(x-\mu)^2}{\varepsilon^2}f(x)\mathrm{d}x^{②}$$

$$\leqslant\frac{1}{\varepsilon^2}\int_{-\infty}^{+\infty}(x-\mu)^2f(x)\mathrm{d}x=\frac{1}{\varepsilon^2}D(X).$$

① 因为 $\dfrac{|x-\mu|}{\varepsilon}\geqslant1$,故在被积函数中乘以 $\dfrac{|x-\mu|^2}{\varepsilon^2}$,导致积分结果变大.

② 积分区间变大.

注 (1)该不等式用来对事件 $\{|X-E(X)|\geqslant\varepsilon\}$ 发生的概率进行估计.

(2)对于固定的 $\varepsilon>0$,$D(X)$ 越小,$P\{|X-E(X)|\geqslant\varepsilon\}$ 越小,从而表明 X 取值越集中,这正是方差的意义:刻画了随机变量取值的集中程度.

(3)不等式的精度. 不等式证明中由于有两次放大,所以有一定的误差. 例如当 $X\sim U(0,8)$ 时,$P\{|X-4|\geqslant3\}=\dfrac{1}{4}$,而使用切比雪夫不等式得到的估计范围是 $P\{|X-4|\geqslant$

$3\} \leqslant \dfrac{16}{27}$，尽管 $\dfrac{1}{4} \leqslant \dfrac{16}{27}$，但显然两者相去甚远.

上例解答：$E(X) = 7\,300, \sqrt{D(X)} = 700,$

$$P\{5\,200 < X < 9\,400\} = P\{-2\,100 < X - E(X) < 2\,100\}$$

$$= P\{|X - E(X)| < 2\,100\} \geqslant 1 - \dfrac{D(X)}{2\,100^2} = 1 - \dfrac{700^2}{2\,100^2} = \dfrac{8}{9}.$$

注　利用不等式估计概率，遇到 $a < X < b$，左右两边同时减去 $E(X)$.

切比雪夫简介

切比雪夫(1821.5.26—1894.12.8)，俄罗斯数学家.左脚有残疾，因此童年时代经常独坐家中，这使得他养成了在孤寂中看书和思考的习惯，并对数学尤其是欧几里得的《几何原本》产生了浓厚兴趣.1837 年，考入莫斯科大学数学物理专业就读.即将大学毕业时，在一本仅仅 85 页的小册子《保险业和概率论对死亡人数的推断》的影响下，他投身于概率论的理论研究.

在概率论门庭冷落的年代从事这门学问的他，一生发表了 70 多篇科学论文.

【例题精讲】

例 1　设 $E(X) = \mu, D(X) = \sigma^2$，由切比雪夫不等式，则有 $P\{|X - \mu| \geqslant 3\sigma\} \leqslant$ _____.

解　$P\{|X - \mu| \geqslant 3\sigma\} \leqslant \dfrac{D(X)}{(3\sigma)^2} = \dfrac{\sigma^2}{9\sigma^2} = \dfrac{1}{9}.$

例 2　设 $E(X) = -2, E(Y) = 2, D(X) = 1, D(Y) = 4, \rho_{X,Y} = -0.5$，则根据切比雪夫不等式，有 $P\{|X + Y| \geqslant 6\} \leqslant$ _____.

解　由 $E(X + Y) = E(X) + E(Y) = -2 + 2 = 0$，则

$$P\{|X + Y| \geqslant 6\} = P\{|X + Y - E(X + Y)| \geqslant 6\} \leqslant \dfrac{D(X + Y)}{6^2},$$

$$D(X + Y) = D(X) + D(Y) + 2\mathrm{Cov}(X, Y)$$

$$= 1 + 4 + 2 \cdot \rho_{X,Y}\sqrt{D(X)D(Y)} = 1 + 4 + 2 \times (-0.5)\sqrt{1 \times 4} = 3,$$

从而 $P\{|X + Y| \geqslant 6\} \leqslant \dfrac{3}{6^2} = \dfrac{1}{12}.$

5.2　大　数　定　律

定义 1　（依概率收敛）对随机变量序列 $\{X_n\}: X_1, X_2, \cdots, X_n, \cdots$，若存在随机变量

X,使得对任意的 $\varepsilon > 0$，有 $\lim\limits_{n \to \infty} P\{|X_n - X| < \varepsilon\} = 1$，则称 $\{X_n\}$ 依概率收敛于 X.

注 在讨论未知参数估计量是否具有一致性（相合性）时，常常要用到依概率收敛这一性质，数一考题考过.

读者要注意区分依概率收敛与高等数学中的收敛. 在高数中，$\lim\limits_{n \to \infty} a_n = a$ 意味着对任意 $\varepsilon > 0$，存在正整数 N，使得当 $n > N$ 时，满足不等式 $|a_n - a| < \varepsilon$，无一例外. 在概率论中，$X_n \xrightarrow{P} X$，指的是对任意 $\varepsilon > 0$，当 n 充分大时，事件 $\{|X_n - X| < \varepsilon\}$ 发生的概率几乎接近于 1，即 $\lim\limits_{n \to \infty} P\{|X_n - X| < \varepsilon\} = 1$，但并不排除 $\{|X_n - X| \geqslant \varepsilon\}$ 的发生，只不过此事件属于小概率事件，发生的可能性很小而已. 例如，我们投掷硬币 n 次，若出现正面的次数为 μ_n 次，则出现正面的频率为 $\dfrac{\mu_n}{n}$. 当投掷次数 n 不断增多时，频率逐渐稳定到概率 $\dfrac{1}{2}$，这能不能用高数语言描述为 $\lim\limits_{n \to \infty} \dfrac{\mu_n}{n} = \dfrac{1}{2}$？显然是不可以的. 因为这个极限意味着，对于任给的 $\varepsilon > 0$，存在充分大的整数 N，使对一切 $n > N$ 都有 $\left| \dfrac{\mu_n}{n} - \dfrac{1}{2} \right| < \varepsilon$ 成立. 而我们知道，频率 $\dfrac{\mu_n}{n}$ 是随着投掷结果而变的，在 n 次投掷中，全出现正面还是可能发生的.

当 $\mu_n = n$ 时，$\dfrac{\mu_n}{n} = 1$，从而 $\left| \dfrac{\mu_n}{n} - \dfrac{1}{2} \right| < \varepsilon$ 并不成立. 但是当 n 很大时，事件 $\left\{ \left| \dfrac{\mu_n}{n} - \dfrac{1}{2} \right| \geqslant \varepsilon \right\}$ 发生的可能性是很小的. $P\left\{ \dfrac{\mu_n}{n} = 1 \right\} = P\{\mu_n = n\} = P\{$在将一枚均匀硬币投掷 n 次试验中全出现正面$\} = \left(\dfrac{1}{2} \right)^n$.

显然，当 $n \to \infty$ 时这个概率趋向于零. 所以，频率"靠近"概率不是意味着有极限关系式，而是意味着 $P\left\{ \left| \dfrac{\mu_n}{n} - \dfrac{1}{2} \right| \geqslant \varepsilon \right\} \to 0$，$n \to \infty$，其中 ε 是任一大于零的常数.

伯努利大数定律：设 n_A 是 n 重伯努利试验中事件 A 发生的次数，且 A 在每次试验中出现的概率 $P(A) = p$，则对于任意正数 ε，有 $\lim\limits_{n \to \infty} P\left\{ \left| \dfrac{n_A}{n} - p \right| < \varepsilon \right\} = 1$.

证 令 $n_A = X \sim B(n, p)$，$X_i = \begin{cases} 1, & \text{在第 } i \text{ 次试验中 } A \text{ 出现}, \\ 0, & \text{在经 } i \text{ 次试验中 } A \text{ 不出现}, \end{cases}$ $i = 1, 2, \cdots, n$，且

$$E(X_i) = p, \quad D(X_i) = pq,$$

$$n_A = X = \sum_{i=1}^{n} X_i,$$

概率论与数理统计

196

$$\frac{n_A}{n}-p=\frac{n_A-np}{n}=\frac{\sum_{i=1}^{n}X_i-\sum_{i=1}^{n}E(X_i)}{n}.$$

由切比雪夫不等式有

$$P\left\{\left|\frac{n_A}{n}-p\right|\geqslant\varepsilon\right\}=P\left\{\left|\sum_{i=1}^{n}X_i-E\left(\sum_{i=1}^{n}X_i\right)\right|\geqslant n\varepsilon\right\}\leqslant\frac{D\left(\sum_{i=1}^{n}X_i\right)}{n^2\varepsilon^2}=\frac{\sum_{i=1}^{n}D(X_i)}{n^2\varepsilon^2}$$

$$=\frac{npq}{n^2\varepsilon^2}=\frac{1}{n}\cdot\frac{pq}{\varepsilon^2}\to0,\ n\to\infty.$$

频率"靠正"概率是可以直接观察到的一种客观现象,而上述定律则从理论上给了这种现象以更加确切的含义,从而从理论上肯定了频率代替概率的合理性,也为数理统计中用样本推断总体提供了理论依据.

基于"伯努利大数定律"的极端重要性,1913 年 12 月彼得堡科学院曾举行纪念大会,庆贺"伯努利大数定律"诞生 200 周年.下面再介绍一个比伯努利大数定律应用更广泛的切比雪夫大数定律.

切比雪夫大数定律:设 X_1,X_2,$\cdots$,X_n,$\cdots$是相互独立的随机变量序列,又设它们的方差有界,即对所有的 k,存在常数 c,使得 $D(X_k)\leqslant c(k=1,2,\cdots)$,则对任意的 $\varepsilon>0$,有

$$\lim_{n\to\infty}P\left\{\left|\frac{1}{n}\sum_{k=1}^{n}X_k-\frac{1}{n}\sum_{k=1}^{n}E(X_k)\right|<\varepsilon\right\}=1.$$

证　$\{X_k\}$相互独立,故 $D\left(\frac{1}{n}\sum_{k=1}^{n}X_k\right)=\frac{1}{n^2}D\left(\sum_{k=1}^{n}X_k\right)\leqslant\frac{c}{n}.$

再由切比雪夫不等式得,当 $n\to\infty$ 时,

$$P\left\{\left|\frac{1}{n}\sum_{k=1}^{n}X_k-\frac{1}{n}\sum_{k=1}^{n}E(X_k)\right|\geqslant\varepsilon\right\}\leqslant\frac{1}{\varepsilon^2}D\left(\frac{1}{n}\sum_{k=1}^{n}X_k\right)\leqslant\frac{c}{n\varepsilon^2}\to0,$$

所以 $\lim\limits_{n\to\infty}P\left\{\left|\frac{1}{n}\sum\limits_{k=1}^{n}X_k-\frac{1}{n}\sum\limits_{k=1}^{n}E(X_k)\right|<\varepsilon\right\}=1.$

注　(1)此定理表明,在所给条件下,尽管 n 个随机变量可以自有其分布,但只要 n 充分大,它们的算术平均却不再为个别的 X_i 的分布所左右,而是较密集地取值于其算术平均的数学期望附近.这就可以理解各类比赛竞技中,需要评委打分决定胜负,由于理论上有平均值稳定性,故评委打分的平均值应该接近选手的真实水平.

(2)上述证明中,只要有 $\frac{1}{n^2}D\left(\sum_{i=1}^{n}X_i\right)\to0(n\to\infty)$,则大数定律就能成立,可以给出下面定理.

定理1 若随机变量序列 X_1，X_2，$\cdots$，X_n，$\cdots$满足 $\dfrac{1}{n^2}D\left(\sum\limits_{i=1}^{n}X_i\right)\to 0(n\to\infty)$，则 $\{X_n\}$服从大数定律.

当 X_1，X_2，$\cdots$，X_n，$\cdots$相互独立且服从相同分布时,利用更进一步的数学方法可以证明,诸随机变量存在有限方差的条件可以去掉,这便是著名的辛钦大数定律.

辛钦大数定律: 设 X_1，X_2，$\cdots$，X_n，$\cdots$相互独立且服从相同的分布,$E(X_i)=\mu(i=1$，2，$\cdots)$,则对任意正数 ε,有

$$\lim_{n\to\infty}P\left\{\left|\frac{1}{n}\sum_{i=1}^{n}X_i-\mu\right|<\varepsilon\right\}=1.$$

该定律使算术平均值的法则有了理论依据. 例如要测定某一物理量 m,在不变的条件下重复测量 n 次,得观测值 X_1，X_2，$\cdots$，X_n,计算 $\dfrac{1}{n}\sum\limits_{i=1}^{n}X_i$,当 n 足够大时,可作为 m 的近似值,且可以认为发生的误差是很小的. 这样做的优点是我们可以不必去管 X 的分布究竟如何,目的就是寻求数学期望.

【例题精讲】

例1 设 X_1，X_2，$\cdots$，X_n，$\cdots$是相互独立的随机变量序列,X_n 服从参数为 n 的指数分布$(n\geqslant 1)$,则下列随机变量序列中不服从切比雪夫大数定律的是(　　).

(A) X_1，$\dfrac{1}{2}X_2$，$\cdots$，$\dfrac{1}{n}X_n$，$\cdots$ 　　　　(B) X_1，X_2，$\cdots$，X_n，$\cdots$

(C) X_1，$2X_2$，$\cdots$，nX_n，$\cdots$ 　　　　(D) X_1，2^2X_2，$\cdots$，n^2X_n，$\cdots$

解 牢记切比雪夫大数定律成立条件：① 两两独立；② $E(X)$，$D(X)$存在；③ $D(X)$ 有上界. 逐一验证各选项是否满足这条件.

$$D(n^2X_n)=n^4D(X_n)=n^4\frac{1}{n^2}=n^2,\ \text{无界.}$$

选项(D)不服从,故选(D).

(A)中 $D\left(\dfrac{1}{n}X_n\right)=\dfrac{1}{n^2}D(X_n)=\dfrac{1}{n^2}\cdot\dfrac{1}{n^2}=\dfrac{1}{n^4}\leqslant 1.$

(B)中 $D(X_n)=\dfrac{1}{n^2}\leqslant 1.$

(C)中 $D(nX_n)=n^2\dfrac{1}{n^2}=1\leqslant 2.$

例2 设 X_1，X_2，$\cdots$，X_n，$\cdots$相互独立,根据辛钦大数定律,当 $n\to\infty$ 时,$\dfrac{1}{n}\sum\limits_{i=1}^{n}X_i$ 依

概率收敛于其数学期望,只要$\{X_n\}$,$n\geqslant1$(　　).

(A) 有相同的数学期望 　　　　　(B) 服从同一离散型分布

(C) 服从同一泊松分布 　　　　　(D) 服从同一连续型分布

解 辛钦大数定律要求:① 独立同分布;② 数学期望存在.

(A)缺少"同分布",(B)(D)缺少"数学期望"存在,因而正确答案为(C).

例3 假设$\{X_n\}$,$n\geqslant1$相互独立且都服从参数为λ的指数分布,记$\overline{X}=\dfrac{1}{n}\sum\limits_{i=1}^{n}X_i$,则当

$n\to\infty$时,$\overline{X}$依概率收敛于_____;$\dfrac{1}{n}\sum\limits_{i=1}^{n}X_i^2$依概率收敛于_____;

$\lim\limits_{n\to\infty}P\left\{0<\overline{X}<\dfrac{2}{\lambda}\right\}=$_____.

解 因$\{X_n\}$独立同分布且$E(X_n)=\dfrac{1}{\lambda}$,$D(X_n)=\dfrac{1}{\lambda^2}$,所以$\{X_n^2\}$独立同分布,且

$$E(X_n^2)=D(X_n)+\left[E(X_n)\right]^2=\dfrac{2}{\lambda^2}.$$

由辛钦大数定律知,$\overline{X}=\dfrac{1}{n}\sum\limits_{i=1}^{n}X_i\xrightarrow{P}\dfrac{1}{\lambda}$,$\dfrac{1}{n}\sum\limits_{i=1}^{n}X_i^2\xrightarrow{P}\dfrac{2}{\lambda^2}$.

因为$\overline{X}\xrightarrow{P}\dfrac{1}{\lambda}$,故$\forall\varepsilon>0$,有$\lim\limits_{n\to\infty}P\left\{\left|\overline{X}-\dfrac{1}{\lambda}\right|<\varepsilon\right\}=\lim\limits_{n\to\infty}P\left\{\dfrac{1}{\lambda}-\varepsilon<\overline{X}<\dfrac{1}{\lambda}+\varepsilon\right\}=$

1,取$\varepsilon=\dfrac{1}{\lambda}>0$,得$\lim\limits_{n\to\infty}P\left\{0<\overline{X}<\dfrac{2}{\lambda}\right\}=1$.

伯努利简介

伯努利家族三代人中产生了8位科学家,出类拔萃的至少有3位.雅各布·伯努利
(1654—1705)是伯努利家族代表人物之一,瑞士数学家,被公认为概率论的先驱之一.一生
最有创造力的著作就是1713年出版的《猜度术》,是组合数学及概率论史的一件大事,书中
提出了"伯努利定理",这是大数定律的最早形式.由于伯努利兄弟在科学问题上过于激烈的
争论,致使双方的家庭也被卷入,以至于死后,雅各布的《猜度术》手稿被他的遗孀和儿子在
外藏匿多年,直至1713年才得以出版,几乎使这部经典著作的价值受到损害.

5.3 中心极限定理

(1) 中心极限定理的背景和意义是什么?

正态分布是概率论中常用分布之一,是现实生活和科学技术中使用最多的一种分布,占

有中心地位. 为什么许多随机变量会遵循和近似服从正态分布? 高斯在研究误差理论时已经用到正态分布. 现在来考察误差是怎样的一个随机变量. 以炮弹射击为例, 设靶心是坐标原点, 炮弹的弹着点坐标 (X, Y) 是二维随机变量, 被认为是二维正态分布, 它的每一个分量 X 和 Y 都是正态分布的随机变量, 这到底为什么? X 和 Y 是横向与纵向的误差, 要搞清误差, 首先要弄清误差产生的原因: 每次射击以后因为震动而造成微小的偏差 X_1; 外形细小差别, 而导致空气阻力不同, 出现误差 X_2; 每发弹内数量和质量的细小差别 X_3; 等等. 每一种原因引起一个微小误差, 有时为正有时为负, 是随机的. 而弹着点的总误差 X 是许多随机误差的总和, 而且这些小误差, 可以看作彼此相互独立的, 因此要讨论 X 的分布, 就要讨论独立随机变量和的分布问题. 中心极限定理是研究在什么条件下, 独立随机变量序列和的极限分布为正态分布的一系列定理的总称.

（2）为什么称为中心极限定理?

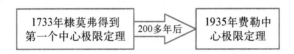

1733 年棣莫弗得到特殊情形下 $\left(p = \dfrac{1}{2}\right)$ 的棣莫弗-拉普拉斯中心极限定理, 从此开始了研究独立和的极限分布为正态分布的各种充分条件的漫长历程, 前后用了 200 多年时间. 在这 200 多年中, 有关独立随机变量和的极限分布的讨论, 一直是概率论研究的一个中心, 故称为中心极限定理.

（3）观察一些分布的和的图形.

① n 个独立同均匀分布的随机变量的和的分布.

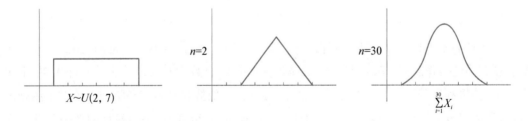

② n 个独立同泊松分布的随机变量的和的分布.

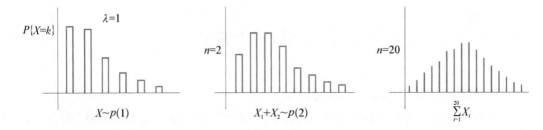

（4）列维-林德伯格中心极限定理,即独立同分布中心极限定理.

设 X_1, X_2, $\cdots$, X_n, $\cdots$ 相互独立同分布,且 $E(X_i)=\mu$, $D(X_i)=\sigma^2(i=1, 2, \cdots)$,则对任意实数 x,有

$$\lim_{n\to\infty}P\left\{\frac{\sum\limits_{i=1}^{n}X_i-n\mu}{\sqrt{n}\sigma}\leqslant x\right\}=\int_{-\infty}^{x}\frac{1}{\sqrt{2\pi}}\mathrm{e}^{-\frac{t^2}{2}}\mathrm{d}t=\Phi(x).$$

注　① 定理成立的三个条件：（a）独立；（b）同分布；（c）$E(X)$, $D(X)$存在.

② 令 $Y_n=X_1+X_2+\cdots+X_n$,有 $E(Y_n)=n\mu$, $D(Y_n)=n\sigma^2$.

将 Y_n 标准化后有 $Z_n=\dfrac{Y_n-n\mu}{\sqrt{n}\sigma}$, Z_n 的极限分布是 $N(0, 1)$.

③ 题中只要涉及独立同分布随机变量的和 $\sum\limits_{i=1}^{n}X_i$,考虑用该定理. 当 n 很大时有

$$P\left\{a<\sum_{i=1}^{n}X_i<b\right\}=\Phi\left(\frac{b-n\mu}{\sqrt{n}\sigma}\right)-\Phi\left(\frac{a-n\mu}{\sqrt{n}\sigma}\right).$$

（5）棣莫弗-拉普拉斯中心极限定理,即二项分布以正态分布为其极限分布定理.

设 $Y_n\sim B(n, p)$ $(0<p<1, n=1, 2, \cdots)$,则对任意实数 x,有

$$\lim_{n\to\infty}P\left\{\frac{Y_n-np}{\sqrt{npq}}\leqslant x\right\}=\Phi(x)=\int_{-\infty}^{x}\frac{1}{\sqrt{2\pi}}\mathrm{e}^{-\frac{t^2}{2}}\mathrm{d}t.$$

【例题精讲】

例1　设 X_n $(n\geqslant1)$ 相互独立且都在 $[-1, 1]$ 上服从均匀分布,则 $\lim\limits_{n\to\infty}P\left\{\dfrac{\sum\limits_{i=1}^{n}X_i}{\sqrt{n}}\leqslant 1\right\}=$ _____.

解　由已知可得 $E(X_n)=0$, $D(X_n)=\dfrac{1}{3}$, $E(\sum\limits_{i=1}^{n}X_i)=0$, $D(\sum\limits_{i=1}^{n}X_i)=\dfrac{1}{3}n$.

由中心极限定理可得：

$$\lim_{n\to\infty}P\left\{\frac{\sum\limits_{i=1}^{n}X_i-E(\sum\limits_{i=1}^{n}X_i)}{\sqrt{D(\sum\limits_{i=1}^{n}X_i)}}\leqslant x\right\}=\Phi(x),$$

从而

$$\lim_{n \to \infty} P\left\{ \frac{\sum\limits_{i=1}^{n} X_i}{\sqrt{n}} \leqslant 1 \right\} = \lim_{n \to \infty} P\left\{ \frac{\sum\limits_{i=1}^{n} X_i - 0}{\sqrt{\frac{1}{3}n}} \leqslant \frac{1}{\sqrt{\frac{1}{3}}} \right\} = \Phi(\sqrt{3}).$$

例 2 进行独立射击,每次命中率为 0.1,求 500 次射击中命中次数在 49～55 的概率.

解 设 500 次命中次数为 X,则 $X \sim B(500, 0.1)$,$E(X) = 50$,$D(X) = 45$,由中心极限定理:

$$P\{49 \leqslant X \leqslant 55\} = P\left\{ \frac{49-50}{\sqrt{45}} \leqslant \frac{X-50}{\sqrt{45}} \leqslant \frac{55-50}{\sqrt{45}} \right\} = \Phi\left(\frac{5}{\sqrt{45}} \right) - \Phi\left(\frac{-1}{\sqrt{45}} \right)$$

$$= \Phi\left(\frac{5}{\sqrt{45}} \right) - 1 + \Phi\left(\frac{1}{\sqrt{45}} \right) \approx 0.33.$$

注 在计算二项分布的数值时,由于试验次数 n 很大,因此实际计算很困难,我们一般用泊松分布或中心极限定理作二项分布的近似计算.

(1) 若 $X \sim B(n, p)$,其中 n 较大(一般认为 $n \geqslant 50$),p 较小(一般认为要 $p \leqslant 0.05$),乘积 $\lambda = np$ 大小适中,则用二项分布的泊松逼近 $P\{X=k\} = C_n^k p^k q^{n-k} \approx \dfrac{\lambda^k}{k!} e^{-\lambda}$ 作近似计算.

(2) 若 n 较大,$p > 0.05$,$\lambda = np$ 都较大,不能用泊松分布作二项分布的近似计算,而由中心极限定理来计算.

【强 化 篇】

【公式总结】

大数定律与中心极限定理 $\begin{cases} \text{切比雪夫不等式 } P\{|X-\mu| \geqslant \varepsilon\} \leqslant \dfrac{\sigma^2}{\varepsilon^2} \\[2mm] \text{依概率收敛 } \lim\limits_{n \to \infty} P\{|X_n - a| < \varepsilon\} = 1 \Rightarrow X_n \xrightarrow{P} a \\[2mm] \text{中心极限定理 } \lim\limits_{n \to \infty} P\left\{ \dfrac{\sum\limits_{k=1}^{n} X_k - n\mu}{\sqrt{n}\sigma} \leqslant x \right\} = \Phi(x) \end{cases}$

🏷 5.4 典型题型一 切比雪夫不等式

例 1 设随机变量 X 服从二项分布 $B(n, p)$,已知由切比雪夫不等式估计概率 $P\{8 <$

$X<16\}>\dfrac{1}{2}$，则 $n=$ _____.

解 由题可知 $E(X)=12=np$，$P\{8<X<16\}=P\{\mid X-12\mid<4\}>1-\dfrac{D(X)}{16}=$

$\dfrac{1}{2}$，可得 $D(X)=np(1-p)=8$，故 $1-p=\dfrac{2}{3}$，$n=36$.

5.5 典型题型二 依概率收敛

例 1 （2003 数三）设总体 X 服从参数为 2 的指数分布，X_1，X_2，$\cdots$，X_n 为来自总体 X 的简单随机样本，则当 $n\to\infty$ 时，$Y_n=\dfrac{1}{n}\sum\limits_{i=1}^{n}X_i^2$ 依概率收敛于 _____.

解 $E(X_i)=\dfrac{1}{2}$，$D(X_i)=\dfrac{1}{4}$，$E(X_i^2)=D(X_i)+[E(X_i)]^2=\dfrac{1}{2}(i=1,2,\cdots,n)$，

由大数定律可得 Y_n 依概率收敛于 $\dfrac{1}{2}$.

5.6 典型题型三 中心极限定理

例 1 （2001 数一、三）生产线生产的产品成箱包装，每箱的重量是随机的，假设每箱平均重 50 千克，标准差为 5 千克. 若用最大载重量为 5 吨的汽车承运，试利用中心极限定理说明每辆车最多可以装多少箱，才能保障不超载的概率大于 0.977. [$\Phi(2)=0.977$，其中 $\Phi(x)$ 是标准正态分布函数]

解 总体 $X\sim N(50,25)$，设所装产品的重量为 X_1，X_2，$\cdots$，X_n，由题可知，

$$\overline{X}=\dfrac{1}{n}\sum_{k=1}^{n}X_k\sim N\left(50,\dfrac{25}{n}\right),$$

$$P\left\{\sum_{k=1}^{n}X_k\leqslant 5\,000\right\}=P\left\{\dfrac{1}{n}\sum_{k=1}^{n}X_k\leqslant\dfrac{5\,000}{n}\right\}=P\left\{\dfrac{\overline{X}-50}{\dfrac{5}{\sqrt{n}}}\leqslant\dfrac{\dfrac{5\,000}{n}-50}{\dfrac{5}{\sqrt{n}}}\right\}=\Phi\left(\dfrac{1\,000-10n}{\sqrt{n}}\right)$$

$$>0.977=\Phi(2),$$

可知 $\dfrac{1\,000-10n}{\sqrt{n}}>2$，解得 $n<98.02$，故最多可装 98 箱.

例 2 （2020 数一）设 X_1，X_2，$\cdots$，X_{100} 为来自总体 X 的简单随机样本，其中 $P\{X=0\}=P\{X=1\}=\dfrac{1}{2}$，$\Phi(x)$ 表示标准正态分布函数，则由中心极限定理可知，

$P\left\{\displaystyle\sum_{i=1}^{100} X_i \leqslant 55\right\}$ 的近似值为（　　）．

(A) $1-\Phi(1)$ 　　　(B) $\Phi(1)$ 　　　(C) $1-\Phi(0.2)$ 　　　(D) $\Phi(0.2)$

解　总体 X 的期望 $E(X)=\dfrac{1}{2}$，方差 $D(X)=\dfrac{1}{4}$．

由中心极限定理可知，当 $n\to\infty$ 时，$\overline{X}\sim N\left(\dfrac{1}{2}, \dfrac{1}{400}\right)$，

$$P\left\{\sum_{i=1}^{100} X_i \leqslant 55\right\}=P\left\{\frac{1}{100}\sum_{i=1}^{100} X_i \leqslant \frac{55}{100}\right\}=P\left\{\overline{X}\leqslant \frac{55}{100}\right\}=P\left\{\frac{\overline{X}-\dfrac{1}{2}}{\dfrac{1}{20}}\leqslant \frac{\dfrac{55}{100}-\dfrac{1}{2}}{\dfrac{1}{20}}\right\}=\Phi(1).$$

选(B)．

第六章　数理统计基本概念

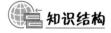知识结构

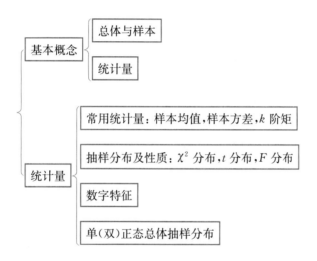

数 一 考 点	年份及分值分布	
总体、样本均值、方差的概念与计算（2次）	1998； 4分	2005 13分
三大分布、正态总体下的抽样分布（5次）	2003，2008，2013，2017； 4分	2001 7分

数 三 考 点	年份及分值分布		
总体、样本均值、方差的概念与计算（4次）	2009，2010，2011； 4分	2005 9分	
三大分布、正态总体下的抽样分布（12次）	1994，1997，1998，2001，2002； 3分	2004，2008，2012，2014，2017，2018； 4分	1999 7分

【基 础 篇】

概率论与数理统计是两个有密切联系的姐妹学科,前者是后者的基础,后者是前者的重要应用.通过前面的学习,我们知道:随机变量及其概率分布能够全面地描述随机现象的统计规律性,故要研究一个随机现象,首先要知道它的概率分布,在概率论的许多问题中,分布通常被假定是已知的,而一切计算与推理均基于这个已知的分布进行.但是在实际问题中,情况并非如此,一个随机现象所服从的分布是什么概型可能完全不知道,或者知道其概型,但不知道分布函数中所含的参数.

20 世纪以前,统计学始终以"描述性统计"为主体,即搜集数据并作简单的运算如求和、求平均值等,或用诸如直方图、饼图等图表描述结果,这些统计工作都是为国家政权统治服务的,事实上,统计学(statistics)词根出自拉丁文 statista,即"政客".

伟大的高斯和勒让德在 19 世纪所做的有关最小二乘法的工作,使统计学有了新的理念:数据是来自服从某种概率分布的总体,从总体来采样,获得样本,通过样本分析反过来推断总体的分布特征.例如手机电池寿命服从什么分布完全不知道,那么就要抽取部分手机试验一段时期,这种类似于贝叶斯方法的"由个别推一般、由数据推概率"的统计推断,当前方兴未艾的"大数据分析",仍然离不开这一基本思想.

6.1　总 体 与 样 本

定义 1　研究对象的全体称为总体,总体中的每个元素称为个体.若将此个体视为某个随机变量 X 的取值,则总体与 X 一一对应,X 的分布函数 F 和数字特征即为总体的分布函数和数字特征.

定义 2　从总体中随机抽出的若干个体称为样本,记为$(X_1, X_2, \cdots, X_n)$,其中 X_i 称为样本的分量,由观察得到总体的一组数值$(x_1, x_2, \cdots, x_n)$,称为样本容量为 n 的样本观察值.

注　从总体中抽取样本可以有不同的抽法,为了能由样本对总体作出较可靠的推断,就希望样本能很好地代表总体,这就需要对抽样方法提出一些要求:

(1) 样本具有代表性,即总体中每个个体 X_i 都有同等机会被选入样本,每个 X_i 与总体 X 有相同的分布;

(2) 样本具有独立性,即 $X_1, X_2, \cdots, X_n$ 相互独立.

满足上述两个要求所抽取的样本称为"简单随机样本",也简称样本,本书提到的样本都指简单随机样本.

统计量和样本矩

当人们需要进一步对总体的参数有所认识时,最常用的加工方法就是构造样本的函数,不同的函数反映总体的不同特征.

定义 3 设 $(X_1, X_2, \cdots, X_n)$ 为取自总体 X 的一个样本,若样本函数 $g(X_1, X_2, \cdots, X_n)$ 中不含有任何未知参数,则称 $g(X_1, X_2, \cdots, X_n)$ 为统计量.

显然统计量也是一个随机变量,虽然它不依赖于未知参数,但是它的分布一般是依赖于未知参数的.

例如,设总体 $X \sim N(\mu, \sigma^2)$,其中 μ 已知,σ 未知,$X_1, X_2, \cdots, X_n$ 是来自该总体 X 的一个样本,则 $X_1 - \mu$,$\frac{1}{n} \sum_{i=1}^{n} X_i^2$,$\sum_{i=1}^{n} X_i^2$ 等都是统计量,但 $\frac{|X_1|}{\sigma}$,$\frac{1}{\sigma^2} \sum_{i=1}^{n} X_i^2$ 则不是统计量.

常用统计量:

(1) 样本均值(mean): $\bar{X} = \frac{1}{n} \sum_{i=1}^{n} X_i$.

(2) 样本方差(variance): $S^2 = \frac{1}{n-1} \sum_{i=1}^{n} (X_i - \bar{X})^2 = \frac{1}{n-1} (\sum_{i=1}^{n} X_i^2 - n\bar{X}^2)$.

(3) 样本标准差(deviation): $S = \sqrt{S^2} = \sqrt{\frac{1}{n-1} \sum_{i=1}^{n} (X_i - \bar{X})^2}$.

(4) 样本 k 阶原点矩(original moment): $A_k = \frac{1}{n} \sum_{i=1}^{n} X_i^k$,$k = 1, 2, \cdots$.

显然,样本 1 阶原点矩就是样本均值.

(5) 样本 k 阶中心矩(central moment): $B_k = \frac{1}{n} \sum_{i=1}^{n} (X_i - \bar{X})^k$,$k = 1, 2, \cdots$.

注 (1) 如需要写出各个统计量所对应的观测值,只要把大写字母改为小写字母,例如样本均值的观测值为 $\bar{x} = \frac{1}{n} \sum_{i=1}^{n} x_i$.

(2) 对于 n 个样本,样本方差定义为何是 $\frac{1}{n-1} \sum_{i=1}^{n} (X_i - \bar{X})^2$,分母是 $n-1$,而非 $\frac{1}{n} \sum_{i=1}^{n} (X_i - \bar{X})^2$? 因 $\frac{1}{n-1} \sum_{i=1}^{n} (X_i - \bar{X})^2 = S^2$ 具有无偏性, 即 $E(S^2) = \sigma^2$(后面内容会介绍无偏性).也有部分教材称分母为 $n-1$ 的方差为"修正的"样本方差,我们可以借助线性代数的原理来加以解释.令二次型函数定义为

$$f(\boldsymbol{x}) = \sum_{i=1}^{n} (x_i - \bar{x})^2$$

$$= \sum_{i=1}^{n} (x_i^2 - 2\bar{x}x_i + \bar{x}^2)$$

$$= \sum_{i=1}^{n} x_i^2 - 2\bar{x} \sum_{i=1}^{n} x_i + \sum_{i=1}^{n} \bar{x}^2$$

$$= \sum_{i=1}^{n} x_i^2 - 2\bar{x} \cdot n\bar{x} + n\bar{x}^2$$

$$= \sum_{i=1}^{n} x_i^2 - n\bar{x}^2.$$

二次型相应的对称矩阵设为 $\boldsymbol{A}$，则

$$f(\boldsymbol{x}) = \boldsymbol{x}^{\mathrm{T}}\boldsymbol{A}\boldsymbol{x} = (x_1, x_2, \cdots, x_n)\boldsymbol{A}(x_1, x_2, \cdots, x_n)^{\mathrm{T}}$$

$$= \sum_{i=1}^{n} x_i^2 - n\left(\frac{\sum_{i=1}^{n} x_i}{n}\right)^2 = \sum_{i=1}^{n} x_i^2 - \frac{1}{n}\left(\sum_{i=1}^{n} x_i\right)^2$$

$$= \left(1 - \frac{1}{n}\right)\sum_{i=1}^{n} x_i^2 - \frac{2}{n}\sum_{1 \leqslant i, j \leqslant n}^{\infty} x_i x_j.$$

$$\boldsymbol{A} = \begin{pmatrix} 1 - \dfrac{1}{n} & -\dfrac{1}{n} & \cdots & -\dfrac{1}{n} \\ -\dfrac{1}{n} & 1 - \dfrac{1}{n} & & -\dfrac{1}{n} \\ \vdots & \vdots & & \vdots \\ -\dfrac{1}{n} & -\dfrac{1}{n} & \cdots & 1 - \dfrac{1}{n} \end{pmatrix}, \ r(\boldsymbol{A}) = n - 1, \text{即自由度}.$$

6.2 抽 样 分 布

统计量是样本的函数，因此也是一个随机变量，统计量的分布称为抽样分布. 实践中很多统计推断是基于正态分布的假设的，故以标准正态分布变量为基石而构造的三个著名统计量有广泛的应用，因而它们的分布被称为统计中的"三大抽样分布".

6.2.1 χ^2 分布(卡方分布)

(1) 模式：设 $X_1, X_2, \cdots, X_n$ 是来自总体 $N(0, 1)$ 的样本，则称统计量 $\chi^2 = X_1^2 + X_2^2 + \cdots + X_n^2$ 服从自由度为 n 的 χ^2（卡方）分布，记作 $\chi^2 \sim \chi^2(n)$. 自由度指的是等号中右端

包含的独立变量的个数. 特别地, 若 $X \sim N(0, 1)$, 则 X^2 服从自由度为 $n=1$ 的 χ^2 分布.

（2）性质：

① （χ^2 分布的可加性）设 $\chi_1^2 \sim \chi^2(n_1), \chi_2^2 \sim \chi^2(n_2)$, 并且 χ_1^2 与 χ_2^2 相互独立, 则 $\chi_1^2 + \chi_2^2 \sim \chi^2(n_1 + n_2)$.

② （χ^2 分布的期望和方差）若 $\chi^2 \sim \chi^2(n)$, 则 $E(\chi^2) = n, D(\chi^2) = 2n$.

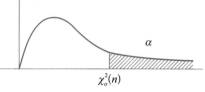

（3）定义（上 α 分位点）：设 $\chi^2 \sim \chi^2(n)$, 其密度函数为 $f(y)$, 对于给定的正数 α （$0 < \alpha < 1$）, 称满足 $P\{\chi^2 > \chi_\alpha^2(n)\} = \int_{\chi_\alpha^2(n)}^{+\infty} f(y)\mathrm{d}y = \alpha$ 的数 $\chi_\alpha^2(n)$ 为 χ^2 分布的上 α 分位点.

6.2.2 t 分布

（1）模式：设随机变量 $X \sim N(0, 1), Y \sim \chi^2(n)$, 且 X 与 Y 独立, 则称随机变量 $t = \dfrac{X}{\sqrt{\dfrac{Y}{n}}}$ 服从自由度为 n 的 t 分布, 又称为学生氏（student）分布, 记作 $t \sim t(n)$.

（2）性质：

① 设随机变量 $X \sim t(n), f(x)$ 为其概率密度函数, 则 $f(x)$ 为偶函数.

② 设 $X \sim t(n)$, 当 n 充分大时, X 近似服从 $N(0, 1)$.

③ 设 $X \sim t(n)$, 则 $E(X) = 0, D(X) = \dfrac{n}{n-2}$.

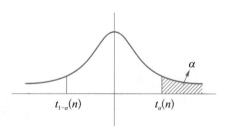

（3）定义（上 α 分位点）：设 $t \sim t(n)$, 其密度函数为 $h(t)$, 对于给定的 α （$0 < \alpha < 1$）, 称满足 $P\{t > t_\alpha(n)\} = \int_{t_\alpha(n)}^{+\infty} h(t)\mathrm{d}t = \alpha$ 的数 $t_\alpha(n)$ 为 t 分布的上 α 分位点.

由 t 分布上 α 分位点的定义及 $h(t)$ 图形的对称性可得 $t_{1-\alpha}(n) = -t_\alpha(n)$.

t 分布与标准正态分布的微小差别是英国统计学家 Gosset（哥塞特）发现的. 他年轻时在牛津大学修数学和化学, 1899 年开始在一家酿酒厂任技师, 从事试验和数据分析工作. 他发现 $T = \dfrac{\overline{X} - \mu}{\dfrac{S}{\sqrt{n-1}}}$ 的分布与 $N(0, 1)$ 分布不同, 特别是尾部概率相差较大, 由此怀疑是否还有另一个分布族存在. 后来他找到了 t 分布, 并于 1908 年以 "student" 的笔名发表了此项研究结果, 故后人把 t 分布称为学生氏分布.

6.2.3 F 分布

(1) 模式：设 $U \sim \chi^2(m)$，$V \sim \chi^2(n)$，且 U 与 V 相互独立，称 $F = \dfrac{U/m}{V/n}$ 为 F 统计量，且服从第一自由度为 m 和第二自由度为 n 的 F 分布，记为 $F \sim F(m, n)$.

(2) 性质：

① 设 $X \sim F(m, n)$，则 $\dfrac{1}{X} \sim F(n, m)$.

② 设 $X \sim t(n)$，则 $X^2 \sim F(1, n)$.

(3) 定义（上 α 分位点）：设 $F \sim F(m, n)$，其密度函数为 $\varphi(y)$，对于给定的正数 α $(0 < \alpha < 1)$，称满足 $P\{F > F_\alpha(m, n)\} = \int_{F_\alpha(m, n)}^{+\infty} \varphi(y)\mathrm{d}y = \alpha$ 的数 $F_\alpha(m, n)$ 为 $F(m, n)$ 分布的上 α 分位点.

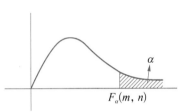

$F_\alpha(m, n)$

【例题精讲】

例 1 设 $X \sim N(0, 1)$，则 $E(X^2) = \underline{\qquad}$；$D(X^2) = \underline{\qquad}$.

解 因为 $X \sim N(0, 1)$，$X^2 \sim \chi^2(1)$，所以 $E(X^2) = 1$，$D(X^2) = 2$.

例 2 (2004 数一、三、四)$X \sim N(0, 1)$，对给定的 α $(0 < \alpha < 1)$，数 U_α 满足 $P\{X > U_\alpha\} = \alpha$，若 $P\{|X| < x\} = \alpha$，则 x 等于(   ).

(A)$U_{\frac{\alpha}{2}}$ (B)$U_{1-\frac{\alpha}{2}}$

(C)$U_{\frac{1-\alpha}{2}}$ (D)$U_{1-\alpha}$

解 $X \sim N(0, 1) \Rightarrow P\{X > x\} = P\{X < -x\}$.

由 $P\{|X| < x\} = \alpha$，则 $1 - \alpha = 1 - P\{|X| < x\} = P\{|X| \geqslant x\} = P\{|X| > x\} = 2P\{X > x\} \Rightarrow P\{X > x\} = \dfrac{1-\alpha}{2} \Rightarrow x = U_{\frac{1-\alpha}{2}}$，所以答案为(C).

例 3 标准正态分布总体随机变量 $X \sim N(0, 1)$，$X_1, X_2, \cdots, X_n$ 为来自总体 X 的简单随机样本，判断如下构造的统计量服从的分布：

(1) $\dfrac{X_1 - X_2}{\sqrt{X_3^2 + X_4^2}} \sim \underline{\qquad}$；

(2) $\dfrac{\sqrt{n-1}\, X_1}{\sqrt{X_2^2 + X_3^2 + \cdots + X_n^2}} \sim \underline{\qquad}$；

(3) $\dfrac{(n-3)(X_1^2 + X_2^2 + X_3^2)}{3(X_4^2 + X_5^2 + \cdots + X_n^2)} \sim \underline{\qquad}$.

解 (1) $X_1 - X_2 \sim N(0, 2)$, $\dfrac{X_1 - X_2 - 0}{\sqrt{2}} \sim N(0, 1)$,

$$X_3^2 \sim \chi^2(1), X_4^2 \sim \chi^2(1), X_3^2 + X_4^2 \sim \chi^2(2),$$

故而由 t 分布构造定义,

$$\frac{X_1 - X_2}{\sqrt{X_3^2 + X_4^2}} = \frac{\dfrac{X_1 - X_2}{\sqrt{2}}}{\sqrt{\dfrac{X_3^2 + X_4^2}{2}}} \sim t(2).$$

(2) $X_1 \sim N(0, 1)$, $X_2^2 + X_3^2 + \cdots + X_n^2 \sim \chi^2(n-1)$,

$$\frac{\sqrt{n-1} X_1}{\sqrt{X_2^2 + X_3^2 + \cdots + X_n^2}} = \frac{X_1}{\sqrt{\dfrac{X_2^2 + \cdots + X_n^2}{n-1}}} \sim t(n-1).$$

(3) $X_1^2 + X_2^2 + X_3^2 \sim \chi^2(3)$,

$$X_4^2 + X_5^2 + \cdots + X_n^2 \sim \chi^2(n-3),$$

故而由 F 分布的构造式定义,

$$\frac{(n-3)(X_1^2 + X_2^2 + X_3^2)}{3(X_4^2 + X_5^2 + \cdots + X_n^2)} = \frac{\dfrac{X_1^2 + X_2^2 + X_3^2}{3}}{\dfrac{X_4^2 + X_5^2 + \cdots + X_n^2}{n-3}} \sim F(3, n-3).$$

例 4 (1998 数三)设 X_1, X_2, X_3, X_4 是来自正态总体 $N(0, 2^2)$ 的简单随机样本,令 $T = a(X_1 - 2X_2)^2 + b(3X_3 - 4X_4)^2$, 则当 $a =$ _____ , $b =$ _____ 时, T 服从 χ^2 分布,其自由度为_____.

解 由 $X_1 - 2X_2 \sim N(0, 20)$, $3X_3 - 4X_4 \sim N(0, 100)$

$$\Rightarrow \left(\frac{X_1 - 2X_2}{\sqrt{20}}\right)^2 \sim \chi^2(1), \left(\frac{3X_3 - 4X_4}{\sqrt{100}}\right)^2 \sim \chi^2(1),$$

从而

$$\frac{1}{20}(X_1 - 2X_2)^2 + \frac{1}{100}(3X_3 - 4X_4)^2 \sim \chi^2(2).$$

$a = \dfrac{1}{20}$, $b = \dfrac{1}{100}$, 自由度为 2.

例 5 (2012 数三)设 X_1, X_2, X_3, X_4 为总体 $N(1, \sigma^2)$ 的简单随机样本,则统计量

$\dfrac{X_1 - X_2}{\mid X_3 + X_4 - 2 \mid}$ 的分布为( ).

(A) $N(0, 1)$ (B) $t(1)$ (C) $\chi^2(1)$ (D) $F(1, 1)$

解 $X_1 - X_2 \sim N(0, 2\sigma^2)$, $X_3 + X_4 \sim N(2, 2\sigma^2)$

$$\Rightarrow \frac{X_1 - X_2}{\sqrt{2}\sigma} \sim N(0, 1), \quad \frac{X_3 + X_4 - 2}{\sqrt{2}\sigma} \sim N(0, 1).$$

$\dfrac{X_1 - X_2}{\sqrt{2}\sigma}$ 与 $\dfrac{X_3 + X_4 - 2}{\sqrt{2}\sigma}$ 相互独立,则

$$\frac{X_1 - X_2}{\mid X_3 + X_4 - 2 \mid} = \frac{\dfrac{X_1 - X_2}{\sqrt{2}\sigma}}{\sqrt{\dfrac{\left(\dfrac{X_3 + X_4 - 2}{\sqrt{2}\sigma}\right)^2}{1}}} \sim t(1),$$

故答案为(B).

例 6 (2014 数三)设 X_1, X_2, X_3 是来自总体 $X \sim N(0, \sigma^2)$ 的简单随机样本,则统计量 $S = \dfrac{X_1 - X_2}{\sqrt{2} \mid X_3 \mid}$ 服从的分布为( ).

(A) $F(1, 1)$ (B) $F(2, 1)$ (C) $t(1)$ (D) $t(2)$

解 $X_1 - X_2 \sim N(0, 2\sigma^2)$, $\dfrac{X_3}{\sigma} \sim N(0, 1) \Rightarrow \dfrac{X_1 - X_2}{\sqrt{2}\sigma} \sim N(0, 1)$.

$\dfrac{X_1 - X_2}{\sqrt{2}\sigma}$ 与 X_3 相互独立,则

$$\frac{X_1 - X_2}{\sqrt{2} \mid X_3 \mid} = \frac{\dfrac{X_1 - X_2}{\sqrt{2}\sigma}}{\sqrt{\dfrac{\left(\dfrac{X_3}{\sigma}\right)^2}{1}}} \sim t(1).$$

🏷️ **6.3 正态总体的抽样分布**

来自一般正态总体的样本均值 $\overline{X} = \dfrac{1}{n}\sum\limits_{i=1}^{n} X_i$ 和样本方差 $S^2 = \dfrac{1}{n-1}\sum\limits_{i=1}^{n}(X_i - \overline{X})^2$ 的抽

样分布是应用最广泛的抽样分布,有以下几个定理.

定理 1 (单个正态总体的抽样分布)设$(X_1, X_2, \cdots, X_n)$为来自总体$N(\mu, \sigma^2)$的一个样本,则:

(1) $\overline{X} \sim N\left(\mu, \dfrac{\sigma^2}{n}\right)$,即$\dfrac{\overline{X}-\mu}{\dfrac{\sigma}{\sqrt{n}}} \sim N(0, 1)$;

(2) $\dfrac{(n-1)S^2}{\sigma^2} \sim \chi^2(n-1)$,即$\displaystyle\sum_{i=1}^{n} \dfrac{(X_i-\overline{X})^2}{\sigma^2} \sim \chi^2(n-1)$;

(3) $\overline{X}$与S^2独立;

(4) $\displaystyle\sum_{i=1}^{n}\left(\dfrac{X_i-\mu}{\sigma}\right)^2 \sim \chi^2(n)$;

(5) $\dfrac{\overline{X}-\mu}{\dfrac{S}{\sqrt{n}}} \sim t(n-1)\left[\dfrac{\dfrac{\overline{X}-\mu}{\dfrac{\sigma}{\sqrt{n}}}}{\sqrt{\dfrac{(n-1)S^2}{\sigma^2(n-1)}}} = \dfrac{\overline{X}-\mu}{\dfrac{S}{\sqrt{n}}} \sim t(n-1)\right]$.

定理 2 (两个正态总体的抽样分布)设$(X_1, X_2, \cdots, X_m)$,$(Y_1, Y_2, \cdots, Y_n)$ $(m, n \geqslant 2)$分别为来自两个正态总体$X \sim N(\mu_1, \sigma_1^2)$和$Y \sim N(\mu_2, \sigma_2^2)$的相互独立的随机样本,记$\overline{X}, \overline{Y}, S_X^2, S_Y^2$分别为两个样本的样本均值和样本方差,则:

(1) $\overline{X}, \overline{Y}, S_X^2, S_Y^2$相互独立;

(2) $\overline{X}-\overline{Y} \sim N\left(\mu_1-\mu_2, \dfrac{\sigma_1^2}{m}+\dfrac{\sigma_2^2}{n}\right)$;

(3) $\dfrac{(m-1)S_X^2}{\sigma_1^2}+\dfrac{(n-1)S_Y^2}{\sigma_2^2} \sim \chi^2(m+n-2)$;

(4) $\dfrac{S_X^2}{\sigma_1^2} \Big/ \dfrac{S_Y^2}{\sigma_2^2} \sim F(m-1, n-1)$.

【例题精讲】

例 1 (2005 数一)设$X_1, X_2, \cdots, X_n (n \geqslant 2)$为总体$N(0, 1)$的简单随机样本,$\overline{X}, S^2$分别为样本均值与样本方差,则(   ).

(A) $n\overline{X} \sim N(0, 1)$

(B) $nS^2 \sim \chi^2(n)$

(C) $\dfrac{(n-1)\overline{X}}{S} \sim t(n-1)$

(D) $\dfrac{(n-1)X_1^2}{\displaystyle\sum_{i=2}^{n} X_i^2} \sim F(1, n-1)$

解 由抽样分布结论知 $\overline{X} \sim N\left(0, \dfrac{1}{n}\right)$，$\dfrac{(n-1)S^2}{1^2} \sim \chi^2(n-1)$，$\dfrac{\overline{X}-0}{\dfrac{S}{\sqrt{n}}} \sim t(n-1)$，

$\dfrac{\overline{X}-0}{\sqrt{\dfrac{1}{n}}} \sim N(0,1)$，即 $\sqrt{n}\,\overline{X} \sim N(0,1)$，故(A)错误.

$(n-1)S^2 \sim \chi^2(n-1)$，故(B)错误.

$\dfrac{\sqrt{n}\,\overline{X}}{S} \sim t(n-1)$，故(C)错误.

又由 $X_1^2 \sim \chi^2(1)$，$\sum\limits_{i=2}^{n} X_i^2 \sim \chi^2(n-1)$，且相互独立，再由 F 分布的定义知

$\dfrac{(n-1)X_1^2}{\sum\limits_{i=2}^{n} X_i^2} = \dfrac{\dfrac{X_1^2}{1}}{\dfrac{\sum\limits_{i=2}^{n} X_i^2}{n-1}} \sim F(1, n-1)$，故(D)正确.

例2 设总体 X 和 Y 相互独立且都服从正态分布 $N(0, \sigma^2)$，$X_1, \cdots, X_n$ 和 $Y_1, \cdots,$ Y_n 分别是来自总体 X 和 Y 容量为 n 的两个简单随机样本，样本均值和方差分别为 $\overline{X}, S_X^2$；$\overline{Y}, S_Y^2$，则(   ).

    (A) $\overline{X}-\overline{Y} \sim N(0, \sigma^2)$ (B) $S_X^2 + S_Y^2 \sim \chi^2(2n-2)$

    (C) $\dfrac{X-Y}{\sqrt{S_X^2 + S_Y^2}} \sim t(2n-2)$ (D) $\dfrac{S_X^2}{S_Y^2} \sim F(n-1, n-1)$

解 $\overline{X} \sim N\left(0, \dfrac{\sigma^2}{n}\right)$，$\overline{Y} \sim N\left(0, \dfrac{\sigma^2}{n}\right)$，$\dfrac{(n-1)S_X^2}{\sigma^2} \sim \chi^2(n-1)$，$\dfrac{(n-1)S_Y^2}{\sigma^2} \sim \chi^2(n-1)$，

由此可知 $\overline{X}-\overline{Y} \sim N\left(0, \dfrac{2\sigma^2}{n}\right)$，故(A)不正确.

$\dfrac{n-1}{\sigma^2}(S_X^2 + S_Y^2) \sim \chi^2(2n-2)$，故(B)不正确.

由抽样分布的结论知：

$$\dfrac{\dfrac{\overline{X}-\overline{Y}}{\sqrt{\dfrac{2\sigma}{n}}}}{\sqrt{\dfrac{(n-1)(S_X^2 + S_Y^2)}{\sigma^2 2(n-1)}}} = \dfrac{\sqrt{n}\,(\overline{X}-\overline{Y})}{\sqrt{S_X^2 + S_Y^2}} \sim t(2n-2),$$

故(C)不正确.

例 3 设总体 X 的概率密度为 $f(x)=\dfrac{1}{2}\mathrm{e}^{-|x|}$，$-\infty<x<+\infty$，$X_1$，$X_2$，$\cdots$，$X_n$ 为 X 的简单随机样本，其样本方差为 S^2，则 $E(S^2)=$_____.

解 $E(S^2)=D(X)=E(X^2)-E^2(X)$，

$$E(X)=\int_{-\infty}^{+\infty}xf(x)\mathrm{d}x=\int_{-\infty}^{+\infty}x\,\frac{1}{2}\mathrm{e}^{-|x|}\,\mathrm{d}x=0,$$

$$E(X^2)=\int_{-\infty}^{+\infty}x^2\,\frac{1}{2}\mathrm{e}^{-|x|}\,\mathrm{d}x=\int_0^{+\infty}x^2\mathrm{e}^{-x}\,\mathrm{d}x=2,$$

故 $E(S^2)=2$.

注 熟记结论：样本方差 S^2 的数学期望 $E(S^2)=D(X)$.

例 4 设 X_1，X_2，$\cdots$，X_n 是来自总体 X 参数为 λ 的泊松分布的简单随机样本，记样本均值为 $\overline{X}$，令 $Y_i=X_i-\overline{X}$，则 $E\left(\sum\limits_{i=1}^n Y_i^2\right)=$_____.

解 $E(S^2)=D(X)=\lambda$，又因为 $S^2=\dfrac{1}{n-1}\sum\limits_{i=1}^n Y_i^2$，$E(S^2)=E\left(\dfrac{1}{n-1}\sum\limits_{i=1}^n Y_i^2\right)=\lambda$，所以 $E\left(\sum\limits_{i=1}^n Y_i^2\right)=(n-1)\lambda$.

【强 化 篇】

【公式总结】

$$\text{数理统计基本概念}\begin{cases}\text{常用统计量}\begin{cases}\overline{X}=\dfrac{1}{n}\sum\limits_{i=1}^n X_i,\ E(\overline{X})=E(X),\ D(\overline{X})=\dfrac{D(X)}{n}\\ S^2=\dfrac{1}{n-1}\sum\limits_{i=1}^n(X_i-\overline{X})^2,\ E(S^2)=D(X)\end{cases}\\ \text{正态总体的统计量}\begin{cases}X\sim N(\mu,\sigma^2),\ \overline{X}\sim N\left(\mu,\dfrac{\sigma^2}{n}\right),\ \dfrac{\sqrt{n}(\overline{X}-\mu)}{\sigma}\sim N(0,1)\\ \dfrac{(n-1)S^2}{\sigma^2}\sim\chi^2(n-1)\\ \dfrac{\sqrt{n}(\overline{X}-\mu)}{S}\sim t(n-1)\end{cases}\end{cases}$$

6.4 典型题型一 三大分布

例 1 (1994 数三)设 X_1，X_2，$\cdots$，X_n 是正态总体 $N(\mu，\sigma^2)$ 的简单随机样本，$\overline{X} = \frac{1}{n}\sum_{i=1}^{n}X_i$，记 $S_1^2 = \frac{1}{n-1}\sum_{i=1}^{n}(X_i - \overline{X})^2$，$S_2^2 = \frac{1}{n}\sum_{i=1}^{n}(X_i - \overline{X})^2$，$S_3^2 = \frac{1}{n-1}\sum_{i=1}^{n}(X_i - \mu)^2$，$S_4^2 = \frac{1}{n}\sum_{i=1}^{n}(X_i - \mu)^2$，则服从自由度为 $n-1$ 的 t 分布的随机变量是(　　).

(A) $\dfrac{\overline{X} - \mu}{\dfrac{S_1}{\sqrt{n-1}}}$ 　　　　　　(B) $\dfrac{\overline{X} - \mu}{\dfrac{S_2}{\sqrt{n-1}}}$

(C) $\dfrac{\overline{X} - \mu}{\dfrac{S_3}{\sqrt{n}}}$ 　　　　　　(D) $\dfrac{\overline{X} - \mu}{\dfrac{S_4}{\sqrt{n}}}$

解 由抽样分布定理，有 $\overline{X} \sim N\left(\mu，\dfrac{\sigma}{n}\right) \Rightarrow \dfrac{\overline{X} - \mu}{\sigma/\sqrt{n}} \sim N(0，1)$，$\dfrac{(n-1)S_1^2}{\sigma^2} = \dfrac{nS_2^2}{\sigma^2} \sim \chi^2(n-1)$，且 $\overline{X}$ 与 S_2^2 相互独立.

由 t 分布的定义知 $\dfrac{\dfrac{\overline{X} - \mu}{\dfrac{\sigma}{\sqrt{n}}}}{\sqrt{\dfrac{\dfrac{nS_2^2}{\sigma^2}}{n-1}}} \sim t(n-1) \Rightarrow \dfrac{\overline{X} - \mu}{\dfrac{S_2}{\sqrt{n-1}}} \sim t(n-1)$，所以答案为(B).

6.5 典型题型二 正态总体的统计量

例 1 (2017 数一、三)设 X_1，X_2，$\cdots$，$X_n(n \geqslant 2)$ 是来自正态总体 $N(\mu，1)$ 的简单随机样本，记 $\overline{X} = \frac{1}{n}\sum_{k=1}^{n}X_k$，则下列结论不正确的是(　　).

(A) $\sum_{k=1}^{n}(X_k - \mu)^2$ 服从 χ^2 分布 　　(B) $2(X_n - X_1)^2$ 服从 χ^2 分布

(C) $\sum_{k=1}^{n}(X_k - \overline{X})^2$ 服从 χ^2 分布 　　(D) $n(\overline{X} - \mu)^2$ 服从 χ^2 分布

解 $X_n-X_1\sim N(0,2)$，$\dfrac{X_n-X_1}{\sqrt{2}}\sim N(0,1)$，$\dfrac{(X_n-X_1)^2}{2}\sim\chi^2(1)$，故(B)不正确.

例2 （2018 数三）设 X_1，X_2，$\cdots$，$X_n(n\geqslant2)$是来自总体 $N(\mu,\sigma^2)$的简单随机样本，

记 $\overline{X}=\dfrac{1}{n}\sum\limits_{k=1}^{n}X_k$，$S_1=\sqrt{\dfrac{1}{n-1}\sum\limits_{k=1}^{n}(X_k-\overline{X})^2}$，$S_2=\sqrt{\dfrac{1}{n}\sum\limits_{k=1}^{n}(X_k-\mu)^2}$，则(　　).

(A) $\dfrac{\sqrt{n}\,(\overline{X}-\mu)}{S_1}\sim t(n)$ 　　　　　　(B) $\dfrac{\sqrt{n}\,(\overline{X}-\mu)}{S_1}\sim t(n-1)$

(C) $\dfrac{\sqrt{n}\,(\overline{X}-\mu)}{S_2}\sim t(n)$ 　　　　　　(D) $\dfrac{\sqrt{n}\,(\overline{X}-\mu)}{S_2}\sim t(n-1)$

解 由题可知，

$$\overline{X}\sim N\left(\mu,\dfrac{\sigma^2}{n}\right),\ \dfrac{\overline{X}-\mu}{\dfrac{\sigma}{\sqrt{n}}}\sim N(0,1),$$

$$\dfrac{(n-1)S_1^2}{\sigma^2}\sim\chi^2(n-1),$$

故

$$\dfrac{\dfrac{\overline{X}-\mu}{\dfrac{\sigma}{\sqrt{n}}}}{\sqrt{\dfrac{\dfrac{(n-1)S_1^2}{\sigma^2}}{n-1}}}=\dfrac{\sqrt{n}\,(\overline{X}-\mu)}{S_1}\sim t(n-1).$$

选(B).

6.6　典型题型三　统计量的数字特征

例1 （2004 数一）设随机变量 X_1，X_2，$\cdots$，$X_n(n>1)$独立同分布，且其方差为 $\sigma^2(\sigma>0)$. 令 $Y=\dfrac{1}{n}\sum\limits_{i=1}^{n}X_i$，则(　　).

(A) $\mathrm{Cov}(X_1,Y)=\dfrac{\sigma^2}{n}$ 　　　　　　(B) $\mathrm{Cov}(X_1,Y)=\sigma^2$

(C) $D(X_1+Y)=\dfrac{n+2}{n}\sigma^2$ 　　　　　　(D) $D(X_1-Y)=\dfrac{n+1}{n}\sigma^2$

解 $\mathrm{Cov}(X_1, Y) = \mathrm{Cov}\left(X_1, \dfrac{1}{n}\sum_{i=1}^{n} X_i\right) = \mathrm{Cov}\left(X_1, \dfrac{1}{n}X_1\right) + \mathrm{Cov}\left(X_1, \dfrac{1}{n}\sum_{i=2}^{n} X_i\right)$

$$= \frac{1}{n}D(X_1) = \frac{\sigma^2}{n}.$$

选(A).

例 2 设 $X_1, X_2, \cdots, X_n$ 是总体为 $N(0, 1)$ 的简单随机样本,均值为 $\overline{X}$,样本方差为 S^2,令 $T = \overline{X}^2 - \dfrac{1}{n}S^2$,则 $D(T) = $ _____.

解 因为 $\overline{X} \sim N\left(0, \dfrac{1}{n}\right)$,标准化后 $\dfrac{\overline{X} - 0}{\sqrt{\dfrac{1}{n}}} = \sqrt{n}\,\overline{X} \sim N(0, 1)$,平方得 $n\overline{X}^2 \sim \chi^2(1)$,

于是 $D(n\overline{X}^2) = 2$,从而 $D(\overline{X}^2) = \dfrac{2}{n^2}$.

又因为 $\dfrac{(n-1)S^2}{\sigma^2} \sim \chi^2(n-1)$,即 $(n-1)S^2 \sim \chi^2(n-1)$,

$D[(n-1)S^2] = (n-1)^2 D(S^2) = 2(n-1)$, $D(S^2) = \dfrac{2}{n-1}$.

再由 $\overline{X}$ 与 S^2 相互独立,有

$$D(T) = D(\overline{X}^2) + \frac{1}{n^2}D(S^2) = \frac{2}{n^2} + \frac{1}{n^2} \cdot \frac{2}{n-1} = \frac{2}{n(n-1)}.$$

注 构造统计量为抽样分布来求解数字特征是一种重要的方法.一般地,正态总体 $N(\mu, \sigma^2)$ 中样本均值与样本方差的数学期望和方差为 $E(\overline{X}) = \mu$, $D(\overline{X}) = \dfrac{\sigma^2}{n}$, $E(S^2) = \sigma^2$, $D(S^2) = \dfrac{2\sigma^4}{n-1}$.

例 3 设 $X_1, X_2, \cdots, X_n$ 是 $N(\mu, \sigma^2)$ 的简单随机样本,令 $T = \dfrac{1}{n}\sum_{i=1}^{n}(X_i - \mu)^2$,则 $E(T) = $ _____, $D(T) = $ _____.

解 由于 $X_i \sim N(\mu, \sigma^2)$,标准化得 $\dfrac{X_i - \mu}{\sigma} \sim N(0, 1)$,再平方得 $\left(\dfrac{X_i - \mu}{\sigma}\right)^2 \sim \chi^2(1)$,从而 $\sum_{i=1}^{n}\left(\dfrac{X_i - \mu}{\sigma}\right)^2 \sim \chi^2(n)$,即 $\dfrac{n}{\sigma^2}T \sim \chi^2(n)$.

$$E\left(\frac{n}{\sigma^2}T\right) = n, \quad D\left(\frac{n}{\sigma^2}T\right) = 2n,$$

得
$$E(T)=\sigma^2,\ D(T)=\frac{2\sigma^4}{n}.$$

例 4 （2015 数三）设总体 $X\sim B(m,\theta)$，$X_1,X_2,\cdots,X_n$ 是来自总体的简单随机样本，$\overline{X}$ 为样本均值，则 $E\Big[\sum\limits_{i=1}^{n}(X_i-\overline{X})^2\Big]=$ _____.

解 $X\sim B(m,\theta)$，则 $D(X)=m\theta(1-\theta)$，又由样本方差 $S^2=\dfrac{1}{n-1}\sum\limits_{i=1}^{n}(X_i-\overline{X})^2$，

且 $E(S^2)=D(X)=m\theta(1-\theta)$，则

$$E\Big[\sum_{i=1}^{n}(X_i-\overline{X})^2\Big]=(n-1)E(S^2)=(n-1)m\theta(1-\theta).$$

例 5 （2001 数一）设总体 X 服从正态分布 $N(\mu,\sigma^2)(\sigma>0)$，从该总体中抽取简单随机样本 $X_1,X_2,\cdots,X_{2n}(n\geqslant 2)$，其样本均值为 $\overline{X}=\dfrac{1}{2n}\sum\limits_{i=1}^{2n}X_i$，求统计量 $Y=\sum\limits_{i=1}^{n}(X_i+X_{n+i}-2\overline{X})^2$ 的数学期望 $E(Y)$.

解 $X_i,X_{n+i}(i=1,2,\cdots,n)$ 相互独立，故 $X_i+X_{n+i}\sim N(2\mu,2\sigma^2)$.

$X_1+X_{n+1},X_2+X_{n+2},\cdots,X_n+X_{2n}$ 可记为来自正态总体 $N(2\mu,2\sigma^2)$ 的简单随机样本，其样本均值为 $\dfrac{1}{n}\sum\limits_{i=1}^{n}(X_i+X_{n+i})=\dfrac{1}{n}\sum\limits_{i=1}^{2n}X_i=2\overline{X}$，可知样本方差为 $\dfrac{1}{n-1}Y$，

$E\Big(\dfrac{1}{n-1}Y\Big)=2\sigma^2$，故 $E(Y)=2(n-1)\sigma^2$.

第七章 参 数 估 计

 **知识结构**

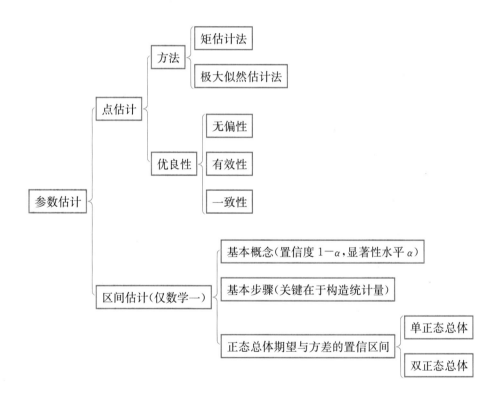

数 一 考 点	年份及值分布
矩估计、最大似然估计（18次）	1997, 2007, 2012, 2014；　1999, 2000, 2011, 2018；　2002； 　　　　5分　　　　　　　　　6分　　　　　　　7分 2004, 2006；　2009, 2013, 2015, 2017, 2019,2020；　2022 　　9分　　　　　　　　11分　　　　　　　　12分
估计量的无偏性、有效性、一致性（9次）	2012；　2009, 2014；　2021；　2007；　2008, 2016；　2003；　2010 3分　　　4分　　　　5分　　　6分　　　7分　　　　8分　　11分
区间估计（2次）	2003, 2016 　4分

数 三 考 点	年份及值分布
矩估计、最大似然估计（13次）	2002；　1991, 2007, 2021；　2018；　2013, 2015, 2017, 2019, 2020；　2022； 3分　　　5分　　　　　6分　　　　11分　　　　　　　　　12分 2004, 2006 　13分
估计量的无偏性、有效性、一致性（4次）	1992；　2005；　2007；　2008 3分　　4分　　6分　　7分
区间估计（4次）	1993, 1996；　2005；　2000 　3分　　　　4分　　8分

【基础篇】

7.1 点估计法

从总体 X 抽取样本以后,通过样本推断总体的分布或者总体的分布中的某些未知参数,这些问题称为统计推断问题.

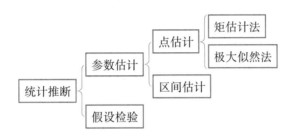

我们时常会遇到总体的分布 $F(x;\theta)$ 已经知道了,但其中有 θ 未知参数,例如,考研数学成绩 X 服从正态分布 $N(\theta_1,\theta_2^2)$,其中 θ_1,θ_2 为未知参数,那么如何估计未知参数呢? 一般地,已知总体 X 的分布 $F(x;\theta)$,其中 $\theta=(\theta_1,\theta_2,\cdots,\theta_k)$ 未知,然后利用从总体 X 抽取到的一个样本$(X_1,X_2,\cdots,X_n)$所提供的信息,来估计未知参数 θ. 若从样本$(X_1,X_2,\cdots,X_n)$出发可构造一个样本的函数 $\hat{\theta}=\hat{\theta}(X_1,X_2,\cdots,X_n)$ 来取代未知参数 θ 的话,那么这种方法称为点估计问题,$\hat{\theta}=\hat{\theta}(X_1,X_2,\cdots,X_n)$ 称为未知参数 θ 的估计量. 对于一次抽取得到观察值$(x_1,x_2,\cdots,x_n)$代入 $\hat{\theta}$ 后,称 $\hat{\theta}=\hat{\theta}(x_1,x_2,\cdots,x_n)$ 为未知参数 θ 的估计值.

注 孔子曾希望通过周游列国而自我推销,他说:"沽之哉! 沽之哉! 我待贾者也!"把自己比喻成一壶酒,当然,谁也想不到,这位自我推销失败的七十二位贤人的老师,却成了历代帝王的"万世师表",大成至圣文宣王. 我们也要"估",不过不是沽酒,而是估参数,即随机变量的数字特征,特别是期望和方差 μ,σ^2.

7.1.1 矩估计

定义 1 矩估计就是以样本的 k 阶原点矩估计替换总体的 k 阶原点矩.

理论背景:大数定律(样本矩依概率收敛于总体矩).矩估计法最早由英国统计学家 K. 皮尔逊在 1894 年提出.

引例 设$(X_1,X_2,\cdots,X_n)$为来自总体 X 的一个样本,并且总体 X 的二阶矩存在,求总体 X 的均值 μ 与方差 σ^2 的矩估计量.

$$\begin{cases} \mu_1 = E(X) = \mu, \\ \mu_2 = E(X^2) = D(X) + E^2(X) = \sigma^2 + \mu^2. \end{cases}$$

解方程,得 $\begin{cases} \mu = E(X) = \mu_1, \\ \sigma^2 = \mu_2 - \mu^2 = \mu_2 - \mu_1^2. \end{cases}$

用相应的样本矩取代上述方程中的总体矩,得到均值 μ 与方差 σ^2 的矩估计量:

$$\begin{cases} \hat{\mu} = \dfrac{1}{n} \sum_{i=1}^{n} X_i = \overline{X}, \\ \hat{\sigma^2} = \dfrac{1}{n} \sum_{i=1}^{n} X_i^2 - \overline{X}^2 = \dfrac{1}{n} \sum_{i=1}^{n} (X_i - \overline{X})^2. \end{cases}$$

从上述结果可看出,这两个矩估计量的表达式与总体的分布无关. 矩估计的具体做法是:

(1) 利用总体原点矩(如期望、平方的期望、立方的期望等)的定义式或计算式,建立总体原点矩关于未知参数表达的方程组;有 k 个未知数,方程组就包含 k 个方程,总体原点矩一直算到 k 阶,即 $\mu_k = E(X^k)$(不过考研最多只考两个参数).

(2) 由此方程组反解出未知参数关于总体原点矩的表达.

(3) 以样本原点矩 A_k 取代总体原点矩 μ_k,得出未知参数关于样本原点矩的表达,即是矩估计:

$$\begin{cases} \mu_1 = \mu_1(\theta_1, \theta_2, \cdots, \theta_k) \\ \cdots\cdots \\ \mu_k = \mu_k(\theta_1, \theta_2, \cdots, \theta_k) \end{cases} \Rightarrow \begin{cases} \theta_1 = \theta_1(\mu_1, \mu_2, \cdots, \mu_k) \\ \cdots\cdots \\ \theta_k = \theta_k(\mu_1, \mu_2, \cdots, \mu_k) \end{cases} \Rightarrow \begin{cases} \hat{\theta}_1 = \hat{\theta}_1(A_1, A_2, \cdots, A_k) \\ \cdots\cdots \\ \hat{\theta}_k = \hat{\theta}_k(A_1, A_2, \cdots, A_k) \end{cases}$$

换种方式描述,矩估计法的具体计算方法如下(以连续型随机变量为例):

(1) 设总体 X 为连续型随机变量,其密度为

$$f(x; \theta_1, \theta_2, \cdots, \theta_k), \theta_i \text{ 为未知参数}, i = 1, 2, \cdots, k.$$

(2) 因为有 k 个未知参数,求出总体 X 的 1 阶到 k 阶原点矩:

$$\begin{cases} \mu_1 = E(X) = \displaystyle\int_{-\infty}^{+\infty} x f(x; \theta_1, \theta_2, \cdots, \theta_k) \mathrm{d}x = g_1(\theta_1, \theta_2, \cdots, \theta_k), \\ \mu_2 = E(X^2) = \displaystyle\int_{-\infty}^{+\infty} x^2 f(x; \theta_1, \theta_2, \cdots, \theta_k) \mathrm{d}x = g_2(\theta_1, \theta_2, \cdots, \theta_k), \\ \cdots\cdots \\ \mu_k = E(X^k) = \displaystyle\int_{-\infty}^{+\infty} x^k f(x; \theta_1, \theta_2, \cdots, \theta_k) \mathrm{d}x = g_k(\theta_1, \theta_2, \cdots, \theta_k). \end{cases}$$

(3) 解上述方程组,得

$$\begin{cases} \theta_1 = h_1(\mu_1, \mu_2, \cdots, \mu_k), \\ \theta_2 = h_2(\mu_1, \mu_2, \cdots, \mu_k), \\ \cdots\cdots \\ \theta_k = h_k(\mu_1, \mu_2, \cdots, \mu_k). \end{cases}$$

(4) 用相应的样本矩 $A_k = \dfrac{1}{n}\sum\limits_{i=1}^{n} X_i^k$ 取代上述方程组中的总体矩 μ_k,得到总体未知参数 θ_r 的矩估计量 $\hat{\theta}_r$:

$$\begin{cases} \hat{\theta}_1 = h_1(A_1, A_2, \cdots, A_k), \\ \hat{\theta}_2 = h_2(A_1, A_2, \cdots, A_k), \\ \cdots\cdots \\ \hat{\theta}_k = h_k(A_1, A_2, \cdots, A_k). \end{cases}$$

【例题精讲】

例 1 设总体 X 服从区间 $(0, \theta)$ 内的均匀分布,$\theta > 0$ 未知,$X_1, X_2, \cdots, X_n$ 为从该总体抽取的一个样本,求 θ 的矩估计量.

解 令 $\mu_1 = E(X) = \dfrac{\theta}{2}$,$\mu_1 = \dfrac{1}{n}\sum\limits_{i=1}^{n} X_i$,即 $\dfrac{1}{n}\sum\limits_{i=1}^{n} X_i = \dfrac{\theta}{2}$,可得 θ 的矩估计量为 $\hat{\theta} = \dfrac{2}{n}\sum\limits_{i=1}^{n} X_i = 2\bar{X}$.

例 2 设总体 X 服从参数为 λ 的泊松分布,$\lambda > 0$ 未知,8,10,11,9,10 为从该总体抽取的样本的一组观测值,求 λ 的矩估计值.

解 由于 $E(X) = \lambda$,故令 $\mu_1 = \bar{X} = E(X) = \lambda$,有

$$\hat{\lambda} = \frac{8 + 10 + 11 + 9 + 10}{5} = 9.6.$$

例 3 (2002 数一)总体 X 的分布律为

X	0	1	2	3
p_k	θ^2	$2\theta(1-\theta)$	θ^2	$1-2\theta$

求 θ 的矩估计量. 对于总体 X 的容量为 $n=8$ 的给定样本值 $x = 3, 1, 3, 0, 3, 1, 2, 3$,求参数 θ 的矩估计值.

解 令 $\mu_1 = \bar{X} = E(X) = 0 \times \theta^2 + 1 \times 2\theta(1-\theta) + 2 \times \theta^2 + 3 \times (1-2\theta)$
$$= 2\theta + 3(1-2\theta) = 3 - 4\theta$$

$$\Rightarrow \theta = \frac{3-\overline{X}}{4}, \text{即} \theta \text{ 的矩估计量为} \hat{\theta} = \frac{3-\overline{X}}{4}.$$

样本均值为 $\overline{X} = \frac{1}{8}(3+1+3+0+3+1+2+3) = 2$，从而 θ 的矩估计值为

$$\hat{\theta} = \frac{3-2}{4} = \frac{1}{4}.$$

例 4 设 X 的概率密度为 $f(x) = \begin{cases} \dfrac{x}{\theta^2} e^{\frac{-x^2}{2\theta^2}}, & x > 0, \\ 0, & x \leqslant 0, \end{cases}$ 其中 $\theta > 0$ 为未知参数，X_1，

X_2，$\cdots$，X_n 是来自总体 X 的简单随机样本，求参数 θ 的矩估计量.

解 $E(X) = \int_{-\infty}^{+\infty} x f(x) \mathrm{d}x = \int_0^{+\infty} \frac{x^2}{\theta^2} e^{-\frac{x^2}{2\theta^2}} \mathrm{d}x \xrightarrow[x = \sqrt{2}\theta\sqrt{t}]{\diamondsuit \frac{x^2}{2\theta^2} = t} \int_0^{+\infty} 2t e^{-t} \sqrt{2\theta} \frac{1}{2} t^{-\frac{1}{2}} \mathrm{d}t$

$$= \sqrt{2}\theta \int_0^{+\infty} e^{-t} t^{\frac{1}{2}} \mathrm{d}t = \sqrt{2}\theta \int_0^{+\infty} e^{-t} t^{\frac{3}{2}-1} \mathrm{d}t$$

$$= \sqrt{2}\theta \Gamma\left(\frac{3}{2}\right) = \sqrt{2}\theta \frac{1}{2} \Gamma\left(\frac{1}{2}\right)$$

$$= \sqrt{\frac{\pi}{2}}\theta.$$

令 $\overline{X} = E(X)$，则 $\overline{X} = \sqrt{\frac{\pi}{2}}\theta$，故 $\hat{\theta} = \sqrt{\frac{2}{\pi}}\overline{X}$.

7.1.2 极大似然估计(maximal likelihood estimation，MLE)

江山代有才人出，长江后浪推前浪. 推倒"前浪"矩法的，是"后浪"极大似然法，弄潮儿则是费希尔. 费希尔一生掀起了很多浪头，它们最终汇成了"费希尔时代". 第一个浪头就是1912 年，时年 22 岁的他发表的《关于拟合频率曲线的一个绝对准则》一文. 在该文中，他先是批判了矩法，然后提出了极大似然法. 它的理论依据是实际推断原理："概率最大的随机事件在一次试验中最可能发生."简单描述，做随机试验，事件 A 发生的概率分别为 $P(A) = 0.1$，0.9，若一次试验中事件 A 发生了，那么自然认为 A 的概率是 $P(A) = 0.9$，而不是 0.1. 再比如，设总体 $X \sim B(1, p)$，显然 X 的取值只有 0 和 1 两个值，这里 $p = P\{X=1\}$. 我们将 X 看成"零件是否正品"的标志，即 $\{X=1\}$ 表示"零件是次品"，$\{X=0\}$ 则表示"零件是正品"，因此 p 就是零件的次品率. 那么现在有放回地抽取 4 个零件，观测值为 $(X_1, X_2, X_3, X_4) = (1, 0, 0, 0)$，如何求未知参数 p 的估计？

由样本的独立性可知

$$P\{X_1=1,\ X_2=0,\ X_3=0,\ X_4=0\}=P\{X_1=1\}\cdot P\{X_2=0\}\cdot P\{X_3=0\}\cdot P\{X_4=0\}$$
$$=p(1-p)^3,$$

这个概率显然是 p 的函数,按极大似然原理,要找的估计必须使得此概率最大,也即样本恰好取观测值 $(1,0,0,0)$ 的可能性最大. 这可以对 $L(p)=p(1-p)^3$ 求导,进而求驻点来解决. 由于 $L'(p)=(1-p)^2(1-4p)$,所以 $p=0.25$ 时 $L(p)$ 取最大值,此时观测值 $(1,0,0,0)$ 最有可能发生. 现在既然 $(1,0,0,0)$ 已经出现了,那么按极大似然原理,p 的极大似然估计就应该是 0.25. 你可能会说:观测值为 $(1,0,0,0)$,即三正一次,次品率当然是 0.25,有必要这么折腾吗? 的确,你的直觉很对,数学上的这番折腾,无非就是为了说明你的直觉经验的正确性罢了!

定义 1 似然函数. 设 θ 为总体 X 的待估参数,$X_1,X_2,\cdots,X_n$ 是来自 X 的样本,设样本的观测值为 $x_1,x_2,\cdots,x_n$.

(1) 当总体 X 为离散型随机变量,总体的分布列为 $P\{X=x_i\}=P\{X=x_i;\theta\}$,则称样本 $X_1,X_2,\cdots,X_n$ 取到观测值 $x_1,x_2,\cdots,x_n$ 的概率 $L(\theta)=P\{X_1=x_1,X_2=x_2,\cdots,X_n=x_n\}=\prod_{i=1}^{n}P\{X=x_i;\theta\}$ 为 θ 的近似函数.

(2) 当总体 X 为连续型随机变量时,设 X 的密度函数为 $f(x;\theta)$,则称样本 $X_1,X_2,\cdots,X_n$ 取到观测值 $x_1,x_2,\cdots,x_n$ 的密度函数值

$$L(\theta)=f(x_1,x_2,\cdots,x_n)=\prod_{i=1}^{n}f(x_i;\theta)\ 为\ \theta\ 的似然函数.$$

总 体	似然函数	似然函数的含义
离散型	$L(\theta)=\prod_{i=1}^{n}P(x_i;\theta)$	$P\{(X_1,\cdots,X_n)=(x_1,\cdots,x_n)\}$
连续型	$L(\theta)=\prod_{i=1}^{n}f(x_i;\theta)$	正比于样本值出现的概率

极大似然估计的解题步骤:

(1) 写出似然函数:

$$L(\theta)=\prod_{i=1}^{n}P(x_i;\theta)\ 或\ L(\theta)=\prod_{i=1}^{n}f(x_i;\theta).$$

(2) 取对数 $\ln L(\theta)$.

(3) 求导数,去求解似然函数的最大值.

若存在唯一的驻点,解方程 $\dfrac{\mathrm{d}\ln L(\theta)}{\mathrm{d}\theta}=0$,求解参数 θ 得估计值 $\hat{\theta}$.

若似然函数不存在驻点,即 $\dfrac{\mathrm{d}L(\theta)}{\mathrm{d}\theta}$ 或 $\dfrac{\mathrm{d}\ln L(\theta)}{\mathrm{d}\theta}>0(<0)$,则利用单调性求解未知参数的取值.

(4) 注意大小写问题:

最大似然估计量用大写;最大似然估计值用小写.

【例题精讲】

例1 两点分布 $X\sim B(1,p)$,分布律为对总体的 n 个样本,求 p 的最大似然估计量.

X	1	0
p_k	p	q

解 (1) 写出未知参数 $\theta=p$ 的似然函数:

$$L(p)=\prod_{i=1}^{n}P(x_i;\theta)=\prod_{i=1}^{n}p^{x_i}(1-p)^{1-x_i}$$
$$=p^{\sum\limits_{i=1}^{n}x_i}(1-p)^{n-\sum\limits_{i=1}^{n}x_i}.$$

(2) 取对数: $\ln L(p)=\sum\limits_{i=1}^{n}x_i\ln p+\left(n-\sum\limits_{i=1}^{n}x_i\right)\ln(1-p).$

(3) 求导数: $\dfrac{\mathrm{d}\ln L(p)}{\mathrm{d}p}=\dfrac{\sum\limits_{i=1}^{n}x_i}{p}-\dfrac{n-\sum\limits_{i=1}^{n}x_i}{1-p}=0$

$$\Rightarrow np=(p+1-p)\sum_{i=1}^{n}x_i$$

$$\Rightarrow p=\frac{1}{n}\sum_{i=1}^{n}x_i=\bar{x}.$$

(4) 据此写出最大似然估计量(大写): $\hat{p}=\dfrac{1}{n}\sum\limits_{i=1}^{n}X_i=\bar{X}.$

注 两点分布 $X\sim B(1,p)$ 的参数 p 的最大似然估计量与矩估计量相同.

例2 (2002 数一)设总体 X 的概率分布为

X	0	1	2	3
p_k	θ^2	$2\theta(1-\theta)$	θ^2	$1-2\theta$

其中 $\theta\left(0<\theta<\dfrac{1}{2}\right)$ 是未知参数,利用 X 的如下样本值 $3,1,3,0,3,1,2,3$ 求 θ 的矩估

计值和最大似然估计值.

解 由 $E(X) = \sum x_i p_i = 0 \times \theta^2 + 1 \times 2\theta(1-\theta) + 2\theta^2 + 3(1-2\theta) = 3 - 4\theta$.

由矩估计法,令 $E(X) = \overline{X} \Rightarrow 3 - 4\theta = \overline{X}$,得 θ 的矩估计量 $\hat{\theta} = \dfrac{1}{4}(3 - \overline{X})$.

而 $\overline{X} = \dfrac{1}{8}(3+1+3+0+3+1+2+3) = 2$,得 θ 的矩估计值 $\hat{\theta} = \dfrac{1}{4}$.

由样本值 $x_1, x_2, \cdots, x_8$,得

样本值	0	1	2	3
频 数	1	2	1	4

(1) 写出未知参数 θ 的似然函数:

$$L(\theta) = \prod_{i=1}^{n} P(x_i; \theta) = \theta^2 \times [2\theta(1-\theta)]^2 \times \theta^2 \times (1-2\theta)^4 = 4\theta^6(1-\theta)^2(1-2\theta)^4.$$

(2) 取对数:$\ln L(\theta) = \ln 4 + 6\ln\theta + 2\ln(1-\theta) + 4\ln(1-2\theta)$.

(3) 求导数:$\dfrac{\mathrm{d}\ln L(\theta)}{\mathrm{d}\theta} = 0 \Rightarrow \dfrac{6}{\theta} - \dfrac{2}{1-\theta} - \dfrac{8}{1-2\theta} = 0$,化为

$$\frac{6 - 28\theta + 24\theta^2}{\theta(1-\theta)(1-2\theta)} = 0 \Rightarrow 12\theta^2 - 14\theta + 3 = 0,$$

解得 $\hat{\theta}_{1,2} = \dfrac{7 \pm \sqrt{13}}{12}$. 又因为 $0 < \theta < \dfrac{1}{2}$,故所求 θ 的最大似然估计值为 $\hat{\theta} = \dfrac{7 - \sqrt{13}}{12}$.

例 3 (2009 数一)设总体 X 的概率密度为 $f(x; \lambda) = \begin{cases} \lambda^2 x \mathrm{e}^{-\lambda x}, & x > 0, \\ 0, & \text{其他}, \end{cases}$ 其中 $\lambda(\lambda >$

$0)$为未知参数,$X_1, X_2, \cdots, X_n$ 为来自总体 X 的简单随机样本.

(1) 求 λ 的估计量;

(2) 求 λ 的最大似然估计量.

解 (1) 由 $E(X) = \displaystyle\int_{-\infty}^{+\infty} x f(x; \lambda) \mathrm{d}x = \int_0^{+\infty} x \lambda^2 x \mathrm{e}^{-\lambda x} \mathrm{d}x \xrightarrow{\text{令}\lambda x = t} \dfrac{1}{\lambda} \int_0^{+\infty} t^2 \mathrm{e}^{-t} \mathrm{d}t = \dfrac{2}{\lambda}$,

令 $E(X) = \overline{X} \Rightarrow \overline{X} = \dfrac{2}{\lambda}$,从而 λ 的矩估计量为 $\hat{\lambda}_1 = \dfrac{2}{\overline{X}}$.

(2) ① 写出 λ 的似然函数:

$$L(\lambda) = \prod_{i=1}^{n} f(x_i; \lambda) = \prod_{i=1}^{n} (\lambda^2 x_i \cdot \mathrm{e}^{-\lambda x_i}) = \lambda^{2n} \left(\prod_{i=1}^{n} x_i\right) \mathrm{e}^{-\lambda \sum\limits_{i=1}^{n} x_i}.$$

② 取对数：$\ln L(\lambda) = 2n\ln\lambda + \ln(\prod\limits_{i=1}^{n} x_i) - \lambda\sum\limits_{i=1}^{n} x_i$.

③ 求导数：$\dfrac{\mathrm{d}\ln L(\lambda)}{\mathrm{d}\lambda} = 0 \Rightarrow \dfrac{2n}{\lambda} - \sum\limits_{i=1}^{n} x_i = 0 \Rightarrow \hat{\lambda}_2 = \dfrac{2n}{\sum\limits_{i=1}^{n} x_i}$ 为 λ 的最大似然估计值，则

λ 的最大似然估计量为 $\hat{\lambda}_2 = \dfrac{2}{\overline{X}}$.

例 4 （2004 数三）设总体 X 的分布函数为 $F(x;\alpha,\beta) = \begin{cases} 1 - \left(\dfrac{\alpha}{x}\right)^{\beta}, & x \geqslant \alpha, \\ 0, & x < \alpha, \end{cases}$ 其中

$\alpha > 0, \beta > 1$ 为未知参数，$X_1, X_2, \cdots, X_n$ 为来自总体 X 的简单随机样本. 求：

(1) 当 $\alpha = 1$ 时，β 的矩估计量；

(2) 当 $\alpha = 1$ 时，β 的最大似然估计量；

(3) 当 $\beta = 2$ 时，α 的最大似然估计量.

解 X 的概率密度为 $f(x;\alpha,\beta) = \begin{cases} \dfrac{\alpha^{\beta}\beta}{x^{\beta+1}}, & x \geqslant \alpha, \\ 0, & x < \alpha. \end{cases}$

(1) 当 $\alpha = 1$ 时，由 $E(X) = \int_{-\infty}^{+\infty} x f(x,\beta)\mathrm{d}x = \int_{-\infty}^{+\infty} x \cdot \dfrac{\beta}{x^{\beta+1}}\mathrm{d}x = \int_{1}^{+\infty} \dfrac{\beta}{x^{\beta}}\mathrm{d}x = \dfrac{\beta}{\beta-1}$,

由矩估计法得

$$E(X) = \overline{X}, \quad \dfrac{\beta}{\beta-1} = \overline{X} \Rightarrow \beta \text{ 的矩估计量 } \hat{\beta} = \dfrac{\overline{X}}{\overline{X}-1}.$$

(2) 对于样本值 $x_1, x_2, \cdots, x_n$，似然函数为

$$L(\beta) = \prod_{i=1}^{n} f(x_i;\beta) = \dfrac{\beta^n}{(\prod\limits_{i=1}^{n} x_i)^{\beta+1}}, \quad \ln L(\beta) = n\ln\beta - (\beta+1)\sum_{i=1}^{n}\ln x_i.$$

令 $\dfrac{\mathrm{d}\ln L(\beta)}{\mathrm{d}\beta} = 0$，得 $\dfrac{n}{\beta} - \sum\limits_{i=1}^{n}\ln x_i = 0$，得 $\hat{\beta} = \dfrac{n}{\sum\limits_{i=1}^{n}\ln x_i}$，故 β 的最大似然估计量为

$\hat{\beta} = \dfrac{n}{\sum\limits_{i=1}^{n}\ln X_i}$.

(3) 当 $\beta = 2$ 时，X 的分布函数为 $F(x;\alpha) = \begin{cases} 1 - \left(\dfrac{\alpha}{x}\right)^{2}, & x \geqslant \alpha, \\ 0, & x < \alpha, \end{cases}$ 则 X 的概率密度为

$$f(x;\alpha)=\begin{cases}\dfrac{2\alpha^2}{x^3}, & x\geqslant\alpha,\\[2mm]0, & x<\alpha.\end{cases}$$

对于确定的样本值 $x_1,x_2,\cdots,x_n$，似然函数为

$$L(\alpha)=\prod_{i=1}^{n}f(x_i;\alpha)=\dfrac{2^n\alpha^{2n}}{\left(\prod\limits_{i=1}^{n}x_i\right)^3}\quad(x_i\geqslant\alpha,i=1,2,\cdots,n).$$

由上式可知 $L(\alpha)$ 是 α 的单调递增函数，故 α 越大，$L(\alpha)$ 越大，而由题中得知 $\alpha\leqslant x_1$，$\alpha\leqslant x_2,\alpha\leqslant x_3,\cdots,\alpha\leqslant x_n$，故 α 的最大值为 $\alpha=\min\{x_1,x_2,\cdots,x_n\}$，故当 $\alpha=\min\{x_1,x_2,\cdots,x_n\}$ 时，$L(\alpha)$ 达最大，α 的最大似然估计量为 $\hat{\alpha}=\min\{X_1,X_2,\cdots,X_n\}$。

例 5 设总体 X 服从均匀分布，其密度函数为 $f(x;\theta)=\begin{cases}\dfrac{1}{\theta}, & x\in[0,\theta],\\[2mm]0, & x\notin[0,\theta],\end{cases}$ 其中 $\theta(0<\theta<+\infty)$ 未知，求 θ 的最大似然估计量。

解 从总体 X 一次抽取得观察值 $(x_1,x_2,\cdots,x_n)$，似然函数为

$$L(\theta)=\prod_{i=1}^{n}f(x_i;\theta)=\begin{cases}\dfrac{1}{\theta^n}, & 0\leqslant x_1,x_2,x_3,\cdots,x_n\leqslant\theta,\\[2mm]0, & 其他.\end{cases}$$

但对上述似然函数无法求导得到极值点，故我们利用分析法。$L(\theta)$ 是 θ 的单调递减函数，θ 越小，则 $L(\theta)$ 越大，但 θ 也有限制，$\theta\geqslant x_1$，$\theta\geqslant x_2$，$\theta\geqslant x_3$，$\cdots$，$\theta\geqslant x_n$，因此只有取 $\theta=\max\limits_{1\leqslant i\leqslant n}\{x_i\}$。

故 θ 的最大似然估计量为 $\hat{\theta}=\max\limits_{1\leqslant i\leqslant n}\{X_i\}$。

例 6 设 $(X_1,X_2,\cdots,X_n)$ 为来自总体 $X\sim N(\mu,\sigma^2)$ 的一个样本，求 μ,σ^2 的最大似然估计量。

解 X 的密度为 $f(x;\mu,\sigma^2)=\dfrac{1}{\sqrt{2\pi}\sigma}e^{-\frac{(x-\mu)^2}{2\sigma^2}}$。

（1）一次抽取观察值为 $(x_1,x_2,\cdots,x_n)$，故似然函数为

$$L(\mu,\sigma^2)=\prod_{i=1}^{n}\dfrac{1}{\sqrt{2\pi}\sigma}e^{-\frac{(x_i-\mu)^2}{2\sigma^2}}=\left(\dfrac{1}{2\pi\sigma^2}\right)^{\frac{n}{2}}e^{-\frac{1}{2\sigma^2}\sum\limits_{i=1}^{n}(x_i-\mu)^2}.$$

（2）取对数：

$$\ln L(\mu, \sigma^2) = -\frac{n}{2}\ln(2\pi\sigma^2) - \frac{1}{2\sigma^2}\sum_{i=1}^{n}(x_i - \mu)^2.$$

（3）求偏导：

$$\frac{\partial \ln L(\mu, \sigma^2)}{\partial \mu} = \frac{1}{\sigma^2}\sum_{i=1}^{n}(x_i - \mu) = 0,$$

$$\frac{\partial \ln L(\mu, \sigma^2)}{\partial(\sigma^2)} = -\frac{n}{2\sigma^2} + \frac{1}{2\sigma^4}\sum_{i=1}^{n}(x_i - \mu)^2 = 0.$$

（4）解方程：

$$\mu = \frac{1}{n}\sum_{i=1}^{n}x_i = \bar{x},$$

$$\sigma^2 = \frac{1}{n}\sum_{i=1}^{n}(x_i - \bar{x})^2,$$

因此 μ 和 σ^2 的最大似然估计量为 $\hat{\mu} = \bar{X}$, $\hat{\sigma^2} = \frac{1}{n}\sum_{i=1}^{n}(X_i - \bar{X})^2$.

例 7　设总体 X 服从两个参数的指数分布，其概率密度为

$$f(x; \theta, \lambda) = \begin{cases} \dfrac{1}{\lambda}e^{-\frac{1}{\lambda}(x-\theta)}, & x \geqslant \theta \\ 0, & x < \theta \end{cases} \quad (\lambda > 0),$$

$X_1, X_2, \cdots, X_n$ 是来自总体 X 的简单随机样本，求 λ, θ 的矩估计量.

解　$E(X) = \int_{\theta}^{+\infty}\frac{x}{\lambda}e^{-\frac{1}{\lambda}(x-\theta)}dx \xrightarrow{x-\theta=t} \int_{0}^{+\infty}\frac{t+\theta}{\lambda}e^{-\frac{1}{\lambda}t}dt$

$$= \int_{0}^{+\infty}t \cdot \frac{1}{\lambda}e^{-\frac{1}{\lambda}t}dt + \theta\int_{0}^{+\infty}\frac{1}{\lambda}e^{-\frac{1}{\lambda}t}dt = \lambda + \theta$$

$$\left[T \sim E\left(\frac{1}{\lambda}\right), \text{则 } E(T) = \int_{0}^{+\infty}t \cdot \frac{1}{\lambda}e^{-\frac{1}{\lambda}t}dt = \lambda\right].$$

$$E(X^2) = \int_{0}^{+\infty}\frac{x^2}{\lambda}e^{-\frac{1}{\lambda}(x-\theta)}dx \xrightarrow{\text{令}x-\theta=t} \int_{0}^{+\infty}\frac{(t+\theta)^2}{\lambda}e^{-\frac{1}{\lambda}t}dt$$

$$= \int_{0}^{+\infty}t^2\frac{1}{\lambda}e^{-\frac{1}{\lambda}t}dt + 2\int_{0}^{+\infty}\theta \cdot t\frac{1}{\lambda}e^{-\frac{1}{\lambda}t}dt + \theta^2\int_{0}^{+\infty}\frac{1}{\lambda}e^{-\frac{1}{\lambda}t}dt$$

$$= 2\lambda^2 + 2\theta\lambda + \theta^2 = \lambda^2 + (\lambda + \theta)^2.$$

由矩估计原理，

$E(X) = \bar{X}, \lambda + \theta = \bar{X},$

$E(X^2) = \frac{1}{n}\sum_{i=1}^{n}X_i^2, \lambda^2 + (\lambda + \theta)^2 = \frac{1}{n}\sum_{i=1}^{n}X_i^2,$

故 $\hat{\lambda} = \sqrt{\dfrac{1}{n}\sum_{i=1}^{n}X_i^2 - \overline{X}^2} = S_0$，其中 $S_0^2 = \dfrac{1}{n}\sum_{i=1}^{n}(X_i - \overline{X})^2$，$\hat{\theta} = \overline{X} - S_0$.

注　要活学活用把部分积分计算转变为概率含义.

例如 $\displaystyle\int_0^{+\infty} t^2 \dfrac{1}{\lambda}\mathrm{e}^{-\frac{1}{\lambda}t}\mathrm{d}t$ 可以看作某随机变量 $X \sim E\left(\dfrac{1}{\lambda}\right)$；计算 $E(X^2)$：

$$E(X) = \lambda,\ D(X) = \lambda^2,\ E(X^2) = D(X) + E^2(X) = \lambda^2 + \lambda^2 = 2\lambda^2.$$

7.2　估计量的评价标准

我们已经知道可以用不同的方法求得总体 X 中的未知参数 θ 的估计量,有时会碰到对于同一未知参数 θ 而得到几个不同的估计量 $\hat{\theta}$,那么哪一个好呢? 评价一个估计量的优劣标准是什么呢? 另外,当采用的矩的阶数不同时,可以得到同一个参数不同的矩估计量. 那么问题来了:谁是李逵,谁是李鬼?

这就是统计学与数学的区别. 在数学里,从定义和公理出发,以逻辑演绎为思维方法,有对与错的评价标准. 在统计学里,从数据出发,以归纳推理为思维方法,一路猜测论证,这似乎更能体现辩证法,因为这世上没有绝对的好人与坏人,即便"三分像人七分像鬼",也还是有人的成分. 至于李逵与李鬼,在统计里,我们只能说谁"比李逵更像李逵". 如果一味按照"对与错"的极端化、绝对化的二分法行事,是不妥的,从这个意义上说,统计学不仅是一门科学,也是一门艺术,因为艺术允许"仁者见仁,智者见智". 点估计是一个统计量,因而也是一个随机变量,一旦样本观测值发生变化,则"随之起舞". 因此衡量随机变量集中程度和离散程度的方差也就成了"根本大法",由此产生了"无偏""有效""一致"的概念.

定义 1　无偏性. 设参数 θ 的估计量为 $\hat{\theta}$,若 $E(\hat{\theta}) = \theta$,则称 $\hat{\theta}$ 是 θ 的无偏估计量(unbiased estimation).

定义 2　有效性. 设 $\hat{\theta}_1 = \hat{\theta}_1(X_1, X_2, \cdots, X_n)$ 和 $\hat{\theta}_2 = \hat{\theta}_2(X_1, X_2, \cdots, X_n)$ 均为 θ 的无偏估计量,若 $D(\hat{\theta}_1) < D(\hat{\theta}_2)$,则称 $\hat{\theta}_1$ 比 $\hat{\theta}_2$ 有效(efficiency).

定义 3　(相合性/一致性)(coincidence/consistency).

设 $\hat{\theta}_n$ 是样本容量为 n 时参数 θ 的估计量,若对任意 $\varepsilon > 0$ 都有 $\lim\limits_{n\to\infty}P\{|\hat{\theta}_n - \theta| < \varepsilon\} = 1$,则称 $\hat{\theta}_n$ 是 θ 的相合估计量或一致估计量.

注　显然相合性意味着随机变量序列 $\{\hat{\theta}_n\}$ 依概率收敛于 θ. 由大数定律可知,样本矩依概率收敛于总体矩. 因此用矩估计法得到的矩估计量 $\hat{\theta}_n$ 是 θ 的一致估计量. 其次,可证明最大似然估计量也是未知参数的一致估计量.

【例题精讲】

例 1 设总体 X 期望 $\mu = E(X)$ 和方差 $\sigma^2 = D(X)$ 均存在,又 $(X_1, X_2, \cdots, X_n)$ 为来自总体 X 的一个样本. 验证样本均值 $\overline{X} = \dfrac{1}{n}\sum_{i=1}^{n} X_i$,样本的二阶中心矩 $S_n^2 = \dfrac{1}{n}\sum_{i=1}^{n}(X_i - \overline{X})^2$ 的无偏性;若有偏的话把它修正为无偏的估计量.

解 $E(X_i) = E(X) = \mu$,$D(X_i) = D(X) = \sigma^2$,$i = 1, 2, \cdots, n$.

$$E(\overline{X}) = \frac{1}{n}\sum_{i=1}^{n} E(X_i) = \mu,\quad D(\overline{X}) = \frac{1}{n^2}\sum_{i=1}^{n} D(X_i) = \frac{\sigma^2}{n}.$$

又 $E(S_n^2) = \dfrac{1}{n} E\Big[\sum_{i=1}^{n}(X_i - \overline{X})^2\Big]$

$$= \frac{1}{n}\Big[\sum_{i=1}^{n} E(X_i^2) - nE(\overline{X}^2)\Big]$$

$$= \frac{1}{n}\Big\{\sum_{i=1}^{n}[D(X_i) + E^2(X_i)] - n[D(\overline{X}) + E^2(\overline{X})]\Big\}$$

$$= \frac{1}{n}(n\sigma^2 + n\mu^2 - \sigma^2 - n\mu^2)$$

$$= \frac{n-1}{n}\sigma^2 \neq \sigma^2.$$

从以上可知,$\overline{X}$ 是总体 X 期望 $\mu = E(X)$ 的无偏估计量,而二阶中心矩 S_n^2 不是总体 X 方差 $\sigma^2 = D(X)$ 的无偏估计量,此时可修正为无偏估计量,设 a 使 $E(aS_n^2) = aE(S_n^2) = a\dfrac{n-1}{n}\sigma^2 = \sigma^2 \Rightarrow a = \dfrac{n}{n-1}$,代入 aS_n^2,得

$$\frac{n}{n-1}S_n^2 = \frac{n}{n-1}\frac{1}{n}\sum_{i=1}^{n}(X_i - \overline{X})^2 = \frac{1}{n-1}\sum_{i=1}^{n}(X_i - \overline{X})^2 = S^2,$$

所以用 S^2 取代 S_n^2 作为样本的方差.

例 2 (2014 数一、三)设总体 X 的密度函数为 $f(x;\theta) = \begin{cases} \dfrac{2x}{3\theta^2}, & \theta < x < 2\theta, \\ 0, & \text{其他}, \end{cases}$ 其中 $\theta > 0$ 为未知参数,$X_1, X_2, \cdots, X_n$ 是来自总体 X 的简单随机样本. 若 $c\sum_{i=1}^{n} X_i^2$ 为 θ^2 的无偏估计,则 $c = \underline{\qquad}$.

解 由 $E\Big(c\sum_{i=1}^{n} X_i^2\Big) = c\sum_{i=1}^{n} E(X_i^2) = ncE(X_1^2) = nc\int_{-\infty}^{+\infty} x^2 \cdot f(x;\theta)\mathrm{d}x$

$$=nc\int_{\theta}^{2\theta}x^2\frac{2x}{3\theta^2}\mathrm{d}x$$

$$=\frac{2nc}{3\theta^2}\int_{\theta}^{2\theta}x^3\mathrm{d}x=\frac{2nc}{3\theta^2}\frac{1}{4}x^4\Big|_{\theta}^{2\theta}=\frac{5nc}{2}\theta^2=\theta^2,$$

则 $c=\dfrac{2}{5n}$.

例 3 （2008 数一、三）设 $X_1,X_2,\cdots,X_n$ 是来自总体 $N(\mu,\sigma^2)$ 的简单随机样本,记 $\overline{X}=\dfrac{1}{n}\sum_{i=1}^{n}X_i$, $S^2=\dfrac{1}{n-1}\sum_{i=1}^{n}(X_i-\overline{X})^2$, $T=\overline{X}^2-\dfrac{1}{n}S^2$.

(1) 证明: T 是 μ^2 的无偏估计量;

(2) 当 $\mu=0$, $\sigma=1$ 时,求 $D(T)$.

(1) 证 由 $E(\overline{X})=\mu$, $D(\overline{X})=\dfrac{\sigma^2}{n}$, $E(S^2)=\sigma^2$,

$$E(T)=E\Big(\overline{X}^2-\frac{1}{n}S^2\Big)=E(\overline{X}^2)-\frac{1}{n}E(S^2)=E^2(\overline{X})+D(\overline{X})-\frac{1}{n}E(S^2)$$

$$=\mu^2+\frac{\sigma^2}{n}-\frac{1}{n}\sigma^2=\mu^2,$$

则 T 是 μ^2 的无偏估计量.

(2) 解 由于 $\overline{X}$ 与 S^2 相互独立, $\overline{X}\sim N\Big(\mu,\dfrac{\sigma^2}{n}\Big)$, $\dfrac{(n-1)S^2}{\sigma^2}\sim\chi^2(n-1)$.

当 $\mu=0$, $\sigma=1$ 时, $\overline{X}\sim N\Big(0,\dfrac{1}{n}\Big)$, $(n-1)S^2\sim\chi^2(n-1)$,

$$\frac{\overline{X}-0}{\sqrt{1/n}}\sim N(0,1)\Rightarrow(\sqrt{n}\overline{X})^2\sim\chi^2(1), D[(\sqrt{n}\overline{X})^2]=2, D[(n-1)S^2]=2(n-1),$$

从而 $D(\overline{X}^2)=\dfrac{2}{n^2}$, $D(S^2)=\dfrac{2}{n-1}$, 则

$$D(T)=D(\overline{X}^2)+\frac{1}{n^2}D(S^2)=\frac{2}{n^2}+\frac{1}{n^2}\frac{2}{n-1}=\frac{2}{n(n-1)}.$$

例 4 （2012 数一）设 X,Y 相互独立, $X\sim N(\mu,\sigma^2)$, $Y\sim N(\mu,2\sigma^2)$,其中 $\sigma>0$ 为未知参数,令 $Z=X-Y$.

(1) 求 Z 的概率密度 $f(z;\sigma^2)$;

(2) 设 $Z_1,Z_2,\cdots,Z_n$ 为 Z 的简单随机样本,求 σ^2 的最大似然估计量 $\widehat{\sigma^2}$;

(3) 证明: $\widehat{\sigma^2}$ 是 σ^2 的无偏估计量.

(1) 解 由于 X,Y 相互独立,都服从正态分布,则 $Z=X-Y$ 也服从正态分布.

$$E(Z) = E(X - Y) = E(X) - E(Y) = \mu - \mu = 0,$$

$$D(Z) = D(X - Y) = D(X) + D(Y) = 3\sigma^2, 故 Z \sim N(0, 3\sigma^2).$$

$$f(z; \sigma^2) = \frac{1}{\sqrt{2\pi}\sqrt{3}\sigma} e^{-\frac{z^2}{2 \times 3\sigma^2}} = \frac{1}{\sqrt{6\pi}\sigma} e^{-\frac{z^2}{6\sigma^2}}, \quad -\infty < z < +\infty.$$

(2) 解 $L(\sigma^2) = \prod_{i=1}^{n}\left(\frac{1}{\sqrt{6\pi}\sigma} e^{-\frac{z_i^2}{6\sigma^2}}\right) = \left(\frac{1}{\sqrt{6\pi}}\right)^n \left(\frac{1}{\sigma^2}\right)^{\frac{n}{2}} e^{-\frac{1}{6\sigma^2}\sum_{i=1}^{n} z_i^2},$

$$\ln L(\sigma^2) = n\ln\frac{1}{\sqrt{6\pi}} - \frac{n}{2}\ln\sigma^2 - \frac{1}{6\sigma^2}\sum_{i=1}^{n} z_i^2.$$

令 $\dfrac{\mathrm{d}\ln L(\sigma^2)}{\mathrm{d}(\sigma^2)} = 0 \Rightarrow -\dfrac{n}{2\sigma^2} + \dfrac{1}{6\sigma^4}\sum_{i=1}^{n} z_i^2 = 0$, 故 $\hat{\sigma}^2 = \dfrac{1}{3n}\sum_{i=1}^{n} Z_i^2$.

(3) 证 由 $Z_i \sim N(0, 3\sigma^2) \Rightarrow E(Z_i) = 0, D(Z_i) = 3\sigma^2$, 则

$$E(Z_i^2) = D(Z_i) + E^2(Z_i) = 3\sigma^2, \quad i = 1, 2, \cdots, n,$$

$$E(\hat{\sigma}^2) = \frac{1}{3n}\sum_{i=1}^{n} E(Z_i^2) = \frac{1}{3n} n 3\sigma^2 = \sigma^2.$$

所以 $\hat{\sigma}^2$ 是 σ^2 的无偏估计量.

例 5 设总体 $X \sim p(X = k; \theta) = \dfrac{\theta^k}{k!}$, $k = 0, 1, \cdots, \theta > 0$(未知), 又 (X_1, X_2, X_3) 为来自总体 X 的一个样本, 判断下列未知参数 θ 的三个估计量中哪一个为最有效:

$$\hat{\theta}_1 = \frac{1}{5}X_1 + \frac{3}{10}X_2 + \frac{1}{2}X_3,$$

$$\hat{\theta}_2 = \frac{1}{3}X_1 + \frac{1}{3}X_2 + \frac{1}{3}X_3,$$

$$\hat{\theta}_3 = \frac{1}{3}\sum_{i=1}^{3}(X_i - \overline{X})^2.$$

解 估计量要在无偏的条件下, 才可评价其有效性, 因此先要评价三个估计量的无偏性.

$$E(\hat{\theta}_1) = \frac{1}{5}E(X_1) + \frac{3}{10}E(X_2) + \frac{1}{2}E(X_3) = \theta,$$

$$E(\hat{\theta}_2) = \frac{1}{3}E(X_1) + \frac{1}{3}E(X_2) + \frac{1}{3}E(X_3) = \theta,$$

$$E(\hat{\theta}_3) = \frac{1}{3}\sum_{i=1}^{3}E(X_i^2) - E(\overline{X}^2)$$

$$=D(X_i)+E^2(X_i)-D(\overline{X})-E^2(\overline{X})$$

$$=\theta+\theta^2-\frac{\theta}{3}-\theta^2=\frac{2}{3}\theta.$$

即 $\hat{\theta}_1$，$\hat{\theta}_2$ 为 θ 的无偏估计量. 又

$$D(\hat{\theta}_1)=\frac{1}{25}D(X_1)+\frac{9}{100}D(X_2)+\frac{1}{4}D(X_3)=\frac{19}{50}\theta,$$

$$D(\hat{\theta}_2)=\frac{1}{9}D(X_1)+\frac{1}{9}D(X_2)+\frac{1}{9}D(X_3)=\frac{1}{3}\theta,$$

且 $D(\hat{\theta}_2)<D(\hat{\theta}_1)$，所以 $\hat{\theta}_2$ 比 $\hat{\theta}_1$ 有效.

例 6 （2014 数一）设总体 X 的分布函数为 $F(x;\theta)=\begin{cases}1-\mathrm{e}^{-\frac{x^2}{\theta}}, & x>0, \\ 0, & x\leqslant 0,\end{cases}$ 其中 $\theta>0$

为未知参数，X_1，X_2，$\cdots$，X_n 是来自总体 X 的简单随机样本.

(1) 求 $E(X)$ 和 $E(X^2)$；

(2) 求 θ 的最大似然估计量 $\hat{\theta}_n$；

(3) 是否存在常数 a，使得对任何 $\varepsilon>0$，都有 $\lim\limits_{n\to\infty}P\{|\hat{\theta}_n-a|\geqslant\varepsilon\}=0$?

解 X 的分布密度函数为 $f(x;\theta)=F'(x;\theta)_x=\begin{cases}\dfrac{2x}{\theta}\mathrm{e}^{-\frac{x^2}{\theta}}, & x>0, \\[2mm] 0, & x\leqslant 0.\end{cases}$

(1) $E(X)=\displaystyle\int_{-\infty}^{+\infty}xf(x;\theta)\mathrm{d}x=\int_0^{+\infty}x\cdot\frac{2x}{\theta}\mathrm{e}^{-\frac{x^2}{\theta}}\mathrm{d}x$

$$\xrightarrow{\diamondsuit\, t=\frac{x^2}{\theta}}\int_0^{+\infty}2t\mathrm{e}^{-t}\sqrt{\theta}\,\frac{1}{2}\frac{1}{\sqrt{t}}\mathrm{d}t=\sqrt{\theta}\int_0^{+\infty}\sqrt{t}\,\mathrm{e}^{-t}\mathrm{d}t$$

$$=\sqrt{\theta}\int_0^{+\infty}t^{\frac{3}{2}-1}\mathrm{e}^{-t}\mathrm{d}t=\sqrt{\theta}\,\Gamma\left(\frac{3}{2}\right)=\sqrt{\theta}\,\frac{1}{2}\Gamma\left(\frac{1}{2}\right)=\frac{1}{2}\sqrt{\theta}\,\sqrt{\pi},$$

$$E(X^2)=\int_0^{+\infty}x^2\cdot\frac{2x}{\theta}\mathrm{e}^{-\frac{x^2}{\theta}}\mathrm{d}x\xrightarrow{\frac{x}{\sqrt{\theta}}=t}\int_0^{+\infty}2t\sqrt{\theta}t^2\mathrm{e}^{-t^2}\sqrt{\theta}\mathrm{d}t$$

$$=2\theta\int_0^{+\infty}t^3\mathrm{e}^{-t^2}\mathrm{d}t\xrightarrow{t^2=v}2\theta\int_0^{+\infty}\sqrt{v}\cdot v\mathrm{e}^{-v}\frac{1}{2}v^{-\frac{1}{2}}\mathrm{d}v$$

$$=\theta\int_0^{+\infty}v\mathrm{e}^{-v}\mathrm{d}v=\theta\times1=\theta.$$

（2）似然函数 $L(\theta)=\prod_{i=1}^{n}f(x_i;\theta)=\prod_{i=1}^{n}\left(\dfrac{2x_i}{\theta}\cdot e^{-\frac{x_i^2}{\theta}}\right)=\dfrac{2^n}{\theta^n}\left(\prod_{i=1}^{n}x_i\right)e^{-\frac{1}{\theta}\sum_{i=1}^{n}x_i^2}$,

$\ln L(\theta)=\ln 2^n+\ln\left(\prod_{i=1}^{n}x_i\right)-n\ln\theta-\dfrac{1}{\theta}\sum_{i=1}^{n}x_i^2$.

令 $\dfrac{d\ln L(\theta)}{d\theta}=0\Rightarrow-\dfrac{n}{\theta}+\dfrac{1}{\theta^2}\sum_{i=1}^{n}x_i^2=0$，故 $\hat{\theta}_n=\dfrac{1}{n}\sum_{i=1}^{n}X_i^2$.

（3）由辛钦大数定律，$\hat{\theta}_n=\dfrac{1}{n}\sum_{i=1}^{n}X_i^2\xrightarrow{P}E(X^2)$. 又由（1）得 $E(X^2)=\theta$，则 $\hat{\theta}_n\xrightarrow{P}\theta$，即对任何 $\varepsilon>0$，都有 $\lim\limits_{n\to\infty}P\{|\hat{\theta}_n-\theta|\geqslant\varepsilon\}=0$，也即存在常数 $a=\theta$，使得对任何 $\varepsilon>0$ 都有

$$\lim\limits_{n\to\infty}P\{|\hat{\theta}_n-a|\geqslant\varepsilon\}=0.$$

例 7 （2005 数一、三、四）设 X_1，X_2，$\cdots$，X_n 为 $N(\mu,\sigma^2)$ 的简单随机样本，$\overline{X}$ 为样本均值，记 $Y_i=X_i-\overline{X}$，$i=1,2,\cdots,n$.

（1）求 Y_i 的方差 $D(Y_i)$，$i=1,2,\cdots,n$；

（2）求 Y_1 与 Y_n 的协方差 $\mathrm{Cov}(Y_1,Y_n)$；

（3）若 $c(Y_1+Y_n)^2$ 是 σ^2 的无偏估计量，求常数 c；

（4）求 $P\{Y_1+Y_n\leqslant 0\}$.

解 $E(X_i)=\mu$，$D(X_i)=\sigma^2$，$E(\overline{X})=\mu$，$D(\overline{X})=\dfrac{\sigma^2}{n}$，

$E(Y_i)=E(X_i)-E(\overline{X})=0$,

$\mathrm{Cov}(X_i,\overline{X})=\mathrm{Cov}\left(X_i,\dfrac{1}{n}\sum_{j=1}^{n}X_j\right)=\dfrac{1}{n}\sum_{j=1}^{n}\mathrm{Cov}(X_i,X_j)$

$\qquad=\dfrac{1}{n}\mathrm{Cov}(X_i,X_i)=\dfrac{1}{n}D(X_i)=\dfrac{\sigma^2}{n}$，$i=1,2,\cdots,n$.

（1）$D(Y_i)=D(X_i-\overline{X})=D(X_i)+D(\overline{X})-2\mathrm{Cov}(X_i,\overline{X})$

$$=\sigma^2+\dfrac{\sigma^2}{n}-2\cdot\dfrac{\sigma^2}{n}=\dfrac{n-1}{n}\sigma^2.$$

（2）$\mathrm{Cov}(Y_1,Y_n)=\mathrm{Cov}(X_1-\overline{X},X_n-\overline{X})$

$$=\mathrm{Cov}(X_1,X_n)-\mathrm{Cov}(\overline{X},X_n)-\mathrm{Cov}(X_1,\overline{X})+\mathrm{Cov}(\overline{X},\overline{X})$$

$$=0-\dfrac{\sigma^2}{n}-\dfrac{\sigma^2}{n}+D(\overline{X})$$

$$=-\dfrac{\sigma^2}{n}-\dfrac{\sigma^2}{n}+\dfrac{\sigma^2}{n}=-\dfrac{\sigma^2}{n}.$$

（3）由 $E(Y_1+Y_n)=E(Y_1)+E(Y_n)=0$，则

$$E[c(Y_1+Y_n)^2]=cE[(Y_1+Y_n)^2]=cD(Y_1+Y_n)$$
$$=c[D(Y_1)+D(Y_n)+2\mathrm{Cov}(Y_1,Y_n)]$$
$$=c\left[\frac{n-1}{n}\sigma^2+\frac{n-1}{n}\sigma^2+2\left(-\frac{\sigma^2}{n}\right)\right]$$
$$=c\cdot\frac{2(n-2)}{n}\sigma^2=\sigma^2$$
$$\Rightarrow c=\frac{n}{2(n-2)}.$$

(4) 由 $Y_1+Y_n=X_1+X_n-2\bar{X}$ 为正态样本 $X_1,X_2,\cdots,X_n$ 的线性组合,则 Y_1+Y_n 服从正态分布,且 $E(Y_1+Y_n)=0$,故有 $Y_1+Y_n\sim N(0,?)$（期望为 0 的正态分布）.

此分布的密度函数曲线关于原点对称,则

$$P\{Y_1+Y_n\leqslant 0\}=\frac{1}{2}.$$

例 8 设总体 X 在区间 $[0,\theta]$ 上服从均匀分布,$X_1,X_2,\cdots,X_n$ 是取自总体 X 的简单随机样本,$\bar{X}=\frac{1}{n}\sum_{i=1}^{n}X_i$,$X_{(n)}=\max\{X_1,\cdots,X_n\}$.

(1) 求 θ 的矩估计量,最大似然估计量;

(2) 求 a,b,使 $\hat{\theta}_1=a\bar{X}$,$\hat{\theta}_2=bX_{(n)}$ 均为 θ 的无偏估计,并比较其有效性;

(3) 应用切比雪夫不等式,试证 $\hat{\theta}_1$,$\hat{\theta}_2$ 均为 θ 的一致性估计.

(1) **解** 总体的密度函数、分布函数分别为

$$f(x)=\begin{cases}\dfrac{1}{\theta},&0\leqslant x\leqslant\theta,\\[2mm]0,&\text{其他},\end{cases}\qquad F(x)=\begin{cases}0,&x<0,\\[2mm]\dfrac{x}{\theta},&0\leqslant x<\theta,\\[2mm]1,&x\geqslant\theta.\end{cases}$$

令 $\bar{X}=E(X)=\dfrac{\theta}{2}$,$\hat{\theta}=2\bar{X}$（$\theta$ 矩估计量）. 又样本 $x_1,\cdots,x_n$ 的似然函数

$$L(x_1,\cdots,x_n;\theta)=\prod_{i=1}^{n}f(x_i;\theta)=\begin{cases}\dfrac{1}{\theta^n},&0\leqslant x_1,x_2,\cdots,x_n\leqslant\theta,\\[2mm]0,&\text{否则},\end{cases}$$

$L(\theta)$ 为 θ 的单调减函数且一切 $x_i\leqslant\theta$,即 θ 要取大于 x_i 的一切值,因此

$$\hat{\theta}=\max\{X_1,X_2,\cdots,X_n\}=X_{(n)}.$$

(2) **解** 由于 $E(X)=\dfrac{\theta}{2}$,$D(X)=\dfrac{\theta^2}{12}$,因此 $E(\hat{\theta}_1)=aE(\bar{X})=aE(X)=\dfrac{a\theta}{2}\Rightarrow a=2$,

即 $\hat{\theta}_1=2\bar{X}$，$E(\hat{\theta}_1)=\theta$，$\hat{\theta}_1$ 为 θ 的无偏估计，且 $D(\hat{\theta}_1)=D(2\bar{X})=4D(\bar{X})=4\cdot\dfrac{D(X)}{n}=$

$\dfrac{4\theta^2}{12n}=\dfrac{\theta^2}{3n}$. 为求得 b，必须求 $X_{(n)}$ 的分布函数 $F_{(n)}(x)$ 及 $f_{(n)}(x)$，由 $X_{(n)}=\max\{X_1,\cdots,$

$X_n\}$，易得

$$F_{(n)}(x)=P\{X_{(n)}\leqslant x\}=\prod_{i=1}^n P\{X_i\leqslant x\}=[F(x)]^n,$$

$$f_{(n)}(x)=n[F(x)]^{n-1}f(x)=\begin{cases}\dfrac{nx^{n-1}}{\theta^n}, & 0\leqslant x\leqslant\theta,\\ 0, & \text{其他},\end{cases}$$

故

$$E(X_{(n)})=\int_0^\theta x\cdot\dfrac{nx^{n-1}}{\theta^n}dx=\int_0^\theta\dfrac{nx^n}{\theta}dx=\dfrac{n\theta}{n+1},$$

$$E(X_{(n)}^2)=\int_0^\theta x^2\dfrac{nx^{n-1}}{\theta^n}dx=\int_0^\theta\dfrac{nx^{n+1}}{\theta}dx=\dfrac{n\theta^2}{n+2},$$

$$D(X_{(n)})=\dfrac{n\theta^2}{n+2}-\left(\dfrac{n\theta}{n+1}\right)^2=\dfrac{n\theta^2}{(n+2)(n+1)^2},$$

所以 $E(\hat{\theta}_2)=bE(X_{(n)})=b\cdot\dfrac{n\theta}{n+1}$，当 $b=\dfrac{n+1}{n}$ 时 $E(\hat{\theta}_2)=\theta$，即 $\hat{\theta}_2=\dfrac{n+1}{n}X_{(n)}$ 为 θ 的无偏估计，且

$$D(\hat{\theta}_2)=\dfrac{(n+1)^2}{n^2}D(X_{(n)})=\dfrac{\theta^2}{n(n+2)}<\dfrac{\theta^2}{3n}=D(\hat{\theta}_1),$$

所以 $\hat{\theta}_2$ 比 $\hat{\theta}_1$ 有效.

（3）证　由于 $E(\hat{\theta}_i)=\theta$，且 $D(\hat{\theta}_i)\to0(n\to\infty)$，故由切比雪夫不等式，对任意 $\varepsilon>0$ 有

$$0\leqslant P\{|\hat{\theta}_i-E(\hat{\theta}_i)|\geqslant\varepsilon\}\leqslant\dfrac{D(\hat{\theta}_i)}{\varepsilon^2}\to0,$$

即 $\lim\limits_{n\to\infty}P\{|\hat{\theta}_i-\theta|\geqslant\varepsilon\}=0$，$\hat{\theta}_i\xrightarrow{P}\theta(i=1,2)$.

$\hat{\theta}_i$ 为 θ 的一致性估计.

7.3 区 间 估 计

点估计仅仅给出了未知参数 θ 的一个近似值，既没有提供这个近似值的可信度，也不知

道它的误差范围. 为了克服点估计的缺点, 现在提出参数的区间估计法. 顾名思义, 区间估计就是用一个区间来估计未知参数, 弥补点估计的两大缺陷.

定义 1 置信区间(confidence interval).

总体 X 的分布有未知参数 θ, X_1, X_2, $\cdots$, X_n 是总体 X 的一个样本, x_1, x_2, $\cdots$, x_n 是样本值, α $(0 < \alpha < 1)$ 为事先给定的正数, 若 $\hat{\theta}_1 = \hat{\theta}_1(X_1, X_2, \cdots, X_n)$, $\hat{\theta}_2 = \hat{\theta}_2(X_1, X_2, \cdots, X_n)$ 为统计量, $P(\hat{\theta}_1 < \theta < \hat{\theta}_2) = 1 - \alpha$, 则称随机区间 $(\hat{\theta}_1, \hat{\theta}_2)$ 是参数 θ 的置信度为 $1 - \alpha$ 的置信区间, $\hat{\theta}_1$, $\hat{\theta}_2$ 分别称为置信下限和置信上限.

注 (1) 置信度 $1 - \alpha$ 又称置信水平, 通常置信度可取为 0.9, 0.95 或 0.99. 求参数 θ 的区间估计就是指满足 $P(\hat{\theta}_1 < \theta < \hat{\theta}_2) = 1 - \alpha$ 的随机区间, 或者根据样本观测值求得的用以估计 θ 的具体区间. 由于样本观测值的不同, 由 θ 的 $1 - \alpha$ 置信区间 $(\hat{\theta}_1, \hat{\theta}_2)$ 所得到的具体区间也会不同. 它们之中有的包含 θ 的真值, 有的不包含 θ 的真值, 例如当 $\alpha = 0.05$, 则当我们利用 100 组样本观测值得到 100 个用以估计 θ 的区间时, 其中大约只有 5 个不包含 θ 的真值.

(2) $(\hat{\theta}_1, \hat{\theta}_2)$ 反映精度, $1 - \alpha$ 反映可靠度, 它们相互矛盾, 两者不可兼得, 在实际问题中, 我们总是在保证置信度的条件下, 尽量提高精度.

(3) 其理论最早由美国统计学家奈曼于 1930 年代建立, 奈曼原则为: 先保证给定的置信度, 再去寻找有优良精度的区间估计.

(4) 区间估计主要有三类: 一个正态总体的区间估计、两个正态总体的区间估计和非正态总体的区间估计. 下面利用"枢轴变量", 即与参数无关的样本均值 $\overline{X}$ 和方差 S^2 来作区间估计.

我们重点讲解单一正态总体均值与方差的区间估计.

置信水平为 $1 - \alpha$, 样本 X_1, X_2, $\cdots$, $X_n \sim N(\mu, \sigma^2)$, 样本均值与方差为

$$\overline{X} = \frac{1}{n} \sum_{i=1}^{n} X_i, \quad S^2 = \frac{1}{n-1} \sum_{i=1}^{n} (X_i - \overline{X})^2.$$

7.3.1　总体均值 μ 的置信区间

(1) 总体方差 σ^2 已知.

构造统计量 $Z = \dfrac{\overline{X} - \mu}{\sigma / \sqrt{n}} \sim N(0, 1)$, 由正态分布概率曲线的对称性及 α 分位点之定义,

$$P\left\{ \left| \frac{\overline{X} - \mu}{\sigma / \sqrt{n}} \right| \leqslant Z_{\frac{\alpha}{2}} \right\} = 1 - \alpha$$

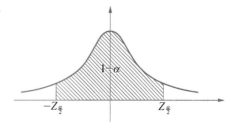

$$\Rightarrow P\left\{\overline{X}-\frac{\sigma}{\sqrt{n}}Z_{\frac{\alpha}{2}}<\mu<\overline{X}+\frac{\sigma}{\sqrt{n}}Z_{\frac{\alpha}{2}}\right\}$$

$$=1-\alpha.$$

参数 μ 的置信度为 $1-\alpha$ 的置信区间为 $\left(\overline{X}\pm\dfrac{\sigma}{\sqrt{n}}Z_{\frac{\alpha}{2}}\right)$.

注 ① 统计量 Z 的选择具有两个特征：一是具有明确的分布，二是包含待估参数. 解决区间估计问题必须找到相应的统计量.

② 上述置信区间中，给定样本容量、样本值、置信度、总体方差后，将得到一个具体的数值区间.

（2）总体方差 σ^2 未知.

构造统计量 $\dfrac{\overline{X}-\mu}{\dfrac{S}{\sqrt{n}}}\sim t(n-1)$,

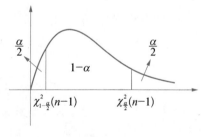

$$P\left\{\left|\frac{\overline{X}-\mu}{S/\sqrt{n}}\right|\leqslant t_{\frac{\alpha}{2}}(n-1)\right\}=1-\alpha$$

$$\Rightarrow P\left\{\overline{X}-\frac{S}{\sqrt{n}}t_{\frac{\alpha}{2}}(n-1)\leqslant\mu\leqslant\overline{X}+\frac{S}{\sqrt{n}}t_{\frac{\alpha}{2}}(n-1)\right\}=1-\alpha.$$

参数为 μ 的置信度为 $1-\alpha$ 的置信区间为 $\left[\overline{X}-\dfrac{S}{\sqrt{n}}t_{\frac{\alpha}{2}}(n-1),\ \overline{X}+\dfrac{S}{\sqrt{n}}t_{\frac{\alpha}{2}}(n-1)\right]$.

7.3.2 总体方差 σ^2 的置信区间

（1）μ 未知，求方差 σ^2 的置信区间.

构造统计量 $\dfrac{(n-1)S^2}{\sigma^2}\sim\chi^2(n-1)$,

$$P\{\chi^2_{1-\frac{\alpha}{2}}(n-1)<\chi^2<\chi^2_{\frac{\alpha}{2}}(n-1)\}=1-\alpha,$$

即

$$P\left\{\chi^2_{1-\frac{\alpha}{2}}(n-1)<\frac{(n-1)S^2}{\sigma^2}<\chi^2_{\frac{\alpha}{2}}(n-1)\right\}=1-\alpha$$

$$\Rightarrow P\left\{\frac{(n-1)S^2}{\chi^2_{\frac{\alpha}{2}}(n-1)}<\sigma^2<\frac{(n-1)S^2}{\chi^2_{1-\frac{\alpha}{2}}(n-1)}\right\}=1-\alpha.$$

方差 σ^2 的置信度为 $1-\alpha$ 的置信区间为 $\left(\dfrac{(n-1)S^2}{\chi^2_{\frac{\alpha}{2}}(n-1)},\ \dfrac{(n-1)S^2}{\chi^2_{1-\frac{\alpha}{2}}(n-1)}\right)$.

(2) μ 已知,求方差 σ^2 的置信区间.

构造统计量 $\dfrac{1}{\sigma^2}\sum\limits_{i=1}^{n}(X_i-\mu)^2 \sim \chi^2(n)$,

$$P\left\{\chi^2_{1-\frac{\alpha}{2}}(n) < \frac{1}{\sigma^2}\sum_{i=1}^{n}(X_i-\mu)^2 < \chi^2_{\frac{\alpha}{2}}(n)\right\}=1-\alpha$$

$$\Rightarrow P\left\{\frac{\sum\limits_{i=1}^{n}(X_i-\mu)^2}{\chi^2_{\frac{\alpha}{2}}(n)} < \sigma^2 < \frac{\sum\limits_{i=1}^{n}(X_i-\mu)^2}{\chi^2_{1-\frac{\alpha}{2}}(n)}\right\}=1-\alpha.$$

方差 σ^2 的置信度为 $1-\alpha$ 的置信区间为 $\left(\dfrac{\sum\limits_{i=1}^{n}(X_i-\mu)^2}{\chi^2_{\frac{\alpha}{2}}(n)}, \dfrac{\sum\limits_{i=1}^{n}(X_i-\mu)^2}{\chi^2_{1-\frac{\alpha}{2}}(n)}\right).$

【例题精讲】

例 1 制药厂生产某种药品,该药品每片中的有效成分含量 X(单位:毫升)服从正态分布 $N(\mu,0.3)$.现从该药品中任意抽取 8 片进行检验,测得其有效成分含量为:

$$26.2,\ 24.1,\ 26.3,\ 25.7,\ 27.0,\ 25.1,\ 26.8,\ 25.6$$

分别计算该药品有效成分含量均值 μ 的置信度为 0.9 及 0.95 的置信区间.

解 由题设有 $n=8$,$\sigma=\sqrt{0.3}$,样本均值为 $\overline{X}=25.85$.

当置信度为 $1-\alpha=0.9$ 时,$\alpha=0.1$,查正态分布表,得 $Z_{\frac{\alpha}{2}}=Z_{0.05}=1.64$.

μ 的置信度为 $1-\alpha$ 的置信区间为 $\left(\overline{X}\pm\dfrac{\sigma}{\sqrt{n}}Z_{\frac{\alpha}{2}}\right)$,

$$\overline{X}+\frac{\sigma}{\sqrt{n}}Z_{\frac{\alpha}{2}}=25.85+\frac{\sqrt{0.3}}{\sqrt{8}}\times1.64\approx26.17,$$

$$\overline{X}-\frac{\sigma}{\sqrt{n}}Z_{\frac{\alpha}{2}}=25.85-\frac{\sqrt{0.3}}{\sqrt{8}}\times1.64\approx25.53,$$

故 μ 的置信度为 0.9 的置信区间为 $(25.53,26.17)$.

而当 $1-\alpha=0.95$ 时,$\alpha=0.05$,查正态分布表,得 $Z_{\frac{\alpha}{2}}=Z_{0.025}=1.96$,故得 μ 的置信度为 0.95 的置信区间为 $(25.47,26.23)$.

注 对于固定的 n,当 $1-\alpha$ 提高即 α 减小时,$Z_{\frac{\alpha}{2}}$ 增大,从而置信区间的长度变长,这就是说,置信度的提高是以估计精度的降低为代价的.

例 2 已知某市新生儿体重 X(单位:kg)服从正态分布 $N(\mu,\sigma^2)$,其中 μ,σ^2 均未知,现从该市新生儿中任选 6 名测得体重如下:3.5,2.9,3.1,4.2,2.8,3.2,求出该市新生儿

平均体重 μ 的置信度为 0.95 的置信区间.

解　　$n=6$，$\overline{X}=3.28$，样本标准差 $S=0.51$，$\alpha=0.05$.

查自由度为 $n-1=5$ 的 t 分布表，得 $t_{\frac{\alpha}{2}}(n-1)=t_{0.025}(5)=2.57$，故均值 μ 的置信上限和置信下限分别为

$$\overline{X}+\frac{S}{\sqrt{n}}t_{\frac{\alpha}{2}}(n-1)=3.28+\frac{0.51}{\sqrt{6}}\times 2.57\approx 3.82,$$

$$\overline{X}-\frac{S}{\sqrt{n}}t_{\frac{\alpha}{2}}(n-1)=3.28-\frac{0.51}{\sqrt{6}}\times 2.57\approx 2.74,$$

于是，均值 μ 的置信度为 0.95 的置信区间为 $(2.74，3.82)$.

【强 化 篇】

【公式总结】

$$\text{参数估计}\begin{cases}\text{矩估计法 }E(X)=\overline{X}=\dfrac{1}{n}\sum_{i=1}^{n}X_i\\[2mm]\text{极大似然估计}\begin{cases}\text{离散型总体的似然函数 }L(\theta)=\displaystyle\prod_{i=1}^{n}P(x_i;\theta)\\[2mm]\text{连续型总体的似然函数 }L(\theta)=\displaystyle\prod_{i=1}^{n}f(x_i;\theta)\end{cases}\end{cases}$$

🏷 7.4　典型题型一　离散型随机变量的参数估计

例 1　（2021 数三）设总体 X 的分布为 $P\{X=1\}=\dfrac{1-\theta}{2}$，$P\{X=2\}=P\{X=3\}=\dfrac{1+\theta}{4}$，来自总体 X 的一组样本观察值为 1，3，2，2，1，3，1，2，则 θ 的最大似然估计值为（　　）.

(A) $\dfrac{1}{4}$　　　　　(B) $\dfrac{3}{8}$　　　　　(C) $\dfrac{1}{2}$　　　　　(D) $\dfrac{5}{8}$

解　令

$$L(\theta)=\left(\frac{1-\theta}{2}\right)^3\left(\frac{1+\theta}{4}\right)^5,\ \ln L(\theta)=3\ln(1-\theta)-3\ln 2+5\ln(1+\theta)-5\ln 4.$$

令 $\dfrac{\mathrm{d}\ln L(\theta)}{\mathrm{d}\theta} = -\dfrac{3}{1-\theta} + \dfrac{5}{1+\theta} = 0$，可得 $\theta = \dfrac{1}{4}$，故 θ 的最大似然估计值为 $\hat{\theta} = \dfrac{1}{4}$，选 (A).

例 2 （2022 数一）设 X_1，X_2，$\cdots$，X_n 为来自均值为 θ 的指数分布总体的简单随机样本，Y_1，Y_2，$\cdots$，Y_m 为来自均值为 2θ 的指数分布总体的简单随机样本，且两样本相互独立，其中 $\theta(\theta>0)$ 为未知参数，利用样本 X_1，X_2，$\cdots$，X_n，Y_1，Y_2，$\cdots$，Y_m 求 θ 的最大似然估计量 $\hat{\theta}$，并求 $D(\hat{\theta})$.

解 $f_X(x) = \begin{cases} \dfrac{1}{\theta}\mathrm{e}^{-\frac{x}{\theta}}, & x>0, \\ 0, & x \leqslant 0, \end{cases}$ $f_Y(y) = \begin{cases} \dfrac{1}{2\theta}\mathrm{e}^{-\frac{y}{2\theta}}, & y>0, \\ 0, & y \leqslant 0. \end{cases}$

设 x_1，x_2，$\cdots$，x_n，y_1，y_2，$\cdots$，y_m 为一组样本值，令

$$L(\theta) = \dfrac{1}{\theta^n}\mathrm{e}^{-\frac{1}{\theta}\sum\limits_{i=1}^{n}x_i} \cdot \dfrac{1}{(2\theta)^m}\mathrm{e}^{-\frac{1}{2\theta}\sum\limits_{j=1}^{m}y_j},$$

$$\ln L(\theta) = -n\ln\theta - \dfrac{1}{\theta}\sum_{i=1}^{n}x_i - m\ln 2 - m\ln\theta - \dfrac{1}{2\theta}\sum_{j=1}^{m}y_j.$$

令

$$\dfrac{\mathrm{d}\ln L(\theta)}{\mathrm{d}\theta} = -\dfrac{n}{\theta} + \dfrac{1}{\theta^2}\sum_{i=1}^{n}x_i - \dfrac{m}{\theta} + \dfrac{1}{2\theta^2}\sum_{j=1}^{m}y_j = 0,$$

可得 θ 的最大似然估计量为

$$\hat{\theta} = \dfrac{1}{m+n}\left(\sum_{i=1}^{n}X_i + \dfrac{1}{2}\sum_{j=1}^{m}Y_j\right).$$

$$D(\hat{\theta}) = D\left[\dfrac{1}{m+n}\left(\sum_{i=1}^{n}X_i + \dfrac{1}{2}\sum_{j=1}^{m}Y_j\right)\right] = \dfrac{1}{(m+n)^2}D\left(\sum_{i=1}^{n}X_i + \dfrac{1}{2}\sum_{j=1}^{m}Y_j\right)$$

$$= \dfrac{1}{(m+n)^2}\left[nD(X) + \dfrac{1}{4}mD(Y)\right] = \dfrac{\theta^2}{m+n}.$$

7.5 典型题型二 连续型随机变量的参数估计

例 1 （2011 数一）设 X_1，X_2，$\cdots$，X_n 是来自正态总体 $N(\mu, \sigma^2)$ 的简单随机样本，其中 μ 为已知数，σ^2 未知，$\overline{X}$ 为样本均值，S^2 为样本方差.

（1）求 σ^2 的最大似然估计 $\hat{\sigma^2}$；（2）求 $E(\hat{\sigma^2})$ 和 $D(\hat{\sigma^2})$.

解 (1) 总体 X 的概率密度为 $f(x)=\dfrac{1}{\sqrt{2\pi}\sigma}\mathrm{e}^{-\frac{(x-\mu)^2}{2\sigma^2}}$，$-\infty<x<+\infty$.

设 x_1，x_2，$\cdots$，x_n 为样本观察值，似然函数

$$L(\sigma^2)=\left(\dfrac{1}{\sqrt{2\pi}\sigma}\right)^n\mathrm{e}^{-\frac{1}{2\sigma^2}\sum\limits_{k=1}^{n}(x_k-\mu)^2}=\left(\dfrac{1}{\sqrt{2\pi\sigma^2}}\right)^n\mathrm{e}^{-\frac{1}{2\sigma^2}\sum\limits_{k=1}^{n}(x_k-\mu)^2},$$

$$\ln L(\sigma^2)=-\dfrac{n}{2}\ln 2\pi-\dfrac{n}{2}\ln\sigma^2-\dfrac{1}{2\sigma^2}\sum_{k=1}^{n}(x_k-\mu)^2.$$

令

$$\dfrac{\mathrm{d}\ln L(\sigma^2)}{\mathrm{d}\sigma^2}=-\dfrac{n}{2\sigma^2}+\dfrac{1}{2}\cdot\dfrac{1}{(\sigma^2)^2}\sum_{k=1}^{n}(x_k-\mu)^2=0,$$

可得 $\sigma^2=\dfrac{1}{n}\sum\limits_{k=1}^{n}(x_k-\mu)^2$，故 σ^2 的最大似然估计量为 $\hat{\sigma^2}=\dfrac{1}{n}\sum\limits_{k=1}^{n}(X_k-\mu)^2$.

(2) $\dfrac{n\hat{\sigma^2}}{\sigma^2}\sim\chi^2(n)$，$E\left(\dfrac{n\hat{\sigma^2}}{\sigma^2}\right)=n$，$D\left(\dfrac{n\hat{\sigma^2}}{\sigma^2}\right)=2n$，

可得 $E(\hat{\sigma^2})=\sigma^2$，$D(\hat{\sigma^2})=\dfrac{2\sigma^4}{n}$.

例 2 （2013 数一、三)设总体 X 的概率密度为 $f(x)=\begin{cases}\dfrac{\theta^2}{x^3}\mathrm{e}^{-\frac{\theta}{x}}, & x>0,\\ 0, & x\leqslant 0,\end{cases}$ 其中 θ 为未

知参数且大于零，X_1，X_2，$\cdots$，X_n 是来自总体的简单随机样本.

(1) 求 θ 的矩估计量；(2) 求 θ 的最大似然估计量.

解 (1) $E(X)=\displaystyle\int_0^{+\infty}x\cdot\dfrac{\theta^2}{x^3}\mathrm{e}^{-\frac{\theta}{x}}\mathrm{d}x=\theta\int_0^{+\infty}\mathrm{e}^{-\frac{\theta}{x}}\mathrm{d}\left(-\dfrac{\theta}{x}\right)=\theta.$

记 $\overline{X}=\dfrac{1}{n}\sum\limits_{k=1}^{n}X_k$，令 $E(X)=\overline{X}$，可得 $\theta=\overline{X}$，故 θ 的矩估计量为 $\theta_{\mathrm{M}}=\overline{X}$.

(2) 设 x_1，x_2，$\cdots$，x_n 为样本观察值，令似然函数

$$L(\theta)=\dfrac{\theta^{2n}}{(x_1x_2\cdots x_n)^3}\mathrm{e}^{-\theta\sum\limits_{k=1}^{n}\frac{1}{x_k}},\quad \ln L(\theta)=2n\ln\theta-3\ln(x_1x_2\cdots x_n)-\theta\sum_{k=1}^{n}\dfrac{1}{x_k}.$$

令 $\dfrac{\mathrm{d}\ln L(\theta)}{\mathrm{d}\theta}=\dfrac{2n}{\theta}-\sum\limits_{k=1}^{n}\dfrac{1}{x_k}=0$，可得 $\theta=\dfrac{2n}{\sum\limits_{k=1}^{n}\dfrac{1}{x_k}}$，故 θ 的最大似然估计量为 $\hat{\theta}=\dfrac{2n}{\sum\limits_{k=1}^{n}\dfrac{1}{X_k}}$.

例 3 （2017 数一、三)某工程师为了解一台天平的精度，用该天平对一质量为 μ 的物体

做 n 次测量,其中 μ 是已知的.设 n 次测量的结果 X_1,X_2,$\cdots$,X_n 相互独立且均服从正态分布 $N(\mu,\sigma^2)$,记 n 次测量的绝对误差为 $Z_k=|X_k-\mu|$ $(k=1,2,\cdots,n)$,利用 Z_1,Z_2,$\cdots$,Z_n 估计 σ.

(1) 求 Z_1 的概率密度;(2) 利用一阶矩求 σ 的矩估计量;(3) 求 σ 的最大似然估计量.

解 (1) 当 $z\geqslant 0$ 时,Z_1 的分布函数

$$F_{Z_1}(z)=P\{Z_1\leqslant z\}=P\{|X_1-\mu|\leqslant z\}=P\left\{\left|\frac{X_1-\mu}{\sigma}\right|\leqslant\frac{z}{\sigma}\right\}=2\Phi\left(\frac{z}{\sigma}\right)-1,$$

故 Z_1 的概率密度

$$f_{Z_1}(z)=\begin{cases}\dfrac{2}{\sigma}\varphi\left(\dfrac{z}{\sigma}\right), & z>0, \\ 0, & z\leqslant 0\end{cases}=\begin{cases}\dfrac{2}{\sqrt{2\pi}\,\sigma}\mathrm{e}^{-\frac{z^2}{2\sigma^2}}, & z>0, \\ 0, & z\leqslant 0.\end{cases}$$

(2) 总体 Z 的期望

$$E(Z)=E(Z_1)=\int_0^{+\infty}z\cdot\frac{2}{\sqrt{2\pi}\,\sigma}\mathrm{e}^{-\frac{z^2}{2\sigma^2}}\mathrm{d}z=\frac{2\sigma}{\sqrt{2\pi}}\int_0^{+\infty}\mathrm{e}^{-\frac{z^2}{2\sigma^2}}\mathrm{d}\left(\frac{z^2}{2\sigma^2}\right)$$

$$=\frac{2\sigma}{\sqrt{2\pi}}(-\mathrm{e}^{-\frac{z^2}{2\sigma^2}})\,\Big|_0^{+\infty}=\frac{2\sigma}{\sqrt{2\pi}}.$$

记 $\overline{Z}=\dfrac{1}{n}\sum_{k=1}^n Z_k$,令 $E(Z)=\overline{Z}$,可得 σ 的矩估计量为 $\sigma_\mathrm{M}=\dfrac{\sqrt{2\pi}}{2}\overline{Z}$.

(3) 设 z_1,z_2,$\cdots$,z_n 为样本观察值,似然函数

$$L(\sigma)=\left(\frac{2}{\sqrt{2\pi}\,\sigma}\right)^n\mathrm{e}^{-\frac{1}{2\sigma^2}\sum_{k=1}^n z_k^2},\quad \ln L(\sigma)=n\ln 2-\frac{n}{2}\ln(2\pi)-n\ln\sigma-\frac{1}{2\sigma^2}\sum_{k=1}^n z_k^2.$$

令 $\dfrac{\mathrm{d}\ln L(\sigma)}{\mathrm{d}\sigma}=-\dfrac{n}{\sigma}+\dfrac{1}{\sigma^3}\sum_{k=1}^n z_k^2=0$,可得 $\sigma=\sqrt{\dfrac{1}{n}\sum_{k=1}^n z_k^2}$,故 σ 的最大似然估计量为 $\hat{\sigma}=\sqrt{\dfrac{1}{n}\sum_{k=1}^n Z_k^2}$.

例 4 (2019 数一、三)设总体 X 的概率密度为 $f(x)=\begin{cases}\dfrac{A}{\sigma}\mathrm{e}^{-\frac{(x-\mu)^2}{2\sigma^2}}, & x\geqslant\mu, \\ 0, & x<\mu,\end{cases}$ 其中 μ 是已知参数,σ 是大于零的未知参数,A 是常数,X_1,X_2,$\cdots$,X_n 是来自总体的简单随机样本.

(1) 求 A;(2) 求 σ^2 的最大似然估计量.

解 (1) 由规范性,

$$\int_{\mu}^{+\infty} \frac{A}{\sigma} \mathrm{e}^{-\frac{(x-\mu)^2}{2\sigma^2}} \mathrm{d}x = \sqrt{2} A \int_0^{+\infty} \mathrm{e}^{-t^2} \mathrm{d}t = \frac{\sqrt{2\pi} A}{2} = 1, \text{ 可得 } A = \sqrt{\frac{2}{\pi}}.$$

(2) 设 x_1, x_2, $\cdots$, x_n 为样本观察值,似然函数

$$L(\sigma^2) = \left(\frac{\sqrt{2}}{\sqrt{\pi \sigma^2}}\right)^n \mathrm{e}^{-\frac{1}{2\sigma^2} \sum_{k=1}^n (x_k - \mu)^2},$$

$$\ln L(\sigma^2) = \frac{n}{2} \ln 2 - \frac{n}{2} \ln \pi - \frac{n}{2} \ln \sigma^2 - \frac{1}{2\sigma^2} \sum_{k=1}^n (x_k - \mu)^2.$$

令

$$\frac{\mathrm{d}\ln L(\sigma^2)}{\mathrm{d}(\sigma^2)} = -\frac{n}{2\sigma^2} + \frac{1}{2(\sigma^2)^2} \sum_{k=1}^n (x_k - \mu)^2 = 0,$$

可得 $\sigma^2 = \frac{1}{n} \sum_{k=1}^n (x_k - \mu)^2$,故 σ^2 的最大似然估计量为 $\hat{\sigma^2} = \frac{1}{n} \sum_{k=1}^n (X_k - \mu)^2.$

例 5 (2006 数一、三)设总体 X 的概率密度为 $f(x; \theta) = \begin{cases} \theta, & 0 < x < 1, \\ 1-\theta, & 1 \leqslant x < 2, \\ 0, & \text{其他}, \end{cases}$ 其中 θ

是未知参数($0 < \theta < 1$). X_1, X_2, $\cdots$, X_n 是来自总体的简单随机样本,记 N 为样本值 x_1, x_2, $\cdots$, x_n 中小于 1 的个数. 求:(1) θ 的矩估计;(2) θ 的最大似然估计.

解 (1) $E(X) = \int_{-\infty}^{+\infty} x f(x; \theta) \mathrm{d}x = \int_0^1 \theta x \mathrm{d}x + \int_1^2 (1-\theta) x \mathrm{d}x$

$$= \frac{1}{2}\theta + \frac{3}{2}(1-\theta) = \frac{3}{2} - \theta.$$

令 $E(X) = \overline{X}$,可得 $\theta = \frac{3}{2} - \overline{X}$,故 θ 的矩估计为 $\theta_M = \frac{3}{2} - \overline{X}.$

(2) 似然函数 $L(\theta) = \prod_{i=1}^n f(x_i; \theta) = \theta^N (1-\theta)^{n-N}.$

令 $\frac{\mathrm{d}\ln L(\theta)}{\mathrm{d}\theta} = \frac{N}{\theta} - \frac{n-N}{1-\theta} = 0$,可得 $\theta = \frac{N}{n}$,故 θ 的最大似然估计为 $\hat{\theta} = \frac{N}{n}.$

例 6 (2000 数一、三)设某种元件的使用寿命 X 的概率密度为 $f(x; \theta) = \begin{cases} 2\mathrm{e}^{-2(x-\theta)}, & x \geqslant \theta, \\ 0, & x < \theta, \end{cases}$ 其中 $\theta > 0$ 为未知参数. 又设 x_1, x_2, $\cdots$, x_n 为总体 X 的一组样本观

察值,求参数 θ 的最大似然估计值.

解 最大似然函数

$$L(\theta) = 2^n e^{-2\sum\limits_{i=1}^{n}(x_i-\theta)}, \quad x_i \geqslant \theta(i=1, 2, \cdots, n),$$

$$\ln L(\theta) = n\ln 2 - 2\sum\limits_{i=1}^{n}(x_i-\theta) = n\ln 2 - 2\sum\limits_{i=1}^{n}x_i + 2n\theta.$$

$\dfrac{\mathrm{d}\ln L(\theta)}{\mathrm{d}\theta} = 2n > 0$，故 $L(\theta)$ 单调递增.

使 $L(\theta)$ 取得最大值的 θ 必须满足 $\theta \leqslant x_i(i=1, 2, \cdots, n)$，故 θ 的最大似然估计值为 $\hat{\theta} = \min\{x_1, x_2, \cdots, x_n\}$.

7.6 典型题型三 估计量的无偏性

例 1 （2003 数一）设 $X \sim f(x) = \begin{cases} 2e^{-2(x-\theta)}, & x \geqslant \theta, \\ 0, & x < \theta, \end{cases}$ 其中 $\theta > 0$ 为未知参数，从总体 X 中抽取简单随机样本 $X_1, X_2, \cdots, X_n$，记 $\hat{\theta} = \min\{X_1, X_2, \cdots, X_n\}$.

(1) 求总体 X 的分布函数；

(2) 求 $\hat{\theta}$ 的分布函数 $F_{\hat{\theta}}(x)$；

(3) 如果用 $\hat{\theta}$ 作为 θ 的估计量，讨论它是否具有无偏性.

解 (1) $F_X(x) = \displaystyle\int_{-\infty}^{x} f(t)\mathrm{d}t = \begin{cases} \displaystyle\int_{\theta}^{x} 2e^{-2(t-\theta)}\mathrm{d}t, & x \geqslant \theta \\ 0, & x < \theta \end{cases} = \begin{cases} 1 - e^{-2(x-\theta)}, & x \geqslant \theta, \\ 0, & x < \theta. \end{cases}$

(2) $\hat{\theta}$ 的分布函数为

$$\begin{aligned}
F_{\hat{\theta}}(x) &= P\{\hat{\theta} \leqslant x\} = P\{\min\{X_1, X_2, \cdots, X_n\} \leqslant x\} \\
&= 1 - P\{\min\{X_1, X_2, \cdots, X_n\} > x\} \\
&= 1 - P\{X_1 > x, X_2 > x, \cdots, X_n > x\} \\
&= 1 - P\{X_1 > x\}P\{X_2 > x\}\cdots P\{X_n > x\}（由 X_1, X_2, \cdots, X_n \text{ 相互独立}） \\
&= 1 - [1 - P\{X_1 \leqslant x\}]^n（由 X_1, X_2, \cdots, X_n \text{ 同分布}） \\
&= 1 - [1 - F_X(x)]^n \\
&= \begin{cases} 1 - e^{-2n(x-\theta)}, & x \geqslant \theta, \\ 0, & x < \theta, \end{cases}
\end{aligned}$$

(3) $\hat{\theta}$ 的密度函数为 $f_{\hat{\theta}}(x) = [F_{\hat{\theta}}(x)]'_x = \begin{cases} 2ne^{-2n(x-\theta)}, & x \geqslant \theta, \\ 0, & x < \theta, \end{cases}$ 则

$$E(\hat{\theta}) = \int_{-\infty}^{+\infty} x f_{\hat{\theta}}(x)\mathrm{d}x = \int_{\theta}^{-\infty} x \cdot 2ne^{-2n(x-\theta)}\mathrm{d}x$$

$$\xrightarrow{x-\theta=t} \int_0^{+\infty} 2n\mathrm{e}^{-2nt}(t+\theta)\mathrm{d}t = \theta + \frac{1}{2n} \neq \theta,$$

所以用 $\hat{\theta}$ 作为 θ 的估计量不具有无偏性.

例 2　(2016 数一、三)设总体 X 的概率密度为 $f(x) = \begin{cases} \dfrac{3x^2}{\theta^3}, & 0 < x < \theta, \\ 0, & \text{其他}, \end{cases}$ 其中 θ 为

大于零的未知参数, X_1, X_2, X_3 是来自总体的简单随机样本, 令 $T = \max\{X_1, X_2, X_3\}$.

(1) 求 T 的概率密度; (2) 确定 a, 使得 aT 为 θ 的无偏估计量.

解　(1) 总体 X 的分布函数 $F(x) = \begin{cases} 0, & x < 0, \\ \dfrac{x^3}{\theta^3}, & 0 \leqslant x < \theta, \\ 1, & x \geqslant \theta, \end{cases}$ T 的分布函数

$$F_T(t) = P\{T \leqslant t\} = P\{\max\{X_1, X_2, X_3\} \leqslant t\} = P\{X_1 \leqslant t, X_2 \leqslant t, X_3 \leqslant t\}$$

$$= P\{X_1 \leqslant t\}P\{X_2 \leqslant t\}P\{X_3 \leqslant t\} = F^3(t) = \begin{cases} 0, & t < 0, \\ \dfrac{t^9}{\theta^9}, & 0 \leqslant t < \theta, \\ 1, & t \geqslant \theta. \end{cases}$$

故 T 的概率密度 $f_T(t) = \begin{cases} \dfrac{9t^8}{\theta^9}, & 0 < t < \theta, \\ 0, & \text{其他}. \end{cases}$

(2) $E(T) = \int_0^{\theta} t \cdot \dfrac{9t^8}{\theta^9}\mathrm{d}t = \dfrac{9}{10}\theta$, 若 aT 为 θ 的无偏估计量, 则 $a = \dfrac{10}{9}$.

7.7　典型题型四　区间估计

例 1　(1993 数三)设总体 X 的方差为 1, 根据来自总体 X 的容量为 100 的简单随机样本, 测得样本均值为 5, 则 μ 的置信度等于 0.95 的置信区间为 _____.

解　已知 $\sigma^2 = 1$, $n = 100$, $\overline{X} = 5$, $1 - \alpha = 0.95$, 则 $Z_{\frac{\alpha}{2}} = Z_{0.025} = 1.96$, 故置信区间为

$$\left[\overline{X} - \frac{\sigma}{\sqrt{n}}Z_{\frac{\alpha}{2}}, \overline{X} + \frac{\sigma}{\sqrt{n}}Z_{\frac{\alpha}{2}}\right] = \left[5 - \frac{1}{\sqrt{100}} \times 1.96, 5 + \frac{1}{\sqrt{100}} \times 1.96\right]$$

$$= [4.804, 5.196].$$

例 2　(2003 数一)已知一批零件的长度 X(单位:cm)服从正态分布 $N(\mu, 1)$, 从中随

机地抽取 16 个零件,得到长度的平均值为 40 cm,已知 $\Phi(1.96)=0.975$, $\Phi(1.645)=0.95$, 则 μ 的置信水平为 0.95 的置信区间是＿＿＿＿.

解　由题意得 $\overline{X}=40$, $n=16$, $1-\alpha=0.95$, $Z_{0.025}=1.96$, 置信区间为

$$\left[\overline{X}-\frac{\sigma}{\sqrt{n}}Z_{\frac{\alpha}{2}}, \overline{X}+\frac{\sigma}{\sqrt{n}}Z_{\frac{\alpha}{2}}\right]=[39.51, 40.49].$$

例 3　(2005 数三)设 X_1, X_2, $\cdots$, X_n 为 $N(\mu, \sigma^2)$ 的简单随机样本,μ, σ^2 均为未知参数,若 $n=16$, 样本均值为 $\overline{X}=20$, 样本标准差 $S=1$, 则 μ 的置信水平为 0.90 的置信区间是(　　).

(A) $\left[20\pm\dfrac{1}{4}\times t_{0.05}(16)\right]$ (B) $\left[20\pm\dfrac{1}{4}\times t_{0.05}(15)\right]$

(C) $\left[20\pm\dfrac{1}{4}\times t_{0.10}(16)\right]$ (D) $\left[20\pm\dfrac{1}{4}\times t_{0.10}(15)\right]$

解　由题意可得,求 μ 的置信区间,σ^2 未知,故构造的统计量为 $\dfrac{\overline{X}-\mu}{\dfrac{S}{\sqrt{n}}}$, 置信区间为

$\left[\overline{X}\pm\dfrac{S}{\sqrt{n}}t_{\frac{\alpha}{2}}(n-1)\right]$,其中 $\overline{X}=20$, $S=1$, $n=16$, $1-\alpha=0.90$, $t_{\frac{\alpha}{2}}(n-1)=t_{0.05}(15)$, 代入,

答案为 $\left[20\pm\dfrac{1}{4}\times t_{0.05}(15)\right]$,选(B).

例 4　(2000 数三)假设 0.50, 1.25, 0.80, 2.00 是来自总体 X 的简单随机样本值,已知 $Y=\ln X$ 服从正态分布 $N(\mu, 1)$.

(1) 求 X 的数学期望 $E(X)$[记 $E(X)$ 为 b];

(2) 求 μ 的置信水平为 0.95 的置信区间;

(3) 利用上述结果求 b 的置信水平为 0.95 的置信区间.

解　(1) $Y\sim N(\mu, 1)$, $X=\mathrm{e}^Y$, 则

$$b=E(X)=E(\mathrm{e}^Y)=\frac{1}{\sqrt{2\pi}}\int_{-\infty}^{+\infty}\mathrm{e}^y\cdot\mathrm{e}^{-\frac{(y-\mu)^2}{2}}\mathrm{d}y$$

$$\xrightarrow{\text{令 } y-\mu=t}\frac{1}{\sqrt{2\pi}}\int_{-\infty}^{+\infty}\mathrm{e}^{t+\mu}\mathrm{e}^{-\frac{t^2}{2}}\mathrm{d}t$$

$$=\mathrm{e}^{\mu+\frac{1}{2}}\int_{-\infty}^{+\infty}\frac{1}{\sqrt{2\pi}}\mathrm{e}^{-\frac{(t-1)^2}{2}}\mathrm{d}t=\mathrm{e}^{\mu+\frac{1}{2}}.$$

(2) 由 X 的简单随机样本 X_1, X_2, X_3, X_4,得到 $Y=\ln X$ 的简单随机样本 Y_1, Y_2,

Y_3，Y_4，即 $Y_i = \ln X_i$，$i=1$，2，3，4，且 $\overline{Y} \sim N\left(\mu, \dfrac{1}{4}\right) \Rightarrow \dfrac{\overline{Y}-\mu}{\dfrac{1}{2}} \sim N(0,1)$，对于置信水

平 $1-\alpha$，取

$$P\left\{\left|\frac{\overline{Y}-\mu}{\dfrac{1}{2}}\right| \leqslant Z_{\frac{\alpha}{2}}\right\} = 1-\alpha \Rightarrow P\left\{\overline{Y}-\frac{1}{2}Z_{\frac{\alpha}{2}} \leqslant \mu \leqslant \overline{Y}+\frac{1}{2}Z_{\frac{\alpha}{2}}\right\} = 1-\alpha，①$$

则 μ 的置信水平为 $1-\alpha$ 的置信区间为 $\left[\overline{Y}-\dfrac{1}{2}Z_{\frac{\alpha}{2}}, \overline{Y}+\dfrac{1}{2}Z_{\frac{\alpha}{2}}\right]$.

$$1-\alpha = 0.95，Z_{\frac{\alpha}{2}} = Z_{0.025} = 1.96，$$

$$\overline{Y} = \frac{1}{4}\sum_{i=1}^{4}Y_i = \frac{1}{4}\sum_{i=1}^{4}\ln X_i = \frac{1}{4}\ln\left(\prod_{i=1}^{4}X_i\right) = \frac{1}{4}\ln(0.5 \times 1.25 \times 0.8 \times 2) = 0，$$

则 μ 的置信水平为 0.95 的置信区间为 $[-0.98, 0.98]$.

(3) 由①得 $P\left\{e^{\overline{Y}-\frac{1}{2}Z_{\frac{\alpha}{2}}+\frac{1}{2}} \leqslant e^{\mu+\frac{1}{2}} \leqslant e^{\overline{Y}+\frac{1}{2}Z_{\frac{\alpha}{2}}+\frac{1}{2}}\right\} = 1-\alpha$，$b$ 的置信区间为

$$\left[e^{\overline{Y}-\frac{1}{2}Z_{\frac{\alpha}{2}}+\frac{1}{2}}, e^{\overline{Y}+\frac{1}{2}Z_{\frac{\alpha}{2}}+\frac{1}{2}}\right] = [e^{-0.48}, e^{1.48}].$$

第八章　假　设　检　验

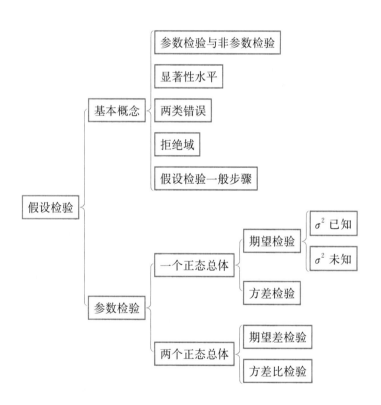

数 一 考 点	年份及分值分布
假设检验(3次)	1998，2018； 2021 4分 5分

【基 础 篇】

什么是假设检验?

根据样本的信息,检验关于总体的某个假设是否正确的统计推断过程.

统计学中将对分布的假设检验称为非参数假设检验,对参数的假设检验称为参数假设检验.本章主要介绍参数假设检验的基本知识.

8.1 参数假设检验问题概述

结合一个具体的例子来说明假设检验的基本思想和方法.

假设:提出一个假设或者一个陈述.

检验:检验这个假设是否正确或合理.

引例 夏天到了,西瓜熟了,水果摊主叫卖:西瓜又大又甜! 价格便宜,快来买呀! 但是对于消费者来说,西瓜甜只是摊主的一个假设,到底甜不甜,还得亲自品尝,这里的"品尝"就是检验假设是否成立的方法.

如果连续打开 5 个发现都不甜,你会怎么想? 一定认为西瓜不甜,否定"西瓜甜"这个假设.

把吃西瓜过程的情绪变化用表情包表达出来……

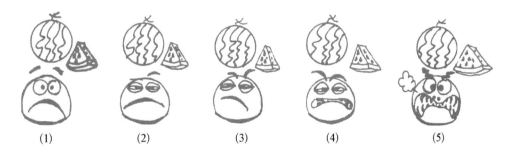

(1)　　　　　(2)　　　　　(3)　　　　　(4)　　　　　(5)

假设西瓜是甜的→连尝 5 个都不甜→结论西瓜不甜.

设西瓜甜的概率为 0.6,记事件 A 为连尝 5 个都不甜.

在"西瓜甜"的前提下,计算事件 A 发生的概率,$P(A)=(0.4)^5 \approx 0.01$,意味着一百次里只有一次会发生,而我们做了一次试验就发生了,太不好接受,因此,拒绝"西瓜甜"的假设.

【例题精讲】

例 1 某车间用包装机包装某种洗衣粉,袋装洗衣粉的重量(单位：kg)是一个随机变量,根据经验知它服从正态分布 $N(\mu, \sigma^2)$,当机器正常时,其均值 $\mu = 0.5$, $\sigma = 0.015$. 某日开工后为检验包装机工作是否正常,随机地抽取 9 袋,称得重量为 0.494, 0.523, 0.515, 0.514, 0.508, 0.516, 0.511, 0.516, 0.492,问机器这一天工作是否正常?

思路和方法：把任何一个有关总体未知信息的假设称为假设. 通常把待检验的假设称为原假设或零假设(null hypothesis),记作 H_0;对立的假设则称为备择假设或对立假设(alternative hypothesis),记作 H_1.

(1) 洗衣粉重量 X 的分布服从 $N(\mu, 0.015^2)$,所关注的问题即为当日袋装洗衣粉重量的均值是否为 0.5. 若是,则机器正常,否则就不正常,据此,我们提出假设

$$H_0: \mu = 0.5, \ H_1: \mu \neq 0.5.$$

(2) 选取合适的统计量,若 H_0 成立,即机器工作正常,则当日重量的分布服从 $N(0.5, 0.015^2)$,从而样本均值 $\overline{X}$ 与总体均值 0.5 之间的差异应该不大,即当 H_0 成立时,$|\overline{X} - 0.5|$ 是个不大的数,从而 $\dfrac{|\overline{X} - 0.5|}{\dfrac{0.015}{\sqrt{n}}}$ 也是一个不大的数. 由于 $\overline{X} \sim N\left(0.5, \dfrac{0.015^2}{n}\right)$,即有 $Z = \dfrac{\overline{X} - 0.5}{\dfrac{0.015}{\sqrt{n}}} \sim N(0, 1)$,我们用 Z 的取值来衡量样本均值 $\overline{X}$ 与总体均值 0.5 之间的差异,称为检验统计量.

(3) 由小概率原理,即一个小概率事件在一次试验中几乎是不可能发生的. 构造一个拒绝域,对于给定的正数 α $(0 < \alpha < 1)$,α 经常取 0.025, 0.05, 0.01, 0.1 等,称为检验的显著性水平(significance level). 这里 $\alpha = 0.05$,由(2)知,当 H_0 成立时,$|Z|$ 的取值应该不大,这就意味着若 $|Z|$ 的取值超过某值就不正常了,由标准正态分布上 α 分位点的定义知

$$P\{|Z| \geqslant Z_{\frac{\alpha}{2}}\} = P\left\{\left|\dfrac{\overline{X} - 0.5}{\dfrac{0.015}{\sqrt{n}}}\right| \geqslant Z_{0.025}\right\} = \alpha = 0.05,$$

其中 $Z_{0.025} = 1.96$ 是标准正态分布的上 0.025 分位点.

显然,事件 $\left\{|Z|=\left|\dfrac{\overline{X}-0.5}{\dfrac{0.015}{\sqrt{n}}}\right| \geqslant Z_{0.025}\right\}$ 是一个小概率事件,若根据样本的观测值得

到 $\left|\dfrac{\overline{x}-0.5}{\dfrac{0.015}{\sqrt{n}}}\right| \geqslant Z_{0.025}$ 成立,即小概率事件在一次试验中居然发生了,出现这种状况的原因

是我们前面假设了 H_0 成立. 因此,我们拒绝 H_0;否则,没有理由拒绝 H_0,就只能接受 H_0,

称 $\left\{(x_1, x_2, \cdots, x_n): \left|\dfrac{\overline{x}-0.5}{\dfrac{0.015}{\sqrt{n}}}\right| \geqslant Z_{0.025}\right\}$ 为 H_0 的拒绝域.

(4) 根据样本观测值来计算(2)中统计量的值,对第一步中提出的假设作出最终的判断,由该日抽取的 9 包洗衣粉测得 $\overline{x}=0.510$,这里 $n=9$,代入计算得 $|z|=$ $\left|\dfrac{0.510-0.5}{\dfrac{0.015}{\sqrt{9}}}\right|=2$,根据第三步中的拒绝域,由于 $|z|=2>1.96$,即样本观测值落入了拒绝域,故拒绝 H_0,即当日机器工作不正常.

注　本例属于双侧检验问题. $H_0: \mu=0.5$, $H_1: \mu \neq 0.5$. 其中备择假设 H_1 事实上包括两种情况,即"$\mu<0.5$ 或 $\mu>0.5$"对应于一对双边不等式. 同理,就存在单边假设检验.

右边假设检验. $H_0: \mu \leqslant \mu_0$, $H_1: \mu>\mu_0$.

左边假设检验. $H_0: \mu \geqslant \mu_0$, $H_1: \mu<\mu_0$.

综上所述,可得处理参数假设检验问题的一般步骤:

(1) 提出原假设 H_0 和备择假设;

(2) 构建检验统计量;

(3) 写出拒绝域;

(4) 根据样本观测值,计算统计量,进行判断.

由于检验法则给出的拒绝域是根据样本作出的,就有可能作出错误的决策. 例如,在 H_0 实际上为真,但样本观测值却落入拒绝域时,此时作出的判断是拒绝 H_0,称这类"弃真"的错误为第 I 类错误. 在 H_0 实际上不真,但样本观测值没有落入拒绝域时,此时不能拒绝 H_0,称这类"取伪"的错误为第 II 类错误. 对给定的一对假设 H_0 和 H_1,从上面例子可以看出,其实可以找出许多拒绝域,我们希望犯两类错误的概率很小,但在容量 n 固定时,要使两类错误都很小是不可能的. 基于这种情况,奈曼和皮尔逊提出一个原则,即在控制犯第 I 类错误的概率的条件下,尽量使犯第 II 类错误的概率小,因为人们常常把错误拒绝 H_0 比错误接受 H_0 看得更重要一些,但有时上述的检验原则很难找到,甚至可能不存在. 这时,不得不降低要求. 我们只对犯第 I 类错误的概率加以限制,而不考虑犯第 II 类错误的概率. 这种统计假设检验问题称为显著性检验.

最后,总结一下参数假设检验与前一章的区间估计之间的关系. 参数假设检验的关键是,在假设 H_0 成立的条件下确定拒绝域,拒绝域是通过一个小概率事件得到的,一旦抽样的结果落入拒绝域,就拒绝原假设 H_0. 而参数的区间估计是找一个随机区间,使得随机区间包含待估参数是一个大概率事件. 比如,设总体 $X \sim N(\mu, \sigma^2)$, $X_1, X_2, \cdots, X_n$ 是取自 X 的一个样本, $x_1, x_2, \cdots, x_n$ 是该样本的一组观测值,样本均值为 $\bar{x}$,则参数 μ 的置信水平为 $1-\alpha$ 的置信区间为 $\left(\bar{x} - \dfrac{\sigma}{\sqrt{n}} U_{\frac{\alpha}{2}}, \bar{x} + \dfrac{\sigma}{\sqrt{n}} U_{\frac{\alpha}{2}}\right)$.

假设检验问题 $H_0: \mu = \mu_0, H_1: \mu \neq \mu_0$ 的拒绝域为 $|\bar{x} - \mu_0| \geqslant \dfrac{\sigma}{\sqrt{n}} U_{\frac{\alpha}{2}}$,接受域为 $|\bar{x} - \mu_0| < \dfrac{\sigma}{\sqrt{n}} U_{\frac{\alpha}{2}}$,即当 $\mu_0 \in \left(\bar{x} - \dfrac{\sigma}{\sqrt{n}} U_{\frac{\alpha}{2}}, \bar{x} + \dfrac{\sigma}{\sqrt{n}} U_{\frac{\alpha}{2}}\right)$ 时,接受 H_0,而此区间正是 μ 的置信水平为 $1-\alpha$ 的置信区间.

8.2 正态总体均值的检验

8.2.1 单正态总体均值的检验

已知总体为服从正态分布的随机变量 $X \sim N(\mu_0, \sigma^2)$,下面区分方差 σ^2 已知和方差 σ^2 未知的情形讨论.

(1) 总体方差 σ^2 已知时的 Z-检验法.

当 σ^2 已知时,取统计量为标准化随机变量

$$Z = \frac{\bar{X} - \mu_0}{\dfrac{\sigma}{\sqrt{n}}} \sim N(0, 1).$$

指定显著水平 α(通常取 $\alpha = 0.05, 0.01$ 等),由正态分布概率曲线的对称性及 α 分位点的定义,有如下结论.

① 双边检验. $H_0: \mu = \mu_0, H_1: \mu \neq \mu_0$,拒绝域是 $\{|Z| \geqslant Z_{\frac{\alpha}{2}}\}$.

② 单边检验.

右边假设检验. $H_0: \mu \leqslant \mu_0, H_1: \mu > \mu_0$,拒绝域是 $\{Z \geqslant Z_\alpha\}$.

左边假设检验. $H_0: \mu \geqslant \mu_0, H_1: \mu < \mu_0$,拒绝域是 $\{Z \leqslant -Z_\alpha\}$.

(2) 总体方差 σ^2 未知时的 t-检验法.

当 σ^2 未知时,以样本方差 S^2 代替总体方差 σ^2,取检验统计量为标准化随机变量

$$t = \frac{\overline{X} - \mu_0}{\frac{S}{\sqrt{n}}} \sim t(n-1).$$

指定显著水平 α，由 t 分布概率曲线的对称性及 α 分位点的定义，有如下结论.

① 双边检验. $H_0: \mu = \mu_0$，$H_1: \mu \neq \mu_0$，拒绝域是 $\{|t| \geqslant t_{\frac{\alpha}{2}}(n-1)\}$.

② 单边检验.

右边假设检验. $H_0: \mu \leqslant \mu_0$，$H_1: \mu > \mu_0$，拒绝域是 $\{t \geqslant t_\alpha(n-1)\}$.

左边假设检验. $H_0: \mu \geqslant \mu_0$，$H_1: \mu < \mu_0$，拒绝域是 $\{t \leqslant -t_\alpha(n-1)\}$.

【例题精讲】

例1 砖瓦厂烧制的砖头强度为正态分布随机变量 $X \sim N(\mu_0, \sigma^2)$，并假定已知方差 $\sigma^2 = 1.21$，随机采样 6 块测量得到强度如下(单位：kg/cm^2)，问能否认为砖头平均强度超过 30?

$$X：32.56，29.66，31.64，30.00，31.87，31.03$$

解 作单边假设检验 $H_0: \mu \leqslant \mu_0 = 30$，$H_1: \mu > \mu_0 = 30$.

统计量 $Z = \dfrac{\overline{X} - \mu_0}{\dfrac{\sigma}{\sqrt{n}}} = \dfrac{\overline{X} - \mu_0}{\dfrac{\sqrt{1.21}}{\sqrt{6}}} \sim N(0, 1).$

若 $\alpha = 0.05$，则拒绝域为 $Z \geqslant Z_\alpha$.

由于 $Z = \dfrac{\overline{X} - \mu_0}{\dfrac{\sqrt{1.21}}{\sqrt{6}}} = \dfrac{31.3 - 30}{\dfrac{\sqrt{1.21}}{\sqrt{6}}} \approx 2.895 > Z_{0.05} = 1.645$，从而拒绝原假设 H_0，即可以

认为砖头平均强度超过 30(有 95% 的把握).

例2 某公司一台自动包装机包装净重 500 g 的奶糖. 某顾客从超市中随机抽查 9 袋，测量得到净重如下(单位：g)，能否认为这批袋装的奶糖平均净重就是 500 g?

$$X：499.12，499.48，499.25，499.53，499.11，498.52，498.87，500.82，500.01$$

解 由于总体方差 σ^2 未知，取统计量为 $t = \dfrac{\overline{X} - \mu_0}{\dfrac{S}{\sqrt{n}}} = \dfrac{\overline{X} - \mu_0}{\dfrac{0.676}{\sqrt{9}}} \sim t(8).$

作双边假设检验 $H_0: \mu = \mu_0 = 500$，$H_1: \mu \neq \mu_0 = 500$.

$\alpha = 0.05$，拒绝域 $\{|t| \geqslant t_{\frac{\alpha}{2}}(n-1)\}$

由于 $|t| = \left| \dfrac{\overline{X} - \mu_0}{\dfrac{0.676}{\sqrt{9}}} \right| = \left| \dfrac{499.412 - 500}{\dfrac{0.676}{\sqrt{9}}} \right| \approx 2.609 > t_{0.025}(8) = 2.306$，从而拒绝原假

设 H_0，即奶糖的包装净重不是 500 g.

8.2.2 双正态总体均值之差的检验

设总体 $X \sim N(\mu_1, \sigma_1^2)$，$Y \sim N(\mu_2, \sigma_2^2)$，$X_1, \cdots, X_{n_1}$ 和 $Y_1, \cdots, Y_{n_2}$ 分别是取自 X 和 Y 的样本，相互独立，$\overline{X}$，$\overline{Y}$ 分别是样本均值，S_1^2，S_2^2 分别是样本方差，给定显著性水平为 α（$0 < \alpha < 1$），检验假设 $H_0: \mu_1 = \mu_2$，$H_1: \mu_1 \neq \mu_2$.

（1）σ_1^2，σ_2^2 均已知.

选取检验统计量 $Z = \dfrac{\overline{X} - \overline{Y}}{\sqrt{\dfrac{\sigma_1^2}{n_1} + \dfrac{\sigma_2^2}{n_2}}} \sim N(0, 1)$，因此，拒绝域为

$$\left\{ \left| \dfrac{\overline{x} - \overline{y}}{\sqrt{\dfrac{\sigma_1^2}{n_1} + \dfrac{\sigma_2^2}{n_2}}} \right| \geqslant Z_{\frac{\alpha}{2}} \right\}.$$

（2）σ_1^2，σ_2^2 均未知，但相等.

选取检验统计量 $t = \dfrac{\overline{X} - \overline{Y}}{S_W \sqrt{\dfrac{1}{n_1} + \dfrac{1}{n_2}}}$，$S_W = \sqrt{\dfrac{(n_1 - 1)S_1^2 + (n_2 - 1)S_2^2}{n_1 + n_2 - 2}}$，$t \sim t(n_1 +$

$n_2 - 2)$，因此，拒绝域为 $\left\{ |t| = \left| \dfrac{\overline{x} - \overline{y}}{S_W \sqrt{\dfrac{1}{n_1} + \dfrac{1}{n_2}}} \right| \geqslant t_{\frac{\alpha}{2}}(n_1 + n_2 - 2) \right\}.$

【例题精讲】

例 1 全国高校男生百米跑成绩服从正态分布 $N(14.5, 0.72^2)$，从 X，Y 两所高校分别选取了 13 和 11 名男生测百米跑成绩（单位：s），得样本均值分别为 $\overline{x} = 14.1$ 和 $\overline{y} = 14.7$，$S_1 = 0.548$ 和 $S_2 = 0.511$. 取 $\alpha = 0.05$，试在下列两种情况下判断这两所高校男生百米跑成绩有无显著差异：

（1）方差均不变，即与全国此项成绩的方差 0.72^2 相同；

（2）方差均未知，但相等.

解 由题意知，假设 $H_0: \mu_1 = \mu_2$，$H_1: \mu_1 \neq \mu_2$.

（1）两总体方差均已知，且 $\sigma_1^2 = \sigma_2^2 = 0.72^2$，因此拒绝域为

$$|Z| = \left| \frac{\bar{x} - \bar{y}}{\sqrt{\dfrac{\sigma_1^2}{n_1} + \dfrac{\sigma_2^2}{n_2}}} \right| \approx 2.03 > Z_{0.025} = 1.96$$

（将 $\bar{x} = 14.1$，$\bar{y} = 14.7$，$n_1 = 13$，$n_2 = 11$，$\sigma_1 = \sigma_2 = 0.72$ 代入）.

因此，拒绝 H_0，即认为两高校男生百米跑成绩有显著差异.

（2）方差均未知，但 $\sigma_1^2 = \sigma_2^2$，因此拒绝域为

$$|t| = \left| \frac{\bar{x} - \bar{y}}{S_w \sqrt{\dfrac{1}{n_1} + \dfrac{1}{n_2}}} \right| \approx 2.76 > t_{0.025}(22) = 2.0739$$

（将 $\bar{x} = 14.1$，$\bar{y} = 14.7$，$n_1 = 13$，$n_2 = 11$，$S_1 = 0.548$，$S_2 = 0.511$ 代入）.

因此，拒绝 H_0，即同样认为两高校男生百米跑成绩有显著差异.

8.3 正态总体方差的检验

设总体 $X \sim N(\mu, \sigma^2)$，$X_1, X_2, \cdots, X_n$ 为取自 X 的样本，给定显著性水平为 α（$0 < \alpha < 1$），检验假设.

（1）μ 未知.

① $H_0: \sigma^2 = \sigma_0^2$，$H_1: \sigma^2 \neq \sigma_0^2$.

构造统计量 $\dfrac{(n-1)S^2}{\sigma^2} \sim \chi^2(n-1)$.

由 χ^2 分布的上 α 分位点的几何意义：

$$P\{\chi^2 > \chi_{\frac{\alpha}{2}}^2(n-1)\} = \frac{\alpha}{2},$$

$$P\left\{ \chi_{1-\frac{\alpha}{2}}^2(n-1) \leqslant \frac{(n-1)S^2}{\sigma^2} \leqslant \chi_{\frac{\alpha}{2}}^2(n-1) \right\} = 1 - \alpha$$

$$\Rightarrow P\left\{ \frac{(n-1)S^2}{\chi_{\frac{\alpha}{2}}^2(n-1)} \leqslant \sigma^2 \leqslant \frac{(n-1)S^2}{\chi_{1-\frac{\alpha}{2}}^2(n-1)} \right\} = 1 - \alpha,$$

因此拒绝域为 $\left\{ \dfrac{(n-1)S^2}{\sigma_0^2} \geqslant \chi_{\frac{\alpha}{2}}^2(n-1) \right\}$ 或 $\left\{ \dfrac{(n-1)S^2}{\sigma_0^2} \leqslant \chi_{1-\frac{\alpha}{2}}^2(n-1) \right\}$.

② 单边检验.

右边假设检验. $H_0 : \sigma^2 \leqslant \sigma_0^2$, $H_1 : \sigma^2 > \sigma_0^2$, 拒绝域是 $\left\{ \dfrac{(n-1)S^2}{\sigma_0^2} \geqslant \chi_\alpha^2(n-1) \right\}$.

左边假设检验. $H_0 : \sigma^2 \geqslant \sigma_0^2$, $H_1 : \sigma^2 < \sigma_0^2$, 拒绝域是 $\left\{ \dfrac{(n-1)S^2}{\sigma_0^2} \leqslant \chi_{1-\alpha}^2(n-1) \right\}$.

(2) μ 已知.

① $H_0 : \sigma^2 = \sigma_0^2$, $H_1 : \sigma^2 \neq \sigma_0^2$.

构造统计量 $\chi^2 = \dfrac{\sum\limits_{i=1}^{n}(X_i - \mu)}{\sigma^2} \sim \chi^2(n)$, 因此拒绝域为

$$\left\{ \dfrac{\sum\limits_{i=1}^{n}(X_i - \mu)^2}{\sigma^2} \geqslant \chi_{\frac{\alpha}{2}}^2(n) \right\} \text{ 或 } \left\{ \dfrac{\sum\limits_{i=1}^{n}(X_i - \mu)^2}{\sigma^2} \leqslant \chi_{1-\frac{\alpha}{2}}^2(n) \right\}.$$

② 单边检验.

右边假设检验. $H_0 : \sigma^2 \leqslant \sigma_0^2$, $H_1 : \sigma^2 > \sigma_0^2$, 拒绝域是 $\left\{ \dfrac{\sum\limits_{i=1}^{n}(X_i - \mu)^2}{\sigma^2} \geqslant \chi_\alpha^2(n) \right\}$.

左边假设检验. $H_0 : \sigma^2 \geqslant \sigma_0^2$, $H_1 : \sigma^2 < \sigma_0^2$, 拒绝域是 $\left\{ \dfrac{\sum\limits_{i=1}^{n}(X_i - \mu)^2}{\sigma^2} \leqslant \chi_{1-\alpha}^2(n) \right\}$.

【例题精讲】

例1 尼龙纤度为正态分布随机变量 $X \sim N(\mu, \sigma^2)$, 随机抽查 5 根尼龙丝, 测量得到纤度如下, 能否认为这批尼龙纤度方差正常? 已知正常纤度方差为 $\sigma_0^2 = 0.048^2$.

$$X : 1.32, 1.55, 1.36, 1.40, 1.44$$

解 作双边假设检验 $H_0 : \sigma^2 = \sigma_0^2$, $H_1 : \sigma^2 \neq \sigma_0^2$.

取统计量为 $\chi^2 = \dfrac{(n-1)S^2}{\sigma_0^2} \sim \chi^2(n-1)$.

令 $\alpha = 0.01$, 则拒绝域是 $\dfrac{(n-1)S^2}{\sigma_0^2} \geqslant \chi_{\frac{\alpha}{2}}^2(n-1)$ 或 $\dfrac{(n-1)S^2}{\sigma_0^2} \leqslant \chi_{1-\frac{\alpha}{2}}^2(n-1)$.

由于 $\chi^2 = \dfrac{(n-1)S^2}{\sigma_0^2} = \dfrac{4S^2}{0.048^2} \approx 13.5 > \chi_{0.005}^2(4) = 9.488$, 从而拒绝原假设 H_0, 即认为这批尼龙纤度方差不正常.

例2 在假设检验中, 检验的显著性水平 α 的意义是( ).

(A) 假设 H_0 成立时,经检验被拒绝的概率

(B) 假设 H_0 成立时,经检验不能拒绝的概率

(C) 假设 H_0 不成立时,经检验被拒绝的概率

(D) 假设 H_0 不成立时,经检验不能拒绝的概率

例 3 在假设检验中,记 H_1 为备择假设,则称( )为犯第 I 类错误.

(A) 若 H_1 为真,接受 H_1 (B) 若 H_1 不真,接受 H_1

(C) 若 H_1 为真,拒绝 H_1 (D) 若 H_1 不真,拒绝 H_1

例 4 设总体 $X \sim N(\mu, \sigma^2)$, σ^2 未知, $x_1, x_2, \cdots, x_n$ 为来自 X 的样本值,现对 μ 进行假设检验,若在显著性水平 $\alpha = 0.05$ 下拒绝了 $H_0: \mu = \mu_0$,则当 $\alpha = 0.01$ 时,下列结论正确的是( ).

(A) 必拒绝 H_0 (B) 必接受 H_0

(C) 犯第 I 类错误的概率大 (D) 可能接受,也可能拒绝 H_0

例 5 在单个正态总体方差的假设检验中, μ 为已知, α 为显著性水平, S^2 为样本方差, n 为样本容量, $H_0: \sigma^2 = \sigma_0^2$, $H_1: \sigma^2 > \sigma_0^2$,则拒绝域为( ).

(A) $\dfrac{(n-1)S^2}{\sigma_0^2} \geqslant \chi_{\frac{\alpha}{2}}^2(n-1)$ (B) $\dfrac{(n-1)S^2}{\sigma_0^2} \geqslant \chi_{\alpha}^2(n-1)$

(C) $\dfrac{\sum\limits_{i=1}^{n}(X_i - \mu)^2}{\sigma_0^2} \geqslant \chi_{\frac{\alpha}{2}}^2(n)$ (D) $\dfrac{\sum\limits_{i=1}^{n}(X_i - \mu)^2}{\sigma_0^2} \geqslant \chi_{\alpha}^2(n)$

以上答案分别为(A),(B),(D),(D).

例 6 (1995 数三)设 $X_1, X_2, \cdots, X_n$ 是正态总体 $N(\mu, \sigma^2)$ 的简单随机样本,其中参数 μ, σ^2 未知,记 $\overline{X} = \dfrac{1}{n}\sum\limits_{i=1}^{n}X_i$, $\theta = \sum\limits_{i=1}^{n}(X_i - \overline{X})^2$,则假设 $H_0: \mu = 0$ 的 t 检验法使用的统计量 $t = \underline{\hspace{2cm}}$.

解 由前面内容可得 $t = \dfrac{\overline{X} - \mu}{\dfrac{S}{\sqrt{n}}}$, $\mu = 0$, $S^2 = \dfrac{1}{n-1}\sum\limits_{i=1}^{n}(X_i - \overline{X})^2$,且

$$S = \sqrt{\dfrac{\theta}{n-1}}.$$

代入得 $t = \sqrt{(n-1)n}\,\dfrac{\overline{X}}{\sqrt{\theta}}$.

例 7 (1998 数一)设某次考试的考生成绩服从正态分布,从中随机地抽取 36 位考生成绩,算得平均成绩为 66.5 分,标准差为 15 分. 问在显著性水平 0.05 下,是否可以认为这次考试全体考生的平均成绩为 70 分? 并给出检验过程.

已知 t 分布表

$$P\{t(n) \geqslant t_p(n)\} = p$$

的分位数值 $t_p(n)$ 如下表所示:

n \ p	0.05	0.025
35	1.689 6	2.030 1
36	1.688 3	2.028 1

解 记考生成绩为 X，且 $X \sim N(\mu, \sigma^2)$，要检验 $H_0: \mu = 70$，$H_1: \mu \neq 70$.

已知 $n = 36$，$\overline{X} = 66.5$，$S = 15$，$\alpha = 0.05$.

用检验统计量 $t = \dfrac{\overline{X} - \mu}{\dfrac{S}{\sqrt{n}}} = \dfrac{\overline{X} - 70}{\dfrac{S}{\sqrt{n}}} \sim t(n-1)$，在显著性水平 α 下，拒绝域为 $|t| >$

$t_{\frac{\alpha}{2}}(n-1)$，而

$$t_{\frac{\alpha}{2}}(n-1) = t_{0.025}(35) = 2.030\ 1,\ |t| = \left| \dfrac{66.5 - 70}{\dfrac{15}{\sqrt{36}}} \right| = 1.4 < 2.030\ 1,$$

所以接受 H_0，即在显著性水平 0.05 下，可以认为这次考试全体考生的平均成绩为 70 分.

【强 化 篇】

8.4 典型题型 假设检验

例 1 (2018 数一)设总体 X 服从正态分布 $N(\mu, \sigma^2)$，$X_1, X_2, \cdots, X_n$ 是来自总体的简单随机样本，据此样本检验假设 $H_0: \mu = \mu_0$，$H_1: \mu \neq \mu_0$，则（　　）.

(A) 如果在检验水平 $\alpha = 0.05$ 下拒绝 H_0，那么在检验水平 $\alpha = 0.01$ 下必拒绝 H_0

(B) 如果在检验水平 $\alpha = 0.05$ 下拒绝 H_0，那么在检验水平 $\alpha = 0.01$ 下必接受 H_0

(C) 如果在检验水平 $\alpha = 0.05$ 下接受 H_0，那么在检验水平 $\alpha = 0.01$ 下必拒绝 H_0

(D) 如果在检验水平 $\alpha = 0.05$ 下接受 H_0，那么在检验水平 $\alpha = 0.01$ 下必接受 H_0

解 检验时接受域关于原点对称，随着显著性水平 α 的增加而减小，随着 α 的减小而增加，拒绝域随着显著性水平 α 的增加而增加，随着 α 的减小而减小. 如果当 $\alpha = 0.05$ 时接受

H_0,则当 α 减小为 0.01 时,接受域增加,必然接受 H_0.

选(D).

例 2 (2021 数一)设 X_1, X_2, $\cdots$, X_n 为来自总体 $N(\mu, 4)$ 的简单随机样本,考虑假设检验问题 $H_0: \mu \leqslant 10$, $H_0: \mu > 10$, $\Phi(x)$ 表示正态分布函数. 若该假设检验的拒绝域为 $W = \{\overline{X} \geqslant 11\}$,其中 $\overline{X} = \dfrac{1}{16} \sum\limits_{i=1}^{16} X_i$,则当 $\mu = 11.5$ 时,该检验犯第 II 类错误的概率为( ).

(A) $1 - \Phi(0.5)$ (B) $1 - \Phi(1)$ (C) $1 - \Phi(1.5)$ (D) $1 - \Phi(2)$

解 犯第 II 类错误即 $\{\overline{X} < 11\}$,由题可知 $\overline{X} \sim N\left(11.5, \dfrac{1}{4}\right)$,

$$P\{\overline{X} < 11\} = P\left\{\frac{\overline{X} - 11.5}{\dfrac{1}{2}} < \frac{11 - 11.5}{\dfrac{1}{2}}\right\} = \Phi(-1) = 1 - \Phi(1).$$

故选(B).

图书在版编目(CIP)数据

概率论与数理统计/杨超主编. —修订版. —上海：复旦大学出版社，2023.6(2025.3 重印)
(139 考研数学高分系列)
ISBN 978-7-309-16819-8

Ⅰ.①概… Ⅱ.①杨… Ⅲ.①概率论-研究生-入学考试-自学参考资料②数理统计-研究生-入学考试-自学参考资料 Ⅳ.①O21

中国国家版本馆 CIP 数据核字(2023)第 072030 号

概率论与数理统计(修订版)
杨 超 主编
责任编辑/陆俊杰

复旦大学出版社有限公司出版发行
上海市国权路 579 号 邮编：200433
网址：fupnet@ fudanpress.com http://www.fudanpress.com
门市零售：86-21-65102580 团体订购：86-21-65104505
出版部电话：86-21-65642845
上海四维数字图文有限公司

开本 787 毫米×1092 毫米 1/16 印张 17.25 字数 365 千字
2025 年 3 月第 2 版第 4 次印刷
印数 22 141—27 160

ISBN 978-7-309-16819-8/O·729
定价：79.00 元